高等学校规划教材

机械制造工程学

郭兰申　王阳　主编

图书在版编目（CIP）数据

机械制造工程学/郭兰申，王阳主编．—北京：
高等学校规划教材
ISBN 978-7-122-22100-1

化学工业出版社
·北京·

本书配合《机械制造工程学》精品课的建设，配合"国家特色专业"专业改革，内容共分七章，包括金属切削过程及其控制、金属切削机床简介、机床夹具设计原理、机械加工工艺规程设计及实例、机械制造精度分析与控制、机械加工表面质量及机械产品装配工艺规程设计。

本书以金属切削和机械制造工艺的基本理论和基本知识为主线，并将与之有关的机床、刀具、夹具、工艺等有关内容进行了融合，把机床、刀具、夹具、切削原理、加工工艺等用"机械制造工艺系统"串起来，形成知识的关联化、系统化。目的是使学生能够掌握机械制造技术的基础理论、基本知识、基本方法和基本技能，培养分析和解决实际生产问题的能力。

本书可作为机械设计制造及其自动化、车辆工程等机械工程类专业教材，也可供从事机械方面的工程技术人员参考。

图书在版编目（CIP）数据

机械制造工程学/郭兰申，王阳主编． —北京：
化学工业出版社，2015.1（2025.4重印）
高等学校规划教材
ISBN 978-7-122-22100-1

Ⅰ.①机…　Ⅱ.①郭…　②王…　Ⅲ.①机械制造工艺
-高等学校-教材　Ⅳ.①TH16

中国版本图书馆 CIP 数据核字（2014）第 243559 号

责任编辑：廉　静	文字编辑：张燕文
责任校对：宋　玮	装帧设计：王晓宇

出版发行：化学工业出版社（北京市东城区青年湖南街 13 号　邮政编码 100011）
印　　装：北京盛通数码印刷有限公司
787mm×1092mm　1/16　印张 17½　字数 435 千字　2025 年 4 月北京第 1 版第 5 次印刷

购书咨询：010-64518888　　　　　售后服务：010-64518899
网　　址：http://www.cip.com.cn
凡购买本书，如有缺损质量问题，本社销售中心负责调换。

定　价：48.00 元

前　言

　　《机械制造工程学》是机械工程类等专业的一门重要的技术基础课，特别是机械设计制造及其自动化专业的一门重要的技术基础课程。本书配合《机械制造工程学》精品课的建设，配合"国家特色专业"专业改革，笔者从中得到很多体会，取得很多经验，也产生了很多新想法。本书以金属切削和机械制造工艺的基本理论和基本知识为主线，并将与之有关的机床、刀具、夹具、工艺等有关内容进行了融合，把机床、刀具、夹具、切削原理、加工工艺等用"机械制造工艺系统"串起来，形成知识的关联化、系统化。目的是使学生能够掌握机械制造技术的基础理论、基本知识、基本方法和基本技能，培养分析和解决实际生产问题的能力。参加本书编写的主要老师均从事机械制造及相关领域的教学工作十几年，特别是实践教学环节如课程设计、实践课和生产实习、毕业设计等，具有丰富的教学经验。

　　本课程与生产实际联系密切，是一门实践性很强的课程，要具备较多的实践知识，才能在学习时理解得深入透彻。要想全面掌握课程内容，需要实习、课程设计、实验及课后练习等多种教学环节的配合。本书按 60～80 学时设计，不同学校不同专业可根据学时的多少对教学内容进行深度延伸或删减。

　　本书由郭兰申、王阳任主编，谷美林、张建华、姚涛任副主编。绪论由郭兰申编写，第一章由谷美林编写，第二章由王阳编写，第三章由张建华编写，第四章由郭兰申、姚涛编写，第五章、第六章由王阳、齐延霞编写，第七章由杨杰编写。全书由郭兰申统稿、定稿。

　　本书的编写力求做到章节编排合理，内容完整精练、系统性强，讲解深入浅出，图解丰富，使教材内容与相关实践性教学环节配合默契、联系紧密。通过本课程学习，要求学生能对制造活动的全过程有一个总体的、全貌的了解和把握，同时具有宽阔的视野、创新的思维和一定的创新能力。

　　由于编者水平所限，不妥之处在所难免，希望广大读者提出批评和建议。

编　者

2014.9

目　　录

绪　论

一、 机械制造工业在国民经济中的作用

机械制造业是国民经济的基础产业，它的发展直接影响到国民经济各部门的发展，也影响到国计民生和国防力量的加强，它是工业化、现代化建设的发动机和动力源。

社会生产中的各行各业，诸如交通、动力、冶金、石化、电力、建筑、轻纺、航空、航天、电子、医疗、军事、科研等，乃至人民的日常生活中，都使用着各种各样的机器、机械、仪器和工具，它们的品种、数量和性能等都极大地影响着这些行业的生产能力、劳动效率和 经济效益等。这些机器、机械、仪器和工具统称为机械装备。它们的大部分都是由一定形状和尺寸的金属零件所组成的，能够生产这些零件并将其装配成机械装备的工业，称为机械制造工业。显然，机械制造工业的主要任务，就是向国民经济的各个行业提供现代化的机械装备。因此，机械制造工业是国民经济发展的重要基础和有力支柱，是影响国家综合国力的重要方面。

自 18 世纪制造出第一台蒸汽机开始，200 多年来，为了适应社会生产力的不断进步，为了满足社会对产品的品种、数量、性能、质量以及高的性能价格比的要求，同时由于新型工程材料的出现和使用，新的切削加工方法、新的工艺方法以及新的加工设备大量涌现，使机械制造技术也在经历着巨大的变化。

蒸汽机和工具机的发明开创了以机器为主导地位的制造业的新纪元，19 世纪末 20 世纪初内燃机的发明满足了人类对交通运载工具及高效发动机的渴求，继而引发了制造业的产业革命。人类对汽车、武器、弹药为代表的产品的大批量需求促进了标准化、自动化的发展。1961 年，CondecCorp. 公司向通用汽车公司在新泽西州 Trenton 的工厂交付了世界上第一台生产线用自动机械，标志着制造业进入工业机器人的时代。第二次世界大战后特别是近年来，市场需求的多样化促使现代科学技术的迅猛发展，特别是由于微电子技术、电子计算机技术的迅猛发展，已经使制造技术从面貌和内容上都发生了深刻的变革，向程序控制的方向发展，制造业由数控化走向柔性化、集成化、智能化。柔性制造单元、柔性生产线、计算机集成制造技术及精益生产的相继问世，制造技术由此进入面向市场多样需求柔性生产新阶段，引发生产模式和管理技术的革命。所有这一切的发展和进步，不仅孕育出机械制造学科系统的理论，而且使之成为最富有活力的、学术研究极为活跃的学科领域。

目前，我国机械工业产品的生产已具有相当大的规模，形成了产品门类齐全、布局合理的机械制造工业体系，在制造工艺技术和工艺设备方面正在努力赶上世界先进水平；以制造业为支撑，中国已成为世界经济贸易大国。中国经济于 20 世纪 70 年代末开始起飞，一直实行以建立强大的、能够给为数众多的农业人口提供就业的工业部门为主的经济发展战略。但我们必须看到中国仍处于国际产业链的较低环节，目前中国制造业占全球制造份额仅在 5%左右。中国制造业以劳动密集型的加工、组装为主，在全球的比重与地位、产业结构与市场集中度、核心技术与国际竞争力等方面，与先进的工业国相比差距甚大，发展道路还很漫长。近期世界金融危机的影响使中国制造业面临非常严峻的挑战，必须以信息化带动工业化、工业化促进信息化，走出一条科技含量高、经济效益好、资源消耗低、环境污染少、人力资源得到充分利用和充分发挥的新型工业化道路。

二、 本课程研究的内容及性质

任何机械产品的生产过程都是一个复杂的生产系统的运行过程。首先要根据市场的需求作出生产什么产品的决策；接着要完成产品的设计工作；然后需要综合运用工艺技术理论和知识来确定制造方法和工艺流程，即解决如何制造出产品的问题；在这之后才能进入制造过程，实现产品的输出。为了解决如何制造产品的问题和处理制造过程中出现的各种技术关键，就需要具备涉及制造工艺技术理论、工艺设备及装备、材料科学、生产组织管理等的一系列知识，即机械制造学科领域的知识体系。

本课程的研究对象，就是机械制造过程中的切削过程、工艺技术及工艺设备和装备问题。其基本内容包括：金属切削过程的基本规律及其刀具；金属切削机床的分类，典型通用机床的工作原理、传动分析；机械制造工艺技术的基本理论和基本知识。

三、 本课程的任务和要求

本课程的任务在于使学生获得机械制造过程中所必须具备的基础理论和基本知识。学完本课程后，应能掌握金属切削的基本原理；了解金属切削机床的工作原理和传动，初步掌握分析机床运动和传动的方法；掌握机械制造工艺的基本理论知识，分析和处理与切削加工有关的工艺技术问题；能编制零件的机械加工工艺规程；掌握机床夹具设计的基本原理和方法；具备综合分析机械制造工艺过程中质量、生产率和经济性问题的能力。

本课程的综合性和实践性都很高，涉及的知识面也很广。因此，学生在学习本课程时，除了重视其中必要的基本概念、基本原理外，还应特别注意实践环节，如到工厂实习、现场教学、课程设计、实验及课后练习等多种教学环节的配合等。

第一章 金属切削过程及其控制

金属切削加工是利用切削刀具从工件上切除多余（金属）材料的加工方法，使工件达到符合技术要求的尺寸、形状、位置精度和表面质量。实现这一切削过程必须具备以下三个条件：工件与刀具之间要有相对运动，即切削运动；刀具材料必须具有一定的切削性能；刀具必须具有适当的几何参数，即切削角度等。本章主要介绍切削运动、刀具材料、刀具角度及切削过程的一系列物理现象。

第一节 概 述

一、切削运动

切削运动就是刀具与工件之间的相对运动，即表面成形运动，可分为主运动和进给运动。

切削运动由金属切削机床来实现。外圆车削是金属切削加工中常见的加工方法。现以外圆车削为例分析工件与刀具之间的切削运动。外圆车削时的情况如图 1-1 所示，工件旋转，车刀作连续纵向直线进给，形成工件的外圆表面。

1. 主运动

使工件与刀具产生相对运动以进行切削的最基本运动，与进给运动相比，其速度高，消耗的功率大，且只有一个，一般用 v_c 表示，如车削外圆时工件的旋转运动、铣削时铣刀的旋转运动、刨削时刨刀的往复直线运动等。

2. 进给运动

不断地把被切削层材料投入到切削过程中，以便形成全部已加工表面的运动，进给运动一般速度较低，消耗功率小，可以由一个或多个运动组成，也可以没有（如拉削），可以是连续的，也可以是间歇的，一般用 v_f

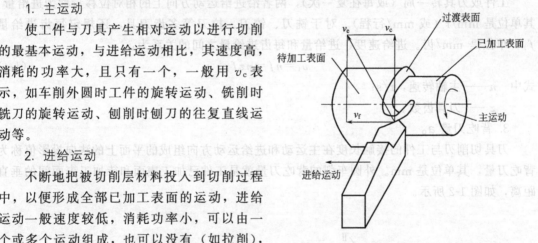

图 1-1 外圆车削的切削运动与加工表面

表示，如车削时车刀的纵向或横向运动、磨削时工件的旋转和工作台带动工件的移动等。

在切削过程中，既有主运动又有进给运动，两者的合成运动称为合成切削运动 v_e。图 1-1 所示为外圆车削时速度的合成关系，可用下式确定：

$$v_e = v_c + v_f \tag{1-1}$$

二、工件加工表面

切削加工过程中，在工件上通常会有三种变化着的加工表面，如图 1-1 所示。

① 待加工表面 工件上即将被切除的表面。

② 已加工表面 切除材料后形成的新的工件表面。

③ 过渡表面 正在被刀具主切削刃切削的表面，处于已加工表面和待加工表面之间。

三、切削用量

切削用量是切削速度、进给量和背吃刀量（切削深度）的总称，又称切削三要素。切削用量对加工质量和效率有重要影响。

1. 切削速度 v_c

切削速度是指切削加工时，刀刃上选定点相对于工件的主运动速度，刀刃上各点的切削速度可能是不同的，计算切削速度时，应选取刀刃上速度最高的点进行计算。主运动为旋转运动时，切削速度由下式确定：

$$v_c = \frac{\pi d n}{1000 \times 60} \tag{1-2}$$

式中　d——工件（或刀具）的最大直径，mm；

　　　n——工件（或刀具）的转速，r/min。

若主运动为往复直线运动（如刨削），则用其平均速度作为切削速度，即：

$$v_c = \frac{2 L n_r}{1000 \times 60} \tag{1-3}$$

式中　L——往复直线运动的行程长度，mm；

　　　n_r——主运动每分钟的往复次数，次/min。

2. 进给量 f

工件或刀具转一周（或每往复一次），两者沿进给运动方向上的相对位移量称为进给量，其单位是 mm/r（或 mm/行程）。对于铣刀、铰刀、拉刀等多齿刀具，还规定每齿进给量 f_z，单位是 mm/齿。进给速度、进给量和每齿进给量之间的关系为：

$$v_f = n f = n z f_z \tag{1-4}$$

式中　n——主轴转速，r/s；

　　　z——刀具齿数。

3. 背吃刀量 a_p

刀具切削刃与工件的接触长度在主运动和进给运动方向组成的平面上的法向投影值称为背吃刀量，其单位是 mm。外圆车削的背吃刀量就是工件已加工表面和待加工表面间的垂直距离，如图 1-2 所示。

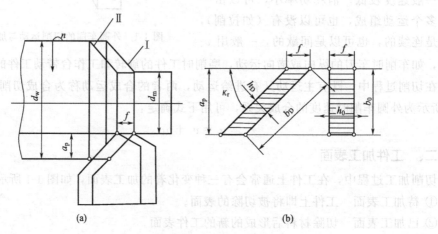

图 1-2　切削用量与切削层参数

$$a_p = \frac{d_w - d_m}{2} \tag{1-5}$$

式中　d_w——工件上待加工表面直径，mm；

　　　d_m——工件上已加工表面直径，mm。

四、切削层参数

切削刃在一次走刀中从工件上切下的一层材料称为切削层，也就是相邻两个加工表面之间的一层金属。外圆车削时的切削层，就是工件转一转，主切削刃移动一个进给量 f 所切除的一层金属，如图 1-2 所示。切削层的截面尺寸参数称为切削层参数。切削层的大小反映了切削刃所受载荷的大小，直接影响加工质量、生产率和刀具的磨损等。

1. 切削层公称厚度 h_D

垂直于过渡表面度量的切削层尺寸称为切削层公称厚度 h_D（以下简称为切削厚度）。

车外圆时，若车刀主切削刃为直线（图 1-2），则：

$$h_D = f\sin\kappa_r \tag{1-6}$$

2. 切削层公称宽度 b_D

沿过渡表面度量的切削层尺寸称为切削层公称宽度 b_D（以下简称为切削宽度）。

车外圆时，若车刀主切削刃为直线（图 1-2），则：

$$b_D = a_p / \sin\kappa_r \tag{1-7}$$

3. 切削层公称横截面积 A_D

切削层在切削层尺寸度量平面内的横截面积称为切削层公称横截面积 A_D（以下简称为切削面积）。车外圆时，如车刀主切削刃为直线（图 1-2），则：

$$A_D = h_D b_D = f a_p \tag{1-8}$$

五、刀具几何参数

金属切削刀具的种类繁多，但其参与切削部分的几何特征有共性，外圆车刀的切削部分可以看作是各类刀具切削部分的基本形态。其他各类刀具，包括复杂刀具，都是在这个基本形态上根据各自的工作要求所演变而来的。因此，以外圆车刀切削为例介绍刀具几何参数方面的有关定义。

1. 刀具切削部分的组成要素

外圆车刀的切削部分如图 1-3 所示，由刀头和刀体组成。刀体的主要作用是将刀具安装到刀架上，刀头是参与切削的部分，由以下要素组成。

① 前刀面（A_γ）　与切屑接触并相互作用，切屑沿其流出的刀具表面。

② 主后刀面（A_α）　与工件上过渡表面相接触并相互作用的刀具表面。

③ 副后刀面（A_α'）　与工件上已加工表面相接触并相互作用的刀具表面。

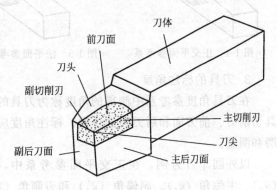

图 1-3　外圆车刀切削部分的组成

④ 主切削刃（S）　前刀面与主后刀面的交线，它承担主要切削工作，也称为主刀刃。

⑤ 副切削刃（S'）　前刀面与副后刀面的交线，它协同主切削刃完成切削工作，并最

终形成已加工表面，也称为副刀刃。

⑥ 刀尖　连接主切削刃和副切削刃的一段刀刃，它可以是一段小的圆弧，也可以是一段直线。

2. 确定刀具角度的参考系和参考平面

刀具角度是用来确定刀具切削部分各刀面和刀刃在空间相互位置和相互关系的方位角度，为了设计、制造和测量刀具的角度，需要将刀具置于参考系中进行度量，常用正交平面参考系，如图1-4所示。构成正交参考系的参考平面如下。

① 基面（P_r）　通过主切削刃上选定点，并与该点切削速度方向相垂直的平面。

② 切削平面（P_s）　通过主切削刃上选定点，并与工件切削表面相切的平面，切削平面垂直于基面。

③ 正交平面（也称主剖面）（P_o）　通过主切削刃上选定点，并与主切削刃在基面上的投影相垂直的平面，正交平面同时垂直于基面和切削平面。

除正交平面参考系外，还有法平面参考系、假定工作平面和背平面参考系，如图1-5、图1-6所示。

法平面参考系由基面、切削平面和法平面组成，法平面（P_n）是通过主切削刃上选定点并垂直于主切削刃或其切线的平面。

假定工作平面和背平面参考系由基面、背平面（P_p）和假定工作平面（P_f）组成，背平面（P_p）是通过主切削刃上选定点，平行于刀杆轴线并垂直于基面（P_r）的平面，与进给方向垂直；假定工作平面（P_f）是通过主切削刃上选定点，同时垂直于刀杆轴线及基面的平面，与进给方向平行。

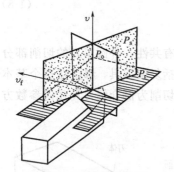

图1-4　正交平面参考系

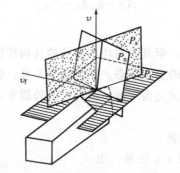

图1-5　法平面参考系

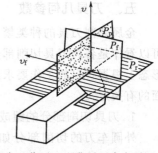

图1-6　假定工作平面和背平面参考系

3. 刀具的标注角度

在刀具角度参考系中测得的角度称为刀具的标注角度，刀具标注角度主要是为了确定刀具切削刃、前刀面和后刀面的位置。标注角度应标注在刀具的设计图中，用于刀具制造、刃磨和测量。

以外圆车刀为例，在正交平面参考系中，刀具的主要标注角度有前角（γ_o）、后角（α_o）、主偏角（κ_r）、副偏角（κ_r'）和刃倾角（λ_s），其定义如下（图1-7）。

① 前角 γ_o　在正交平面内测量的前刀面与基面之间的夹角。前刀面在基面之下时前角为正值，前刀面在基面之上时前角为负值。

② 后角 α_o　在正交平面内测量的主后刀面与切削平面之间的夹角，一般为正值。

③ 主偏角 κ_r　在基面内测量的主切削刃在基面上的投影与进给运动方向之间的夹角。

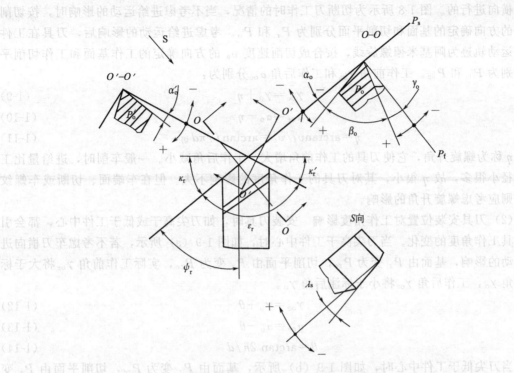

图 1-7　刀具的标注角度

④ 刃倾角 λ_s　在切削平面内测量的主切削刃与基面之间的夹角。在主切削刃上，刀尖为最高点时刃倾角为正值，刀尖为最低点时刃倾角为负值。主切削刃与基面平行时，刃倾角为零。

上述四个基本角度确定以后，副切削刃上的副刃倾角和副前角随之确定，故在刀具工作图上只需标注副切削刃的下列角度。

① 副偏角 κ'_r　在基面内测量的副切削刃在基面上的投影与进给运动反方向之间的夹角。

② 副后角 α'_o　在副切削刃选定点的正交平面 P'_o 内，副后刀面和副切削平面之间的夹角。副切削平面是过该选定点并包含切削速度向量的平面。

以上是外圆车刀主、副切削刃上所必须标注的六个基本角度。

4. 刀具的工作角度

上述外圆车刀的标注角度，是在假定刀杆轴线与纵向进给运动方向垂直，同时切削刃上选定点与工件中心线等高的条件下确定的。在切削过程中，由于刀具安装位置和进给运动的影响，参考平面的位置应按合成切削运动方向来确定，刀具标注角度会发生相应的变化，这时的参考系称为刀具工作角度参考系，所确定的角度为工作角度，工作角度反映了刀具的实际工作状态。

（1）进给运动对工作角度的影响　当刀具对工件进行切断或切槽时，刀具进给运动

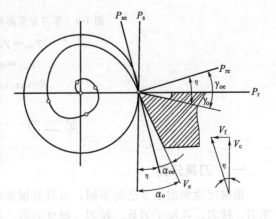

图 1-8　横向进给运动对工作角度的影响

是沿横向进行的。图 1-8 所示为切断刀工作时的情况，当不考虑进给运动的影响时，按切削速度的方向确定的基面和切削平面分别为 P_r 和 P_o。考虑进给运动的影响后，刀具在工件上的运动轨迹为阿基米德螺旋线，按合成切削速度 v_e 的方向确定的工作基面和工作切削平面分别为 P_{re} 和 P_{se}。工作前角 γ_{oe} 和工作后角 α_{oe} 分别为：

$$\gamma_{oe} = \gamma_o + \eta \tag{1-9}$$

$$\alpha_{oe} = \alpha_o - \eta \tag{1-10}$$

$$\eta = \arctan v_f / v_c = \arctan f / \pi d_{切} \tag{1-11}$$

η 称为螺旋升角，它使刀具的工作前角增大，工作后角减小。一般车削时，进给量比工件直径小很多，故 η 很小，其对刀具的工作角度的影响不大。但在车端面、切断或车螺纹时，则应考虑螺旋升角的影响。

（2）刀具安装位置对工作角度影响 安装刀具时，如刀尖高于或低于工件中心，都会引起刀具工作角度的变化。当刀尖高于工件中心时，如图 1-9（a）所示，若不考虑车刀横向进给运动的影响，基面由 P_r 变为 P_{re}，切削平面由 P_s 变为 P_{se}，实际工作前角 γ_{oe} 将大于标注前角 γ_o，工作后角 γ_{oe} 将小于标注后角 γ_o。

$$\gamma_{oe} = \gamma_o + \theta \tag{1-12}$$

$$\alpha_{oe} = \alpha_o - \theta \tag{1-13}$$

$$\theta = \arctan 2h / d \tag{1-14}$$

当刀尖低于工件中心时，如图 1-9（b）所示，基面由 P_r 变为 P_{re}，切削平面由 P_s 变为 P_{se}，实际工作前角 γ_{oe} 将小于标注前角 γ_o，工作后角将大于标注后角。

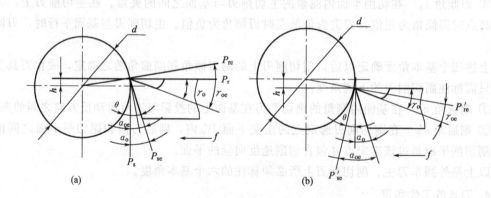

图 1-9 车刀安装高度对工作角度的影响

$$\gamma_{oe} = \gamma_o - \theta \tag{1-15}$$

$$\alpha_{oe} = \alpha_o + \theta \tag{1-16}$$

$$\theta = \arctan 2h / d \tag{1-17}$$

第二节 常用刀具

一、刀具分类

根据用途和加工方法的不同，刀具有很多种分类方法。如按照加工方法和用途，可分为车刀、铣刀、孔加工刀具、拉刀、螺纹刀具、齿轮刀具、自动线和数控机床刀具和磨具等；按照切削刃的多少可分为单刃（如车刀）刀具和多刃刀具（如铣刀）；按照标准化程度不同可分为标准刀具（如麻花钻、丝锥）和非标准刀具（如拉刀、成形刀具）；按照刀具结构形式可分为整体刀具、镶片刀具、机夹刀具和复合刀具。

二、车刀

车刀是金属切削加工中使用最广泛的刀具，可以在车床上加工各种外圆、端面、螺纹和内孔，也可以用来切断和切槽。车刀按用途可分为外圆车刀、端面车刀、内孔车刀、切断刀、切槽刀、螺纹车刀等，如图 1-10 所示。

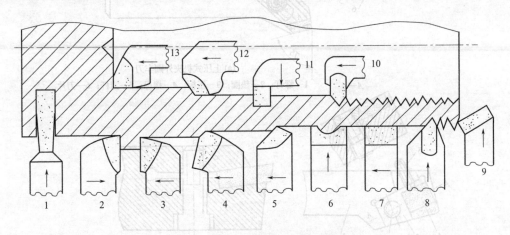

图 1-10　常用车刀的种类及其用途

1—切断刀；2—左偏刀；3—右偏刀；4—弯头车刀；5—直头车刀；6—成形车刀；7—宽刃精车刀；
8—外螺纹车刀；9—端面车刀；10—内螺纹车刀；11—内槽车刀；12—通孔车刀；13—盲孔车刀

车刀的结构可分为整体式、焊接式、机夹式等，机夹式又分为机夹固定式和机夹可转位式。

① 整体式车刀　其材料为高速钢，因耗用刀具材料多，一般只用作切槽刀和切断刀。

② 焊接式车刀　是将硬质合金刀片焊接在碳钢或铸铁刀杆的槽上的车刀。它的质量好坏及使用是否合理，与刀片选择、刀具几何参数、刀槽的形状、焊接工艺和刃磨质量有密切关系。其优点是结构简单、紧凑、刚性好、制造方便，缺点是焊接产生的应力会降低刀片的使用性能。

③ 机夹固定式车刀　采用普通硬质合金刀片，使用机械夹固的方法将刀片夹持在刀柄上使用的车刀，如图 1-11 所示。

④ 机夹可转位式车刀　组成如图 1-12 所示，由刀杆、刀片、刀垫和夹紧元件组成。当刀片的切削刃磨钝后，不需要重磨，只要松开夹紧装置，将刀片转过一个角度，重新夹紧后便可用新的切削刃继续加工，当全部切削刃用钝后，更换新的刀片。这种可转位车刀具有寿命长、节约材料、减少辅助时间、效率高等优点。

⑤ 成形车刀　是加工回转体成形表面的专用刀具，主要有平体、棱体和圆体三种，刀具的刃形是根据被加工件的廓面设计的，如图 1-13 所示。主要应用于大批量生产的成形回转体表面。具有加工质量稳定、生产率高、刀具使用寿命长的特点。

三、孔加工刀具

孔加工刀具分为两类：一类是在实体材料上加工出孔的刀具，常用的有麻花钻、中心钻、扁钻和深孔钻等；另一类是对工件上已有的孔进行加工的刀具，常用的有扩孔钻、铰刀

9

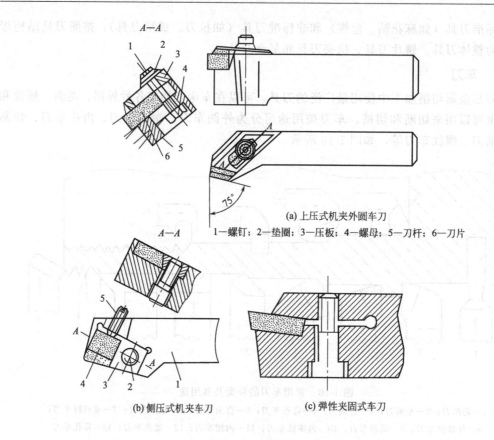

(a) 上压式机夹外圆车刀

1—螺钉；2—垫圈；3—压板；4—螺母；5—刀杆；6—刀片

(b) 侧压式机夹车刀　　(c) 弹性夹固式车刀

1—刀杆；2—螺钉；3—楔块；4—刀片；5—调整螺钉

图 1-11　常用机夹刀片的夹固结构

和镗刀等。

（1）钻孔刀具　常用的钻孔刀具有麻花钻、中心钻、扁钻和深孔钻等，其中最常用的是麻花钻。

麻花钻结构如图 1-14 所示，由以下四部分组成。

① 柄部　是用以夹持并传递转矩的，主要有锥柄和直柄两种，此外，还有使用不多的方斜柄。直径较大的钻头做成锥柄，较小的做成直柄。锥柄后端的扁尾，除传递转矩外，还便于从钻床主轴上用楔铁将钻头顶出。

② 颈部　是柄部和工作部分的连接部分，也是磨削钻头时砂轮的退刀槽。此外，钻头的标记（直径、生产厂家等）也打在此处。直柄钻头无此部分，标记打在柄部。

③ 导向部分　即钻头的整个螺旋槽部分，有两条排屑槽通道，切屑由这两条排屑槽排出。两条螺

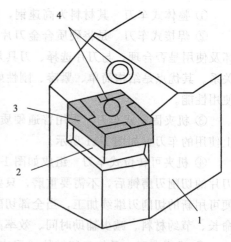

图 1-12　可转位车刀的结构

1—刀杆；2—刀垫；3—刀片；4—夹紧元件

旋形的刃瓣中间由钻心连接，钻心直径一般取为钻头直径的 $1/8 \sim 1/7$，不能太小，因为钻头要承受很大的轴向力和扭矩，如果钻心直径过小，易引起钻头损坏。同时，导向部分又是切削部分的备用和重磨部分。为了减小导向部分与孔内壁的摩擦，常将导向部分做成锥形。

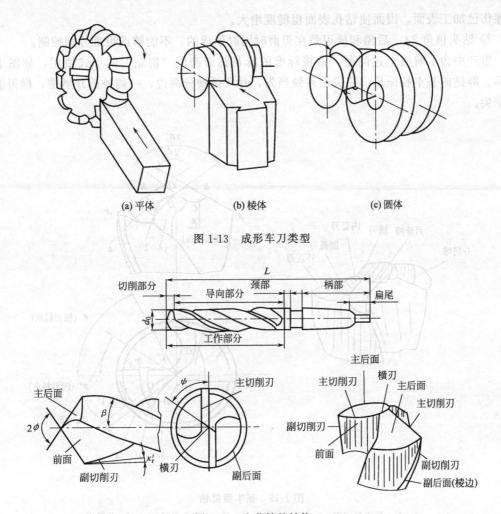

(a) 平体　　　　　　(b) 棱体　　　　　　(c) 圆体

图 1-13　成形车刀类型

图 1-14　麻花钻的结构

④ 切削部分　主要担负切削工作，由容屑槽的两个螺旋形前刀面，两个经刃磨获得的主后刀面和两个圆弧段副后刀面（刃带）所组成。前刀面与后刀面的交线形成了切削刃，故麻花钻有两条主切削刃，两条副切削刃（棱边）；由于有钻心，还有一条由两个主后面相交形成的横刃。因此，钻头切削部分包括了六个刀面和五条刀刃。

高速钢麻花钻的主要参数有直径 d_0，顶角 2ϕ 及其他几何角度。由于高速钢麻花钻结构的限制，具有以下问题。

① 沿主切削刃上各点的前角是变化的，即钻头外缘处前角大，越往内前角越小，到中心变成负值，使钻心部分切削条件恶化。

② 钻头有横刃存在，钻削时它近似一条直线平行于被钻表面，使切削过程产生很大的轴向力（占整个轴向力的一半以上），且定心效果很差。

③ 大直径钻头主切削刃很长，切削宽度大，所形成的宽切屑在螺旋槽内占据了很大的空间，产生挤塞，排屑不畅，且阻碍切削液进入。

④ 钻头主、副切削刃交界处切削速度最高，此处后角很小，磨损剧烈，是钻头最薄弱的部分。

⑤ 钻削为半封闭切削方式，切屑由螺旋槽导向，只能向一个方向运动和排除，它必然

11

会擦伤已加工表面，因面使钻孔表面粗糙度增大。

⑥ 钻头顶角 2ϕ、后角和横刃是在刃磨时同时形成的，不能够或很难分别控制。

生产中为了解决上述问题，常将标准的麻花钻刃磨成"群钻"的形式使用，如图 1-15 所示。群钻的基本特征是：三尖七刃锐当先，月牙弧槽分两边，一侧外刃开屑槽，横刃磨得低窄尖。

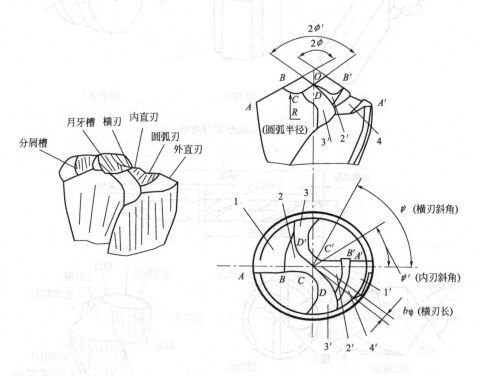

图 1-15　基本型群钻

1，$1'$—外刃后刀面；2，$2'$—月牙槽；3，$3'$—内刃前刀面；4，$4'$—分屑槽

中心钻用于加工轴类工件的中心孔，其结构如图 1-16 所示。

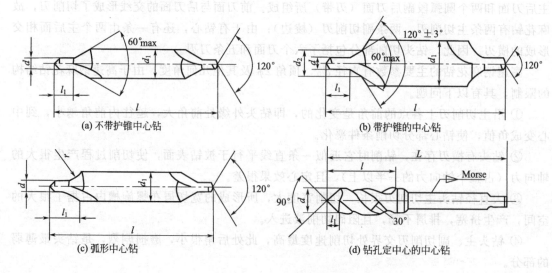

(a) 不带护锥中心钻　　　　　(b) 带护锥的中心钻

(c) 弧形中心钻　　　　　(d) 钻孔定心的中心钻

图 1-16　中心钻的形式

深孔钻用于加工深孔（长径比≥5），按工艺的不同可分为钻孔、扩孔、套料三种，按切削刃的多少可分为单刃和多刃，按排屑方式可分为外排屑和内排屑。图 1-17 所示为深孔钻的工作原理。

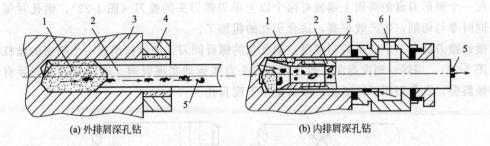

(a) 外排屑深孔钻　　　　　　　　　　　(b) 内排屑深孔钻

图 1-17　深孔钻的工作原理

1—钻头；2—钻杆；3—工件；4—导套；5—切屑；6—进油口

扩孔钻用于孔精加工前的预加工以及毛坯孔的扩大，如图 1-18 所示。由于扩孔钻的齿数多，没有横刃，因此加工效率和精度要高。

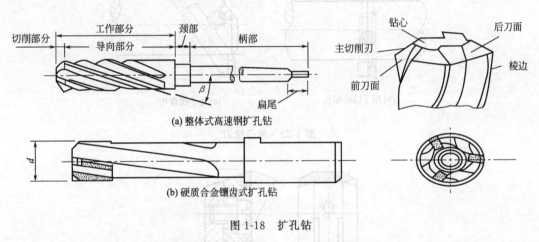

(a) 整体式高速钢扩孔钻

(b) 硬质合金镶齿式扩孔钻

图 1-18　扩孔钻

（2）铰刀　一般可分为手用铰刀和机用铰刀，是孔的精加工刀具。铰刀的结构如图 1-19 所示，由柄部、颈部和工作部分组成，各部分的作用与钻头相似。工作部分由引导锥、切削部分和校准部分组成。引导锥用于引导铰刀进入底孔，便于切入工件。校准部分除了刮削、挤压并保证孔径尺寸外，还起引导作用。对于手用铰刀校准部分应做得长一些，对于机用铰刀，可稍短一些，导向精度主要由机床保证。

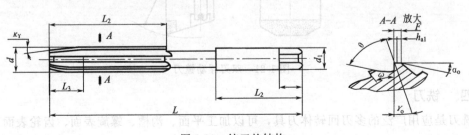

图 1-19　铰刀的结构

（3）镗刀　按切削刃数量可分为单刃、双刃和多刃镗刀，按加工表面可分为内孔和端面镗刀，按刀具结构可分为整体式、装夹式和可调式镗刀。

单刃镗刀（图1-20）只有一个主切削刃，结构与车刀类似。镗孔的尺寸通过调整镗刀头的位置来保证。双刃镗刀有定装和浮动两种，图1-21所示为双刃浮动镗刀的结构。多刃镗刀是在一个圆形刀盘的圆周上镶嵌有两个以上单刃镗刀头的镗刀（图1-22），镗孔时每个镗刀头同时参与切削，生产效率高，适合于孔的粗加工。

微调镗刀都有一个精密的刻度盘，刻度盘的螺母同刀头的丝杠组成一个精密的丝杠螺母副（图1-23）。当转动刻度盘时，丝杠带动刀头直线运动实现微调。微调镗刀的安装有直角型和倾斜型，直角型用于镗通孔，倾斜型用于镗盲孔。

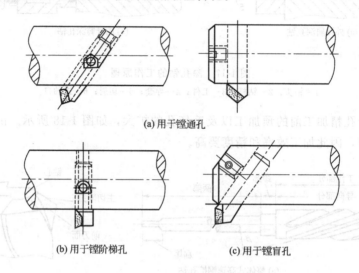

(a) 用于镗通孔

(b) 用于镗阶梯孔　　　　　　　　　(c) 用于镗盲孔

图 1-20　单刃镗刀

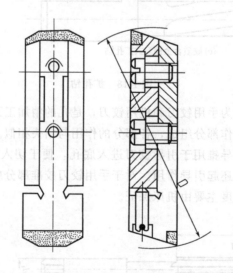

图 1-21　双刃浮动镗刀

四、铣刀

铣刀是应用广泛的多刃回转体刀具，可以加工平面、沟槽、螺旋表面、齿轮表面和其他成形面。

① 圆柱铣刀　一般在卧式铣床上加工平面，如图1-24（a）所示。

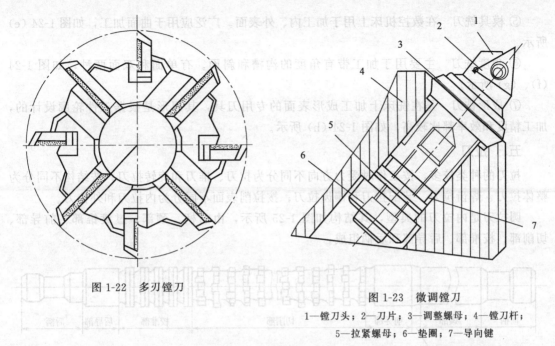

图 1-22　多刃镗刀

图 1-23　微调镗刀
1—镗刀头；2—刀片；3—调整螺母；4—镗刀杆；
5—拉紧螺母；6—垫圈；7—导向键

② 三面刃铣刀　适用于加工凹槽和台阶面如图 1-24（b）所示。三面刃铣刀除了具有主切削刃以外，两侧面还有副切削刃，从而提高了切除效率和减小了表面粗糙度，但重磨后厚度尺寸变化较大。三面刃铣刀分为直齿、错齿和镶齿三种。

③ 立铣刀　主要在立式铣床上用于加工凹槽、台阶面及成形表面，如图 1-24（c）所示。

④ 键槽铣刀　主要用于加工圆头封闭键槽，如图 1-24（d）所示。

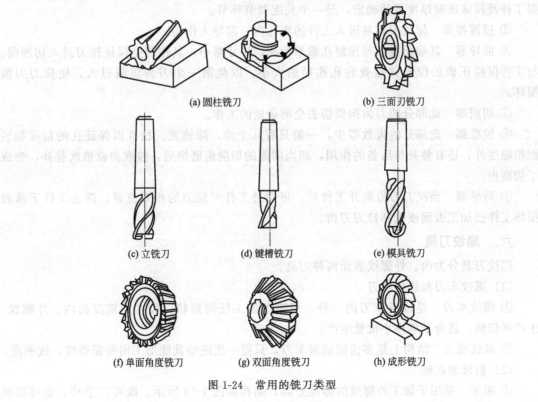

(a) 圆柱铣刀　　　　　(b) 三面刃铣刀

(c) 立铣刀　　　(d) 键槽铣刀　　　(e) 模具铣刀

(f) 单面角度铣刀　　(g) 双面角度铣刀　　(h) 成形铣刀

图 1-24　常用的铣刀类型

15

⑤ 模具铣刀　在数控机床上用于加工内、外表面。广泛应用于曲面加工，如图1-24（e）所示。

⑥ 角度铣刀　主要用于加工带有角度的沟槽和斜面。有单面和双面两种，如图1-24（f）、（g）所示。

⑦ 成形铣刀　是在铣床上加工成形表面的专用刀具，其刃形是根据工件轮廓设计的，加工精度和效率都比较高，如图1-24（h）所示。

五、 拉刀

拉刀的种类较多，按工作时受力方向不同分为拉刀、推刀和旋转拉刀；按结构不同分为整体拉刀、焊齿拉刀、装配拉刀和镶齿拉刀；按拉削表面不同分为内拉刀和外拉刀。

圆拉刀是内拉刀的典型，其结构如图1-25所示，由前柄、颈部、过渡锥部、前导部、切削部、校准部、后导部和后柄组成。

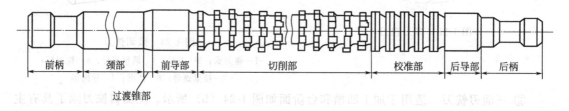

| 前柄 | 颈部 | 前导部 | 切削部 | 校准部 | 后导部 | 后柄 |

过渡锥部

图1-25　圆拉刀结构

① 前柄　用于将拉刀夹持在拉床的夹头中传递动力。

② 颈部　头部与工作部分的连接部分，其直径常与柄部直径一致。此部分的长度应根据工件及拉床床壁厚度灵活确定，是一个长度调节环节。

③ 过渡锥部　使拉刀容易进入工件的底孔内，起导入作用。

④ 前导部　其端面截形与预制孔截形相同，尺寸略小，其作用是保证拉刀进入切削前，与工件保持正确的位置并检查底孔孔径的大小，以免第一个刀齿负载过大，使拉刀刀齿损坏。

⑤ 切削部　此部分的刀齿担负切去全部余量的工作。

⑥ 校准部　此部分的齿数很少，一般只有几个齿，除修光、校准以保证孔的精度和表面粗糙度外，还有替补与后备的作用，即当前面的切削齿磨损后，校准齿就依次替补，变成了切削齿。

⑦ 后导部　当拉刀刀齿离开工件后，可保持工件与拉刀的相对位置，防止工件下落而损坏工件已加工表面或损坏拉刀刀齿。

六、 螺纹刀具

螺纹刀具分为内、外螺纹表面两种刀具。

（1）螺纹车刀和螺纹梳刀

① 螺纹车刀　是成形车刀的一种，可用于加工任何形状、尺寸和精度的内、外螺纹，生产率较低，适合于单件小批量生产。

② 螺纹梳刀　结构上是多齿的成形车刀，只需一次进给就能加工出所需螺纹，效率高。

（2）板牙和丝锥

① 板牙　是用于加工外螺纹的标准刀具，结构如图1-26所示。既可以手动，也可以机

动，只需一次进给就可以加工出全部螺纹，结构简单、价格低廉，但加工效率低，适用于单件小批量生产。

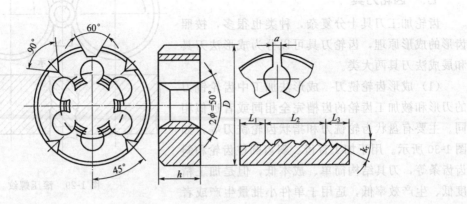

图 1-26 圆板牙

② 丝锥 是广泛应用于加工内螺纹的刀具。丝锥有手动和机动两种，结构如图 1-27 所示。手动主要应用于修配或者单件小批量生产，机动应用于成批大量生产中。

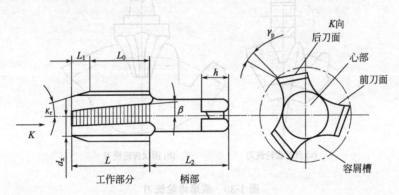

图 1-27 丝锥

（3）螺纹铣刀 盘形螺纹铣刀用于粗切蜗杆或梯形螺纹。加工时，铣刀轴线与工件轴线倾斜一个螺纹升角 λ，铣刀旋转的同时，工具相对铣刀作螺旋进给运动，即可完成螺纹加工，结构如图 1-28 所示。

（4）螺纹滚压工具 滚压加工是一种无屑加工工艺，还适合于加工塑料工件，具有效率

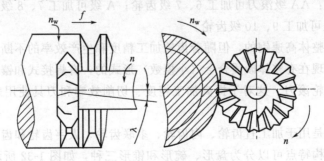

图 1-28 盘形铣刀（铣螺纹）

高、精度好、螺纹强度高、工具使用寿命长的特点，应用十分广泛，如图1-29所示。

七、齿轮刀具

齿轮加工刀具十分复杂，种类也很多，按照齿形的成形原理，齿轮刀具可以分为成形法刀具和展成法刀具两大类。

（1）成形齿轮铣刀　成形法加工中齿轮铣刀的刃形和被加工齿轮的齿槽完全相同或者近似相同。主要有盘状齿轮铣刀和指状齿轮铣刀等，如图1-30所示。用于加工直齿、斜齿圆柱齿轮和斜齿齿条等，刀具结构简单、成本低，但是加工精度低、生产效率低，适用于单件小批量生产或者修配场合。

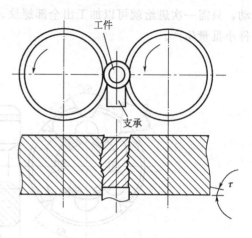

图1-29　滚压螺纹

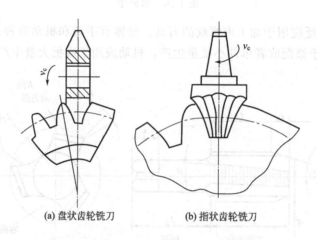

(a) 盘状齿轮铣刀　　　(b) 指状齿轮铣刀

图1-30　成形齿轮铣刀

（2）齿轮滚刀　是应用最为广泛的用于加工直齿圆柱齿轮和斜齿圆柱齿轮的刀具，有渐开线、阿基米德螺旋线和法向直廓三种。理论上加工渐开线齿轮应该用渐开线齿轮滚刀，但是由于制造困难，而阿基米德螺旋线齿轮滚刀轴向剖面的齿形为直线，易于制造，因此生产中常用阿基米德螺旋线齿轮滚刀代替渐开线齿轮滚刀，如图1-31所示。

标准的齿轮滚刀精度分为四级：AA、A、B、C。加工时按照齿轮要求的精度进行相应刀具的选择。一般：AA级滚刀可加工6、7级齿轮；A级可加工7、8级齿轮；B级可加工8、9级齿轮；C级可加工9、10级齿轮。

滚刀可以做成整体高速钢的，但随着齿轮加工精度和生产效率的不断提高，新材料和新工艺的不断涌现，现在有整体硬质合金（小模数）形式的，有焊接式和镶片式的（中模数），有涂层的高速钢齿轮滚刀。这对于提高加工精度、切削效率和刀具使用寿命都有很重要的意义。

（3）插齿刀　是用于加工直齿轮、内齿轮、多联齿轮、人字齿轮和齿条的刀具。标准的直齿插齿刀按其结构特点可以分为盘形、碗形和锥形三种，如图1-32所示。盘形插齿刀主要用于加工直齿外齿轮和大模数的内齿轮；碗形插齿刀主要用于加工多联齿轮和带凸肩的齿

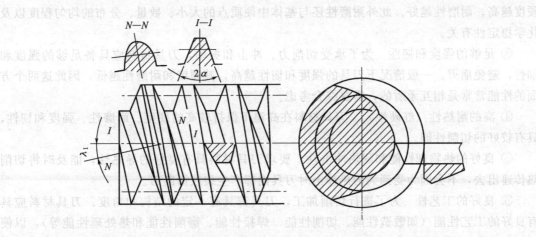

图 1-31　阿基米德螺旋线齿轮滚刀

轮；锥形插齿刀主要用于加工内齿轮。

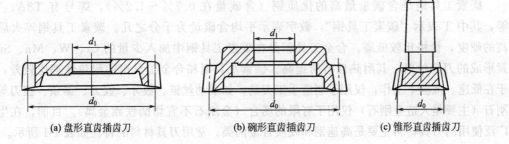

(a) 盘形直齿插齿刀　　(b) 碗形直齿插齿刀　　(c) 锥形直齿插齿刀

图 1-32　插齿刀

盘形和碗形插齿刀精度分为 AA、A、B 三级，分别用于加工 6、7、8 级精度齿轮；锥形插齿刀精度分为 A、B 级，用于加工精度等级为 7、8 级的齿轮。

（4）剃齿刀　用于未淬硬的直齿、斜齿圆柱齿轮的半精加工。剃齿刀的精度等级为 A、B、C 三级，分别用于加工 6、7、8 级齿轮。剃齿刀的使用寿命长、生产率高，但价格高，适合于在成批大量生产中使用。

第三节　常用刀具材料

为了完成切削，刀具除具有合理的角度和适当的结构外，刀具材料也是重要保证。在切削过程中，刀具在强切削力和高温下工作，同时与切屑和工件表面都产生剧烈的摩擦，因此工作条件极为恶劣。为使刀具具有良好的切削能力，必须选用合适的材料，刀具材料对加工质量、生产率和加工成本影响极大。

一、刀具材料应具备的性能

刀具材料应满足以下基本要求。

① 高的硬度　刀具材料的硬度必须高于工件材料的硬度，以便切入工件，在常温下，刀具材料的硬度应在 60HRC 以上。

② 高的耐磨性　耐磨性表示刀具抵抗磨损的能力，与刀具耐用度息息相关。通常材料

硬度越高，耐磨性越好。此外耐磨性还与基体中硬质点的大小、数量、分布的均匀程度以及化学稳定性有关。

③ 足够的强度和韧性　为了承受切削力、冲击和振动，刀具材料应具备足够的强度和韧性，避免崩刃。一般情况下刀具的强度和韧性越高，其硬度和耐磨性越低，因此这两个方面的性能常常是相互矛盾的，需要综合考虑。

④ 高的耐热性（红硬性）　刀具材料在高温下保持较高的硬度、耐磨性、强度和韧性，具有较好的切削性能。

⑤ 良好的热物理性能和耐热冲击性　要求刀具材料具有良好的导热性，能及时将切削热传递出去，不会因为受到大的热冲击时刀具内部产生裂纹而断刀。

⑥ 良好的工艺性　为了进行切削加工，刀具都具有一定的结构和角度。刀具材料应具有良好的工艺性能（如锻造性能、切削性能、焊接性能、磨削性能和热处理性能等），以便于刀具本身的制造和刃磨。

刀具材料的种类繁多，常用的材料有碳素工具钢、合金工具钢、高速钢、硬质合金、陶瓷、立方氮化硼和金刚石等。

碳素工具钢是含碳量最高的优质钢（含碳量在 $0.7\%\sim1.2\%$），牌号有 T8A、T10A 等，其中 T 表示"碳素工具钢"，数字表示平均含碳量为千分之几。碳素工具钢淬火后有较高的硬度，价格比较低廉。合金工具钢是在碳素工具钢中加入少量的 Cr、W、Mn、Si 等元素形成的刀具材料，其耐热性有所提高。碳素工具钢和合金工具钢的耐热性都比较差，适合于在低速、低温下工作，仅用于制造手工刀具，如手动丝锥、板牙、铰刀、锯条、锉刀等。金刚石（主要是人造金刚石）仅用于有限的场合（金刚石不宜切削铁族金属）。目前，在生产中广泛使用的刀具材料主要是高速钢和硬质合金两类。常用刀具材料的特性如表 1-1 所示。

表 1-1　常用刀具材料的特性

种　类	牌　号	硬　度	维持切削性能的最高温度/°C	抗弯强度/GPa	工艺性能	用　途
碳素工具钢	T8A T10A T12A	60～64HRC	约200	2.45～2.75	可冷、热加工成形，工艺性能良好，磨削性好，需热处理	只用于手动刀具，如手动丝锥、板牙、铰刀、锯条、锉刀等
合金工具钢	9CrSi CrWMn	60～65HRC	250～300	2.45～2.75		只用于手动或低速机动刀具，如丝锥、板牙、拉刀等
高速钢	W18Cr4V W6Mo5Cr4V2 W6Mo5Cr4V2Al W6Mo5Cr4V2Co8 W10Mo4Cr4V3Al	62～70HRC	540～600	2.45～4.41	可冷、热加工成形，工艺性能良好，需热处理，磨削性好，但钒类较差	用于各种刀具，特别是形状较复杂的刀具，如钻头、铣刀、拉刀、齿轮刀具、丝锥、板牙、刨刀等
硬质合金	YG3,YG6,YG8 YT5,YT15,YT30 YW1,YW2	89～94HRA	800～1000	0.88～2.45	压制烧结后使用，不能冷、热加工，多镶片使用	车刀刀头大部分采用硬质合金，钻头、铣刀、滚刀、丝锥等可镶刀片使用
陶瓷		91～94HRA	>1200	0.441～0.833	无需热处理	多用于车刀，性脆，适于连续切削

续表

种 类	牌 号	硬 度	维持切削性能的最高温度/℃	抗弯强度/GPa	工艺性能	用 途
立方氮化硼		7300～9000 HV			压制烧结而成，可用金刚石砂轮磨削	用于硬度、强度较高材料的精加工
金刚石		10000HV			用天然金刚石砂轮刃磨极困难	用于非铁金属的高精度、小表面粗糙度切削

选择刀具材料时，很难找到各方面的性能都是最佳的，因为材料的硬度和韧性、综合性能与价格之间是相互矛盾的，只能根据工艺需要，以保证主要需求性能为前提，尽可能选用价格较低的材料。

二、高速钢

高速钢又称风钢或锋钢，是加入了较多的钨（W）、钼（Mo）、铬（Cr）、钒（V）等合金元素的高合金工具钢。高速钢具有较高的硬度（62～67HRC）和耐热性，在切削温度高达 500～650℃时仍能进行切削；高速钢的强度高、韧性好，可在有冲击、振动的场合应用；它可以用于加工有色金属、结构钢、铸铁、高温合金等。高速钢的工艺性好，容易磨出锋利的切削刃，适于制造各类刀具，尤其适于制造钻头、拉刀、成形刀具、齿轮刀具等形状复杂的刀具。

高速钢按切削性能可分为普通高速钢和高性能高速钢；按制造工艺方法可分为熔炼高速钢和粉末冶金高速钢，近年来还出现了涂层高速钢。

① 普通高速钢 是切削硬度在 250～280HBS 以下的大部分结构钢和铸铁的基本刀具材料，切削普通钢料时的切削速度一般不高于 40～60m/min。普通高速钢应用最广，约占高速钢总量的 75%。按钨、钼含量的不同分为钨系高速钢（如 W18Cr4V）和钨钼系高速钢（如 W6Mo5Cr4V2）。钨系高速钢综合性能好，适用于制造复杂刀具。钨钼系高速钢具有良好的力学性能，可做尺寸较小、承受冲击力较大的刀具，适用于制造热轧钻头等。

② 高性能高速钢 是在普通高速钢的基础上增加一些含碳量、含钒量并添加钴、铝等合金元素熔炼而成，其耐热性好，在 630～650℃时仍能保持接近 60HRC 的硬度，适用于加工高温合金、钛合金、奥氏体不锈钢、高强度钢等难加工材料。

③ 粉末冶金高速钢 是在用高压惰性气体把钢水雾化成粉末后，再经过热压锻轧成材。与熔炼高速钢相比，粉末冶金高速钢材质均匀、韧性好、硬度高、热处理变形小、质量稳定、刃磨性能好、刀具寿命较高。可用它切削各种难加工材料，特别适合于制造各种精密刀具和形状复杂的刀具。

④ 涂层高速钢 这种材料制成的刀具的切削力、切削温度可下降 25%，切削速度、进给量和刀具寿命显著提高。适合在钻头、丝锥、成形铣刀和切齿刀具上应用。常用涂层有 TiN、TiC、TiAlN、AlTiN、TiAlCN、DLC 和 CBC 涂层等。常用的几种高速钢的力学性能见表 1-2。

表1-2　常用高速钢的力学性能

钢　　号	常温硬度 /HRC	抗弯强度 /GPa	冲击韧性 /(MJ/m²)	高温硬度/HRC	
				500℃	600℃
W18Cr4V	63～66	3～3.4	0.18～0.32	56	48.5
W6Mo5Cr4V2	63～66	3.5～4	0.3～0.4	55～56	47～48
W6Mo5Cr4V2Co8	66～68	3.0	0.3	—	54
W6Mo5Cr4V2Al	67～69	2.9～3.9	0.23～0.3	60	55

三、硬质合金

硬质合金是金属碳化物（WC、TiC 等）和金属黏结剂（Co 或 Ni 等）在高温条件下烧结而成的粉末冶金制品。硬质合金的常温硬度达 89～93HRA，在 760℃时其硬度为 77～85HRA，在 800～1000℃时仍能进行切削，刀具寿命比高速钢高几倍到几十倍，可加工包括淬硬钢在内的多种材料。但硬质合金的强度和韧性比高速钢差，常温下的冲击韧性仅为高速钢的 1/8～1/30，因此，硬质合金承受切削振动和冲击的能力较差。硬质合金是最常用的刀具材料之一，常用于制造车刀和面铣刀，也可用硬质合金制造深孔钻、铰刀、拉刀和滚刀。

ISO（国际标准化组织）把切削用硬质合金分为三类：K 类、P 类和 M 类。

① K 类（相当于我国 YG 类）　该类硬质合金由 WC 和 Co 组成，也称钨钴类硬质合金。这类合金主要用来加工铸铁、有色金属及其合金。

② P 类（相当于我国 YT 类）　该类硬质合金由 WC、TiC 和 Co 组成，也称钨钛钴类硬质合金。这类合金主要用于加工钢。

③ M 类（相当于我国 YW 类）　该类硬质合金是在 WC、TiC、Co 的基础上再加入 TaC（或 NbC）等稀土碳化物而成。加入 TaC（或 NbC）后，改善了硬质合金的综合性能。这类硬质合金既可以加工铸铁和有色金属，又可以加工钢，还可以加工高温合金和不锈钢等难加工材料。

四、涂层材料

涂层刀具是在韧性较好的硬质合金或高速钢刀具的基体上，涂覆一层很薄的耐磨性很高的难熔金属化合物而得的。

常用的涂层材料有碳化钛（TiC）、氮化钛（TiN）和氧化铝（Al_2O_3）等。TiC 的硬度比 TiN 高，抗磨损性好，对于会产生剧烈磨损的刀具，TiC 涂层较好。TiN 与金属的亲和力较小，润湿性能好，在容易产生黏结的情况下，TiN 涂层较好。在高速切削产生大量热量的场合，以采用 Al_2O_3 涂层为好，因为氧化铝在高温下有良好的热稳定性。

五、陶瓷

陶瓷刀具是以氧化铝（Al_2O_3）或以氮化硅（Si_3N_4）为基体，添加少量金属在高温下烧结而成的，适用于高速精细加工硬材料。

陶瓷具有以下主要特点。

① 高硬度和耐磨性　常温硬度达 91～95HRA，可以切削 60HRC 以上的硬材料。

② 高的耐热性　高温下强度、韧性降低较少。

③ 高的化学稳定性　在高温下有较好的抗氧化、抗黏结性能。

④ 低的摩擦因数　切屑不易粘刀，不易产生积屑瘤。

⑤ 强度和韧性低　承受冲击载荷的能力较差。

⑥ 热导率低　抗热冲击性能较差。

六、立方氮化硼

立方氮化硼（CBN）是由六方氮化硼（白石墨）经高温高压处理转化而成的，其硬度高达 8000HV，仅次于金刚石。CBN 是一种新型刀具材料，它可耐 1300～1500℃ 的高温，热稳定性好；它的化学稳定性也很好，温度高达 1200～1300℃ 也不与铁产生化学反应。立方氮化硼能以硬质合金切削铸铁和普通钢的切削速度对冷硬铸铁、淬硬钢、高温合金等进行加工。

CBN 能对淬硬钢、冷硬铸铁进行粗加工与半精加工，同时还能高速切削高温合金、热喷涂材料等难加工材料。

七、金刚石

金刚石是碳的同素异形体，是目前最硬的物质，其显微硬度达 10000HV。金刚石刀具有以下三类。

① 天然单晶金刚石刀具　主要用于非铁材料及非金属的精密加工。单晶金刚石结晶界面有一定的方向，不同晶面上硬度与耐磨性有较大的差异，刃磨时必须注意选择刃磨平面。

② 人造聚晶金刚石刀具　天然金刚石价格昂贵，工业上多使用人造金刚石。人造金刚石是通过合金催化剂的作用，在高温高压下由石墨转化而成的。人造聚晶金刚石抗冲击强度高，可选用较大的切削用量。结晶面无固定方向，可自由刃磨。

③ 金刚石烧结体刀具　在硬质合金基体上烧结一层约 0.5mm 厚的聚晶金刚石。强度较好，能进行断续切削，可多次刃磨。

人造金刚石目前主要用于制作磨具及磨料，用作刀具材料主要用于有色金属的高速精细切削。金刚石不是碳的稳定状态，遇热易氧化和石墨化，用金刚石刀具进行切削时必须对切削区进行强制冷却。金刚石刀具不宜加工铁族元素，因为金刚石中的碳原子和铁族元素的亲和力大，刀具寿命低。

第四节　磨料与磨具

一、磨料

磨料是砂轮的主要成分，直接担负切削工作。磨料应该具有高硬度、高耐热性和一定的韧性，在磨削过程中受力破碎后还要能形成锋利的几何形状。常用的磨料有氧化物系、碳化物系和高硬磨料系三类，其特性和使用范围如表 1-3 所示。

表 1-3　磨料的特性和使用范围

系　列	磨料名称	代号	显微硬度/HV	特　性	使用范围
氧化物系	棕刚玉 （含 Al_2O_3＞95％）	A	2200～2280	棕褐色，硬度高，韧性大，价格便宜	磨削碳钢、合金钢、可锻铸铁、硬青铜
	白刚玉 （含 Al_2O_3＞98.5％）	WA	2200～2300	白色，硬度比棕刚玉高，韧性较棕刚玉低	磨削淬火钢、高速钢、高碳钢及薄壁零件

续表

系 列	磨料名称	代号	显微硬度/HV	特 性	使用范围
碳化物系	黑碳化硅 (含 SiC>98.5%)	C	2840~3320	黑色,有光泽。硬度比白刚玉高,脆而锋利,导热性和导电性良好	磨削铸铁、黄铜、铝、耐火材料及非金属材料
	绿碳化硅 (含 SiC>99%)	GC	3280~3400	绿色,硬度和脆性比黑碳化硅高,具有良好的导热性和导电性	磨削硬质合金、宝石、陶瓷、玉石、玻璃等材料
高硬磨料系	人造金刚石	MBD RVD JR	6000~10000	无色透明或淡黄色、黄绿色、黑色,硬度高,比天然金刚石脆	磨削硬质合金、宝石、陶瓷、玉石、光学玻璃、半导体等材料
	立方氮化硼	CBN	6000~8500	黑色或淡白色,立方晶体,硬度次于金刚石,耐磨性高	磨削各种高温合金、高钼钢、高钒钢、高钴钢、不锈钢等材料

二、粒度

粒度表示磨料颗粒的尺寸大小,分为磨粒(直径大于 $40\mu m$)和微粉(直径小于 $40\mu m$)。磨粒以每平方英寸的网眼数来表示,如 $60^{\#}$ 表示磨粒刚能通过每平方英寸 60 个孔眼的筛网。粒度号越大,磨粒越细。微粉是以颗粒的实际尺寸分级,如 W20 表示直径为 $20\mu m$ 的微粉。W 后的数字越小,微粉越细。常用粒度及使用范围如表 1-4 所示。

表 1-4 常用粒度及使用范围

类 别	粒 度	颗粒尺寸 /μm	使用范围	类 别	粒 度	颗粒尺寸 /μm	使用范围
磨粒	12°~36°	2000~1600 500~400	荒磨 打毛刺	微粉	W40~W28	40~28 28~20	珩磨 研磨
	46°~80°	400~315 200~160	粗磨 半精磨 精磨		W20~W14	20~14 14~10	研磨、超精加工、超精磨削
	100°~280°	160~125 50~40	精磨 珩磨		W10~W5	10~7 5~3.5	研磨、超精加工、镜面磨削

粗磨加工选用颗粒较粗的砂轮,以提高生产效率;精磨加工选用颗粒较细的砂轮,以减小加工表面粗糙度值。砂轮与工件接触面积大时,选用颗粒较粗的砂轮,防止烧伤工件。

三、结合剂

结合剂的作用是将磨粒黏结在一起,形成具有一定形状和强度的砂轮。常用的结合剂种类有陶瓷、树脂、橡胶和金属结合剂(常用青铜)。结合剂的种类及适用范围如表 1-5 所示。

表 1-5 结合剂的种类及适用范围

结合剂	代 号	性 能	适用范围
陶瓷	V	耐热,耐蚀,气孔率大,易保持廓形,弹性差	最常用,适用于各类磨削加工
树脂	B	强度较 V 高,弹性好,耐热性差	适用于高速磨削、切断、开槽等

结合剂	代号	性 能	适用范围
橡胶	R	强度较B高,更富有弹性,气孔率小,耐热性差	适用于切断、开槽及制作无心磨的导轮
青铜	J	强度最高,型面保持性好,磨耗少,自锐性差	适用于金刚石砂轮

四、硬度

砂轮的硬度是指磨粒在磨削力作用下,从砂轮表面上脱落的难易程度。砂轮硬度高,磨粒不容易脱落;反之磨粒容易脱落。砂轮的硬度分七个等级,如表1-6所示。

表1-6 砂轮的硬度等级名称及代号

大级名称	超软	软			中软		中		中硬			硬		超硬
小级名称	超软	软1	软2	软3	中软1	中软2	中1	中2	中硬1	中硬2	中硬3	硬1	硬2	超硬
代 号	D	E	F	G	H	J	K	L	M	N	P	Q	R	S	T	Y

磨削时,如砂轮硬度过高,则磨钝了的磨粒不能及时脱落,会使磨削温度升高而造成工件烧伤;若砂轮太软,则磨粒脱落过快,不能充分发挥磨粒的磨削效能。

工件硬度较高时应选用较软的砂轮;工件硬度较低时,应选用较硬的砂轮;砂轮与工件接触面较大时,选用较软的砂轮;磨薄壁件及导热性差的工件时选用较软的砂轮;精磨和成形磨时,应选用较硬的砂轮;砂轮粒度号大时,应选用较软的砂轮。

五、组织

砂轮的组织是指磨料、结合剂、气孔三者之间的比例关系。磨料在砂轮体积中所占的比例越大,则组织越紧密;反之,则组织越疏松。砂轮的组织分为紧密(组织号0～3)、中等(组织号4～7)和疏松(组织号8～12)三个类别。

六、砂轮形状

砂轮是用结合剂把磨粒黏结起来,经压坯、干燥、焙烧及车整而成。它的特性决定于磨料、粒度、结合剂、硬度、组织及形状尺寸等。常用砂轮形状、代号及用途如表1-7所示。

表1-7 常用砂轮形状、代号及用途

砂轮名称	代号	断面简图	基本用途
平形砂轮	P		根据不同尺寸,分别用于外圆磨、内圆磨、平面磨、无心磨、工具磨、螺纹磨和砂轮机上
双斜边砂轮	PSX		主要用于磨齿轮齿面和磨单线螺纹
双面凹砂轮	PSA		主要用于外圆磨削和刃磨刀具,还可用作无心磨的磨轮和导轮

续表

砂轮名称	代号	断面简图	基本用途
薄片砂轮	PB		主要用于切断和开槽等
筒形砂轮	N		用于立式平面磨床
杯形砂轮	B		主要用其端面刃磨刀具,也可用圆周磨平面和内孔
碗形砂轮	BW		通常用于刃磨刀具,也可用于磨机床导轨
碟形砂轮	D		适于磨铣刀、铰刀、拉刀等,大尺寸的一般用于磨齿轮的齿面

在砂轮的端面上一般都印有标志,用以表示砂轮的特性。例如:砂轮 P-300 × 30 × 75-A60L5V-35m/s。P 表示该砂轮为平形砂轮,外径为 300mm,宽度为 30mm,内径为 75mm,磨料为棕刚玉(A),粒度号为 60,硬度为中软 2(L),组织号为中等 5,结合剂为陶瓷(V),最高工作速度为 35m/s。

第五节　金属切削过程

金属切削过程中,刀具从工件上切下多余金属,形成切屑和已加工表面,产生切削力、切削热、刀具磨损、积屑瘤等现象,这些现象的成因、作用及变化规律都是以切削过程为基础的。研究金属切削过程对于保证加工质量、提高生产效率、降低生产成本具有十分重要的意义。

一、切屑的形成过程及变形区的划分

切削层金属形成切屑的过程就是在刀具的作用下发生变形的过程。图 1-33 是在直角自由切削工件条件下观察绘制得到的金属切削滑移线和流线示意图。OA 滑移线称作始滑移线,OM 称作终滑移线。流线表明被切削金属中的某一点在切削过程中流动的轨迹。切削过程中,切削层金属的变形大致可划分为以下三个区域。

① 第一变形区　从 OA 线开始发生塑性变形,到 OM 线金属晶粒的剪切滑移基本完成。OA 线和 OM 线之间的区域(图 1-33 中 I 区)称为第一变形区,又称基本变形区。

② 第二变形区　切屑沿前刀面排出时进一步受到前刀面的挤压和摩擦,使靠近前刀面处的金属纤维化,基本上和前刀面平行。这一区域(图 1-33 中 II 区)称为第二变形区。

③ 第三变形区　已加工表面受到切削刃钝圆部分和后刀面的挤压和摩擦,造成表层金属纤维化与加工硬化。这一区域(图 1-33 中 III 区)称为第三变形区。

在第一变形区内,变形的主要特征就是沿滑移线的剪切变形,以及随之产生的加工硬化。在图 1-34 中，OA、OB 和 OM 为等切应力曲线。当刀具以切削速度 v_c 向前推进时，可以看作是刀具不动，工件上的点 P 以速度 v_c 反向逼近刀具。当 P 点到达点 1 时，其切应力达到材料的屈服强度 τ_s，P 点继续向前移动的同时，也沿 OA 移动，合成运动使 P 点从点 1 移动到点 2，2-2′ 就是 P 点的滑移量。P 点继续往前移动直到点 4 位置后，其流动方向与前刀面平行，不再沿滑移线滑移。在一般切削速度范围内，第一变形区的宽度仅为 0.02～0.2mm，所以可以用一剪切面来表示（图 1-35）。剪切面与切削速度方向的夹角称为剪切角，以 ϕ 表示。

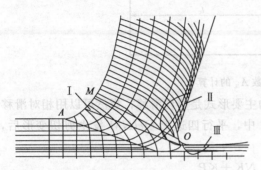

图 1-33　金属切削过程中的滑移线和流线示意图

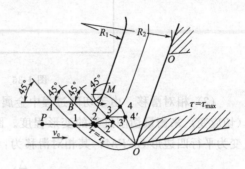

图 1-34　第一变形区的金属滑移

切屑的形成可以用图 1-35 形象地说明。被切削金属层好像一叠卡片（阴影平行四边形的 1′，2′，3′……），刀具切入时，卡片之间发生滑移，被移动到 1，2，3……的位置，卡片之间的滑移方向就是剪切面。

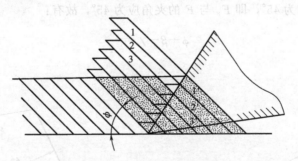

图 1-35　切屑形成过程示意图

三个变形区汇集在切削刃附近，此处的应力比较集中而复杂。金属的切削层就在此处与工件基体发生分离，形成切屑。

二、切削变形程度

切削变形程度有三种不同的表示方法：变形系数、相对滑移和剪切角。

（1）变形系数 Λ_h　在切削过程中，刀具切下的切屑厚度 h_{ch} 通常都大于工件切削层厚度 h_D，而切屑长度 l_{ch} 却小于切削层长度 l_c。切屑厚度 h_{ch} 与切削层厚度 h_D 之比称为厚度变形系数 Λ_{ha}；而切削层长度与切屑长度之比称为长度变形系数 Λ_{hl}。由图 1-36 可知：

$$\Lambda_{ha}=\frac{h_{ch}}{h_D}=\frac{OM\sin(90°-\phi+\gamma_o)}{OM\sin\phi}=\frac{\cos(\phi-\gamma_o)}{\sin\phi} \tag{1-18}$$

$$\Lambda_{hl}=\frac{l_c}{l_{ch}} \tag{1-19}$$

由于切削层变成切屑后，宽度变化很小，根据体积不变原理，可求得：

$$\Lambda_{ha} = \Lambda_{hl} = \Lambda_h \tag{1-20}$$

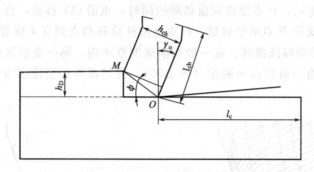

图 1-36　变形系数 Λ_h 的计算

（2）相对滑移　由于切削过程中金属变形的主要形式是剪切滑移，当然可以用相对滑移（切应变）来衡量切削过程的变形程度。图 1-37 中，平行四边形 $OHNM$ 发生剪切变形后，变为平行四边形 $OGPM$，其相对滑移为：

$$\varepsilon = \frac{\Delta_s}{\Delta_y} = \frac{NP}{MK} = \frac{NK + KP}{MK} \tag{1-21}$$

$$\varepsilon = \cot\phi + \tan(\phi - \gamma_o) \tag{1-22}$$

（3）剪切角 ϕ　在剪切面上，金属产生了滑移变形，最大切应力就在剪切面上。图 1-38 为直角自由切削状态下的作用力分析，在垂直于切削合力 F 方向的平面内切应力为零，切削合力 F 的方向就是主应力的方向。根据材料力学平面应力状态理论，主应力方向与最大切应力方向的夹角应为 45°，即 F_s 与 F 的夹角应为 45°，故有：

$$\phi + \beta - \gamma_o = \frac{\pi}{4} \tag{1-23}$$

$$\phi = \frac{\pi}{4} - \beta + \gamma_o \tag{1-24}$$

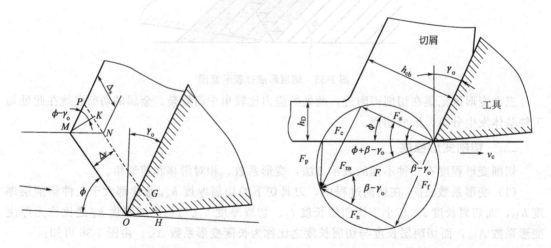

图 1-37　剪切变形示意图　　　　　图 1-38　直角自由切削时力与角度的关系

分析上式可知：前角增大时，剪切角随之增大，变形减小，这表明增大刀具前角可减少切削变形，对改善切削过程有利；摩擦角增大时，剪切角随之减小，变形增大，提高刀具刃磨质量、采用润滑性能好的切削液可以减小前刀面和切屑之间的摩擦因数，有利于改善切削过程。

三、 影响切屑变形的因素

（1）工件材料 工件材料强度越高，切屑和前刀面的接触长度越短，导致切屑和前刀面的接触面积减小，前刀面上的平均正应力 σ_{av} 增大，前刀面与切屑间的摩擦因数减小，摩擦角 β 减小，剪切角 ϕ 增大，变形系数 Λ_h 将随之减小。

（2）刀具前角 增大刀具前角 γ_o，剪切角 ϕ 将随之增大，变形系数 Λ_h 将随之减小；但 γ_o 增大后，前刀面倾斜程度加大，切屑作用在前刀面上的平均正应力 σ_{av} 减小，使摩擦角 β 和摩擦因数增大而导致 ϕ 减小。由于后一方面影响较小，Λ_h 还是随的 γ_o 增加而减小。

（3）切削速度 在无积屑瘤产生的切削速度范围内，切削速度 v_c 越大，变形系数 Λ_h 越小。主要是因为塑性变形的传播速度较弹性变形慢，切削速度越高，切削变形越不充分，导致变形系数下降。此外，提高切削速度还会使切削温度增高，切屑底层材料的剪切屈服强度 τ_s 因温度的增高而略有下降，导致前刀面摩擦因数减小，使变形系数 Λ_h 下降。

（4）切削层公称厚度 在无积屑瘤的切削速度范围内，切削层公称厚度 h_D 越大，变形系数 Λ_h 越小。

四、 积屑瘤的形成及其对切削过程的影响

切削层金属经过终滑移线 OM 形成切屑沿前刀面流出时，切屑底层仍受到刀具的挤压和接触面间强烈的摩擦，继续以剪切滑移为主的方式变形，使切屑底层的晶粒弯曲拉长，并趋向于与前刀面平行而形成纤维层，从而使接近前刀面部分的切屑流动速度降低。这种平行于前刀面的纤维层称为滞流层，其变形程度要比切屑上层剧烈几倍到几十倍。

在金属切削过程中，由于在刀-屑接触界面间存在着很大的压力，可达 $2\sim3GPa$，切削液不易流入接触界面，再加上几百摄氏度的高温，切屑底层又总是以新生表面与前刀面接触，从而使刀-屑接触面间产生黏结，使该处的摩擦情况与一般的滑动摩擦不同。

采用光弹性试验方法可测出切削塑性金属时前刀面上的应力分布情况，如图 1-39 所示。

在刀-屑接触面上正应力 σ_γ 的分布是不均匀的，切削刃处的 σ_γ 最大，随着切屑沿前刀面的流出 σ_γ 逐渐减小，在刀-屑分离处 σ_γ 为零。切应力 τ_γ 在 l_{f1} 内保持为一定值，等于工件材料的剪切屈服强度 τ_s，在 l_{f2} 内逐渐减小，至刀-屑分离时为零。在正应力较大的一段长度

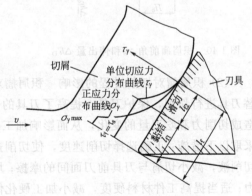

图 1-39 切屑和前刀面摩擦情况示意图

l_{f1} 上，切屑底部与前刀面发生黏结现象，在黏结情况下，切屑与前刀面之间已不是一般的外摩擦，而是切屑和刀具黏结层与其上层金属之间的内摩擦。这种内摩擦实际就是金属内部的剪切滑移，它与材料的剪切屈服强度和接触面的大小有关。当切屑沿前刀面继续流出时，离切削刃越远，正应力越小，切削温度也随之降低，使切削层金属的塑性变形减小，刀-屑

间实际接触面积减小，进入滑移区 l_{f2}，该区内的摩擦性质为滑动摩擦。

（1）积屑瘤的形成　在切削速度不高而又能形成带状切屑的情况下，加工一般钢料或铝合金等塑性材料时，常在刀具前刀面粘着一块剖面呈三角状的硬块（图1-40），它的硬度很高，通常是工件材料硬度的2～3倍，这块附着在前刀面上的金属称为积屑瘤。

切削时，切屑与前刀面接触处发生强烈摩擦，当接触面达到一定温度，同时又存在较高压力时，被切材料会黏结（冷焊）在前刀面上。连续流动的切屑从粘在前刀面上的底层金属上流过时，如果温度与压力适当，切屑底部材料也会被阻滞在已经"冷焊"在前刀面上的金属层上粘成一体，使黏结层逐步长大，形成积屑瘤。积屑瘤的产生及其成长与工件材料的性质、切削区的温度分布和压力分布有关。塑性材料的加工硬化倾向越强，越易产生积屑瘤；切削区的温度和压力很低时，不会产生积屑瘤；温度太高时，由于材料变软，也不易产生积屑瘤。对碳钢来说，切削区温度处于 $300\sim350℃$ 时积屑瘤的高度最大，切削区温度超过 $500℃$ 积屑瘤便自行消失。在背吃刀量 a_p 和进给量 f 保持一定时，积屑瘤高度 H_b 与切削速度 v_c 有密切关系，因为切削过程中产生的热是随切削速度的提高而增加的。图1-41中，Ⅰ区为低速区，不产生积屑瘤；Ⅱ区积屑瘤高度随 v_c 的增大而增高；Ⅲ区积屑瘤高度随 v_c 的增大而减小；Ⅳ区不产生积屑瘤。

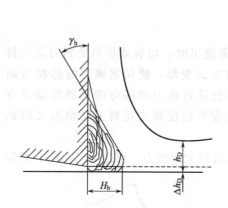

图1-40　积屑瘤前角 γ_b 和伸出量 Δh_D

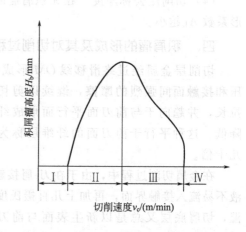

图1-41　积屑瘤高度与切削速度的关系

（2）积屑瘤对切削过程的影响　积屑瘤对切削过程的影响有积极的一面，积屑瘤可以代替刀具进行切削，保护刀具，提高了刀具的使用寿命；也有消极的一面，积屑瘤周期性脱落造成切削力和吃刀量的变化，从而影响加工表面质量。精加工时必须防止积屑瘤的产生，可采取以下措施：正确选择切削速度，使切削速度避开产生积屑瘤的区域；使用润滑性能好的切削液，减小切屑与刀具前刀面间的摩擦；增大刀具前角，减小刀具前刀面与切屑之间的压力；适当提高工件材料硬度，减小加工硬化倾向。

五、刀-工接触区的变形与加工质量

刀-工接触区的变形与应力对加工表面质量影响很大。

前面在分析第一、第二两个变形区的情况时，假设刀具的切削刃是绝对锋利的，但实际上无论怎样仔细刃磨刀具，都可认为切削刀具有一个钝圆半径 r_n。首先，刀具磨损时，钝圆半径 r_n 还将增大。其次，刀具开始切削不久，后刀面就会产生磨损，从而形成一段 $\alpha_{oe}=0°$ 的棱带，因此，研究已加工表面的形成过程时，必须考虑切削刃钝圆半径 r_n 及后刀面磨

损棱带 VB 的作用。

已加工表面的形成过程如图 1-42 所示。当切削层金属以速度 v 逐渐接近切削刃时，便发生压缩与剪切变形，最终沿剪切面 OM 方向剪切滑移而成为切屑。但由于切削刃钝圆半径 r_n 的关系，整个切削厚 a_c 中，将有 Δa 一层金属无法滑移，而是从切削刃钝圆部 O 点下面挤压过去，即切削层金属在 O 点处分离为两部分，O 点以上的部分成为切屑并沿前刀面流出，O 点以下的部分经过切削刃挤压而留在已加工表面上，该部分金属经过切削刃钝圆部分 B 点之后，又受到后刀面

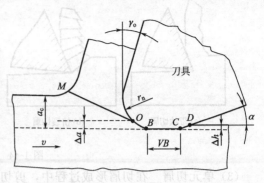

图 1-42　已加工表面的形成过程

上 VB 一段棱带的挤压并相互摩擦，这种剧烈的摩擦又使工件表层金属受到剪切应力，随后开始弹性恢复，假设弹性恢复的高度为 Δh，则已加工表面在 CD 长度上继续与后刀面摩擦。切削刃钝圆部分、VB 及 CD 三部分构成后刀面上的总接触长度，它的接触情况对已加工表面质量有很大影响。

将三个变形区联系起来如图 1-43 所示，则当切削层金属进入第一变形区时，晶粒因压缩而变长，因剪切滑移而倾斜。当切削层金属逐渐接近切削刃时，晶粒更为伸长，成为包围在切削刃周围的纤维层，最后在 O 点断裂，一部分金属成为切屑沿前刀面流出，另一部分金属绕过切削刃沿刀具后面流出，并继续经受变形而成为已加工表面的表层。因此，已加工表面的金属纤维被拉伸得更长更细，其纤维方向平行于已加工表面，这个表层的金属具有和基本组织不同的性质，称为加工变质层，其表面粗糙度及内部应力、金相组织决定了已加工

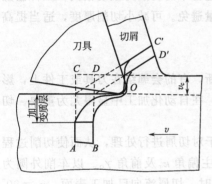

图 1-43　三个变形区综合已加工
表面的形成过程

表面质量。

六、金属切削过程中切屑的类型及控制

1. 切屑的类型与分类

由于工件材料、刀具的几何角度、切削用量等不同，切削过程中生成的切屑形状是多种多样的，主要分为带状切屑、挤裂切屑、单元切屑和崩碎切屑四种类型，如图 1-44 所示。

(1) 带状切屑　切屑较长，呈带状。带状切屑与刀具前刀面接触的表面是光滑的，外表面呈毛茸状。加工塑性金属时，在切削厚度较小、切削速度较高、刀具前角较大的工况条件下常形成此类切屑。产生带状切屑时，切削过程较为平稳，切削力波动不大，工件已加工表面的粗糙度值较小，加工过程中应注意断屑。

(2) 挤裂切屑　它的外表面呈锯齿形，内表面局部有裂纹。一般是在切削速度较低、切削厚度较大、刀具前角较小、加工中等硬度塑性金属时产生。形成节状切屑时，切削力有波动，工件已加工表面粗糙度值较大。

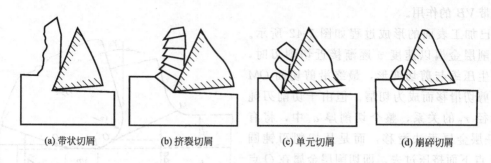

| (a) 带状切屑 | (b) 挤裂切屑 | (c) 单元切屑 | (d) 崩碎切屑 |

图 1-44　切屑类型

（3）单元切屑　在切屑形成过程中，剪切面上的切应力超过了材料的断裂强度，切屑单元从被切材料上脱落，形成粒状切屑。这种切屑大多发生在刀具前角小、切削速度低、加工塑性较差的材料时。产生粒状切屑时，加工过程中的切削力波动更大，工件已加工表面粗糙度值更大。

（4）崩碎切屑　加工脆性材料时，由于材料的塑性较差，抗拉强度低，切削层材料产生脆性崩裂，形成不规则的碎块。产生崩碎切屑时，加工过程中的切削力波动很大，工件已加工表面粗糙度很差，易损坏刀具。因此，在生产中应尽量避免。可减小切削厚度，适当提高切削速度，使切屑成为针状或片状。

2. 切屑的控制措施

在实际生产中，有的切屑到一定长度以后会自动折断，有的会缠绕在刀具或工件上，影响切削加工的正常进行。因此切屑的控制具有重要意义，在自动化加工中显得尤为重要。切屑的控制包括切屑的流向控制和切屑的折断（断屑）。

控制切屑的流向可使已加工表面不被切屑划伤，便于对切屑进行处理，从而使切削过程顺利进行。影响切屑流向的主要参数是刀具刃倾角 λ_s、主偏角 κ_r 及前角 γ_o。以车削外圆为例，当 λ_s 为正值时，切屑流向待加工表面；当 λ_s 为负值时，切屑流向已加工表面。$\kappa_r = 90°$ 时，切屑流向已加工表面。γ_o 为负值时，由于前刀面的推力作用，切屑常流向待加工表面。因此，控制切屑的流向可以采用控制刀具几何参数来实现。

切屑经第一、第二变形区的剧烈变形后，硬度增加，塑性下降，性能变脆。在切屑排出过程中，当碰到刀具后刀面、工件上过渡表面或待加工表面等障碍时，如某一部位的应变超过了切屑材料的断裂应变值，切屑就会折断。研究表明，工件材料脆性越大（断裂应变值越小）、切屑厚度越大、切屑卷曲半径越小，切屑就越容易折断。

第六节　金属切削过程中的切削力和切削功率

刀具与工件的相互作用会产生切削力，切削力的大小与切削热、刀具磨损、切削效率和加工质量有密切关系，切削力也是设计和使用机床、刀具、夹具的重要依据。

一、切削力

切削加工过程中，在刀具作用下，被切削层金属、切屑和工件已加工表面会产生弹性变形和塑性变形，这些变形所产生的抗力会作用在刀具上；切屑与刀具前刀面的摩擦，刀具后刀面与工件的摩擦，都会产生摩擦力。这些力在刀具上的合力称为总切削力 F，简称切削力。

分析和计算切削力，是计算切削功率，进行机床、刀具和夹具设计，制定合理的切削用量和优化刀具几何参数的重要依据。在自动化生产中，还可通过切削力来监控切削过程和刀具工作状态，如刀具折断、磨损和破损等。

由于 F 受很多因素影响，其大小和方向都是变化的。为了便于 F 的测量和应用，常将其分解为 F_c、F_p 和 F_f 三个相互垂直的分力，如图 1-45 所示。

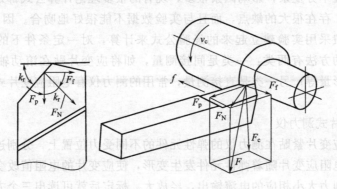

图 1-45 切削合力和分力

F_c 称为切削力，又称切向力、主切削力，是总切削力在主运动方向的分力，垂直于基面，是最大的一个切削分力。其消耗的功率占总功率的 $95\% \sim 99\%$，它是计算机床动力、校核刀具、夹具强度与刚度的主要依据之一。

F_p 称为背向力，又称切深抗力、径向力，是总切削力在切削深度方向的分力，在基面内，与进给运动方向垂直。背向力会使机床、刀具、夹具和工件产生变形，容易引起振动和加工误差，是设计和校核系统刚度和精度的主要参数。

F_f 称为进给力，又称轴向力，是总切削力在进给运动方向的分力，在基面内，与进给运动方向一致。进给力作用在机床的进给机构上，是计算和校核进给系统强度的主要依据之一。

由图 1-45 可知：

$$F = \sqrt{F_c^2 + F_p^2 + F_f^2} \tag{1-25}$$

在上述三个分力中，F_c 最大、F_p 次之、F_f 最小。

二、切削功率

消耗在切削过程中的功率称为切削功率，用 P_c 表示，单位为 kW。切削功率 P_c 为切削力 F_c 和进给力 F_f 做功之和，即：

$$P_c = \left(F_c v_c + \frac{F_f n_w f}{1000} \right) \times 10^{-3} \tag{1-26}$$

式中　F_c——切削力，N；

　　　v_c——切削速度，m/s；

　　　F_f——进给力，N；

　　　n_w——工件转速，r/s；

　　　f——进给量，mm/r。

一般情况下，F_f 所消耗功率极小，约占总功率的 $1\% \sim 2\%$，因此式（1-26）可简化为：

$$P_c = F_c v_c \times 10^{-3} \tag{1-27}$$

考虑机床的传动效率 η_m，机床电动机的功率 P_E 应为：

$$P_E \geqslant \frac{P_c}{\eta_m}$$

$$(1-28)$$

三、 切削力的测量

实际切削过程十分复杂，影响因素很多，现有的很多理论计算公式都是建立在一些假设的基础上得来的，存在很大的缺点，而且与实验数据不能很好地吻合。因此在实际生产中，切削力的计算一般采用实验建立起来的经验公式来计算，对一定条件下的切削力要进行测量。测量切削力的方法有两类：一类是间接测量，如将应变片贴在滚动轴承外环上进行测量、测量刀架变形量等；另一类是直接测量，常用的测力仪有电阻应变片式测力仪和压电式测力仪。

1. 电阻应变片式测力仪

将若干电阻应变片紧贴在测力仪的弹性元件的不同受力位置上，分别连接成电桥。在切削力的作用下，电阻应变片随着弹性元件发生变形，使应变片的电阻值改变，破坏了电桥的平衡，即有与切削力大小相应的电流输出，经放大、标定后就可读出三个方向上的切削分力值。这种测力仪具有灵敏度高、量程范围大、测量精度高等特点。图 1-46 为八角环车削测力仪的测量原理。

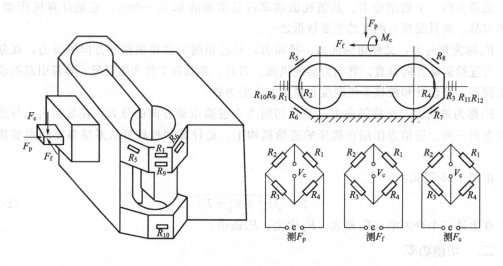

图 1-46　八角环车削测力仪及应变片

2. 压电式测力仪

压电式测力仪的工作原理是利用石英晶体或压电陶瓷的压电效应来进行测量的。受力时，压电材料的表面将产生电荷，电荷的多少与所受的压力成正比而与压电晶体的大小无关。用电荷放大器转换成相应的电压参数从而测量出切削力的大小。这种测力仪具有灵敏度高、线性度高和抗干扰性较好、无惯性等特点，特别适合于测量动态力和瞬间力。

四、 切削力的经验公式和切削力的估算

对于一般的切削方法，人们已经建立起了可直接应用的经验公式，常用的经验公式有两类：一类是指数公式；一类是按单位切削力进行计算的公式。

1. 计算切削力的指数公式

常用的切削力计算指数公式为：

$$F_c = C_{F_c} a_p^{x_{F_c}} f^{y_{F_c}} v_c^{n_{F_c}} K_{F_c} \tag{1-29}$$

$$F_p = C_{F_p} a_p^{x_{F_p}} f^{y_{F_p}} v_c^{n_{F_p}} K_{F_p} \tag{1-30}$$

$$F_f = C_{F_f} a_p^{x_{F_f}} f^{y_{F_f}} v_c^{n_{F_f}} K_{F_f} \tag{1-31}$$

式中　C_{F_c}、C_{F_p}、C_{F_f}——取决于被加工材料和切削条件的系数；

x_{F_c}、y_{F_p}、n_{F_f}、x_{F_p}、y_{F_p}、n_{F_p}、x_{F_f}、y_{F_f}、n_{F_f}——三个切削分力中的切削深度 a_p、进给量 f、切削速度 v_c 的指数；

K_{F_c}、K_{F_p}、K_{F_f}——三个切削分力计算式中，当实际加工条件与经验公式条件不符时，各种因素对切削分力修正系数的积。

式（1-29）～式（1-31）中各系数的指数可查阅相关的机械加工工艺手册来确定。表 1-8 列出了不同加工条件下进行试验，经处理后得到的有关系数和指数。

表 1-8　车削力公式中的系数和指数

加工材料	刀具材料	加工形式	公式中的系数和指数											
			主切削力 F_c				背向力 F_p				进给力 F_f			
			C_{F_c}	x_{F_c}	y_{F_c}	n_{F_c}	C_{F_p}	x_{F_p}	y_{F_p}	n_{F_p}	C_{F_f}	x_{F_f}	y_{F_f}	n_{F_f}
结构钢及铸钢 (650MPa)	硬质合金	外圆纵车、横车及镗孔	2795	1.0	0.75	−0.15	1940	0.9	0.6	−0.3	2880	1.0	0.5	−0.4
		切槽及切断	3600	0.72	0.8	0	1390	0.73	0.67	0	—	—	—	—
	高速钢	外圆纵车、横车及镗孔	1770	1.0	0.75	0	1100	0.9	0.75	0	590	1.2	0.65	0
		切槽及切断	2160	1.0	1.0	0	—	—	—	—	—	—	—	—
		成形车削	1885	1.0	0.75	0	—	—	—	—	—	—	—	—
不锈钢 1Cr18Ni9Ti (141HBS)	硬质合金	外圆纵车、横车及镗孔	2000	1.0	0.75	0	—	—	—	—	—	—	—	—
灰铸铁 (190HBS)	硬质合金	外圆纵车、横车及镗孔	900	1.0	0.75	0	530	0.9	0.75	0	450	1.0	0.4	0
	高速钢	外圆纵车、横车及镗孔	1120	1.0	0.75	0	1165	0.9	0.75	0	500	1.2	0.65	0
		切槽及切断	1550	1.0	0.75	0	—	—	—	—	—	—	—	—
可锻铸铁 (150HBS)	硬质合金	外圆纵车、横车及镗孔	795	1.0	0.75	0	420	0.9	0.75	0	375	1.0	0.4	0
	高速钢	外圆纵车、横车及镗孔	980	1.0	0.75	0	865	0.9	0.75	0	390	1.2	0.65	0
		切槽及切断	1375	1.0	0.75	0	—	—	—	—	—	—	—	—
中等硬度不均质铜合金 (120HBS)	高速钢	外圆纵车、横车及镗孔	540	1.0	0.75	0	—	—	—	—	—	—	—	—
		切槽及切断	735	1.0	1.0	0	—	—	—	—	—	—	—	—

加工材料	刀具材料	加工形式	公式中的系数和指数											
			主切削力 F_c				背向力 F_p				进给力 F_f			
			C_{F_c}	x_{F_c}	y_{F_c}	n_{F_c}	C_{F_p}	x_{F_p}	y_{F_p}	n_{F_p}	C_{F_f}	x_{F_f}	y_{F_f}	n_{F_f}
铝及铝硅合金	高速钢	外圆纵车、横车及镗孔	390	1.0	0.75	0	—	—	—	—	—	—	—	—
		切槽及切断	490	1.0	1.0	0	—	—	—	—	—	—	—	—

2. 单位切削力

用单位切削力 k_c 来计算切削力 F_c 和切削功率 P，是一种较为实用和简单的方法。

单位切削力是单位切削面积所产生的力。可由下式表示：

$$k_c = \frac{F_c}{A_D} = \frac{C_{F_c} a_p{}^{x_{F_c}} f^{y_{F_c}}}{a_p f} = \frac{C_{F_c}}{f^{1-y_{F_c}}} \tag{1-32}$$

k_c 的单位为 N/mm^2，若已知单位切削力 k_c、被吃刀量 a_p 和进给量 f，则切削力 F_c（单位为 N）为：

$$F_c = k_c A_D = k_c a_p f \tag{1-33}$$

五、影响切削力的因素

1. 工件材料的影响

工件材料的强度、硬度越高，加工硬化的程度越大，切削力越大。切削脆性材料时，被切材料的塑性变形及与前刀面的摩擦都比较小，切削力相对较小。同一材料的热处理状态不同、金相组织不同也会影响切削力的大小。

2. 切削用量的影响

背吃刀量 a_p 和进给量 f 增大时，变形抗力和摩擦力随之增大，会使切削力增大，但两者的影响程度不同。a_p 增大时，变形系数 Λ_h 不变，切削力成正比增大；f 增大时，Λ_h 有所下降，切削力只增加 $68\% \sim 86\%$。

切削塑性金属时，切削速度对切削力的影响与切削速度范围有关。在无积屑瘤产生的切削速度范围（高速）内，随着 v_c 的增大，切削力减小，这是因为 v_c 增大时，切削温度升高，摩擦因数减小，从而使 Λ_h 减小，切削力下降。在产生积屑瘤的切削速度范围（低速或中速）内，随着 v_c 的增大，积屑瘤逐渐长大，刀具的实际前角也逐渐增大，从而切削力减小。当积屑瘤增长到一定程度后会自行脱落，此时刀具实际前角减小，切削力会突然增大。因此在积屑瘤形成的切削速度范围内，切削力有所波动。

切削铸铁等脆性材料时，被切材料的塑性变形及它与前刀面的摩擦均比较小。v_c 对切削力没有显著影响。

3. 刀具角度的影响

① 前角　如图 1-47 所示，γ_o 增大，切削层的变形减小，切削力下降。同时，前角对切削力的影响程度随着切削速度的增大而减小。前角增大对切削力减小的影响程度与被加工材料的力学性能有关。切削塑性材料时，γ_o 对切削力的影响较大；切削脆性材料时，由于切削变形很小，γ_o 对切削力的影响不显著。

② 主偏角　κ_r 增大，切削力 F_c 减小，背向力 F_p 减小，进给力 F_f 增大。但是当 κ_r 大到一定程度后，刀尖圆弧半径的作用加大，将导致 F_c 增大（图 1-48）。

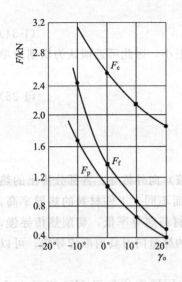

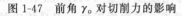

图 1-47　前角 γ_o 对切削力的影响

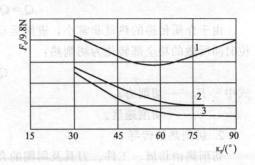

图 1-48　主偏角 κ_r 对 F_c 的影响

（工件材料：45 钢　切削用量：$a_p=2mm$，$f=0.48mm/r$）

1—用 $\gamma_\varepsilon=2mm$ 车刀，$v=0.67mm/s$，非自由切削；

2—用 $\gamma_\varepsilon=0mm$ 车刀，$v=0.67mm/s$，非自由切削；

3—$v=0.73mm/s$，自由切削

③ 刃倾角　在很大范围内（$-45°\sim10°$）内变化时，对 F_c 基本没有什么影响。但是继续增大 λ_s，F_p 减小，F_f 增大。

④ 其他　刀尖圆弧半径 r_ε 增大，切削变形增大。在圆弧切削刃上各点的主偏角 κ_r 的平均值减小，背向力 F_p 增大。

另外，刀面磨损将使刀具与工件已加工表面的摩擦和挤压加剧，后刀面上的法向力和摩擦力都增大，故切削力增大。前刀面磨损将形成月牙洼，使实际前角减小，使切削力减小，但其影响没有后刀面磨损对切削力的影响大。

使用以冷却作用为主的切削液（如水溶液）对切削力影响很小，使用润滑作用强的切削液（如切削油）能减小刀具与工件、切屑的摩擦，从而减小切削力。

刀具材料与工件材料间的摩擦因数直接影响切削力的大小。在相同切削条件下，陶瓷刀具切削力最小，硬质合金次之，高速钢的切削力最大。

除上述因素之外，当切屑卷曲和排屑不畅时也会使切削力增大。

第七节　金属切削过程中的切削热和切削温度

切削过程中产生的切削热引起切削温度升高，将使机床、刀具和工件等发生热变形，从而降低加工精度和表面质量。切削热又是影响刀具磨损和刀具寿命的重要因素。因此，研究切削热和切削温度具有重要意义。

一、切削热的产生与传导

1. 切削热的产生

切削过程中克服金属弹性、塑性变形以及摩擦所消耗的能量，大部分转化为切削热。因此，切削过程中的三个变形区即是三个发热区域，如图 1-49 所示。切削热由三部分组成：被加工材料的弹、塑性变形产生的热量 Q_b；刀具前刀面与切屑摩擦所产生的热量 Q_m；刀具后刀面与工件已加工表面摩擦所产生的热量 Q_n。

因此，切削过程中产生的切削热为：

$$Q = Q_b + Q_m + Q_n \qquad (1\text{-}34)$$

由于介质传递的热量非常小，进给运动所消耗的功率也很小，因此可近似认为切削力单位时间所做的功全部转化为切削热：

$$Q = F_c v_c \qquad (1\text{-}35)$$

式中　F_c——切削力；

　　　　v_c——切削速度。

2. 切削热的传导

切削热由切屑、工件、刀具及周围的介质（空气、切削液）向外传导。各部分传出的热量，因工件材料、刀具材料、切削用量、刀具角度等的不同而不同。工件材料的热导率高，由切屑和工件传导出去的热量就多，切削区温度就低。工件材料热导率低，切削热传导慢，切削区温度高，刀具磨损快。刀具材料的热导率高，切削区的热量向刀具内部传导快，可以降低切削区的温度。

切削方式不同，切削热的分配也会有所不同。图 1-50 为用硬质合金 T60K6 加工 40Cr 钢件时切削热的传出比例。可以看出，大部分切削热被切屑带走，其次为工件，刀具传出的最少。随着切削速度的增加，切屑传出的热量增加，工件和刀具传出的热量相对减少。

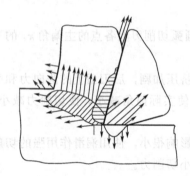

图 1-49　切削热的来源与传导

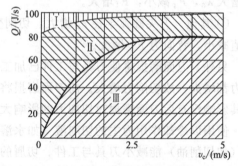

图 1-50　切削热的传出比例

Ⅰ—刀具；Ⅱ—工件；Ⅲ—切屑

钻削属于封闭式加工，切屑带走的热量相对较少，只有 28%，刀具传出 14.5%，工件传出 52.5%，周围介质 5%。

二、 切削温度的测量与分布

在切削过程中，不同时刻、不同区域的切削温度是不同的。一般所说的切削温度是指刀具前刀面与切屑接触区域的平均温度。测量切削温度的方法很多；有热电偶法、辐射热计法、热敏电阻法等。目前常用的是热电偶法，它简单、可靠、使用方便。用热电偶法测量切削温度有自然热电偶和人工热电偶两种方法。

1. 自然热电偶法

利用化学成分不同的工件材料和刀具材料组成热电偶的两极。当工件与刀具接触区的温度升高后，就形成热电偶的热端；离接触区较远的工件与刀具处保持室温，成为热电偶的冷端。冷端与热端之间将有热电动势产生，其大小与切削温度有关。利用毫伏计可将电动势测量出来。根据事先做好的相应刀具和工件材料所组成的热电偶的标定曲线，可以求得对应的温度值。图 1-51 所示为在车床上利用自然热电偶法测量切削温度的示意图。测量时应将刀具和工件与机床绝缘。

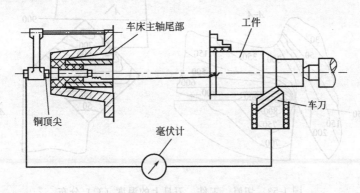

图 1-51 自然热电偶法测温示意图

自然热电偶法能直接测出切削温度的变化规律，不足之处是变换一种刀具或工件材料后，需要重新进行标定，且不能测出切削区某一点的温度值。

2. 人工热电偶法

利用人工热电偶法可测量刀具或工件上某一定点的温度值。其方法是：在刀具或工件测量点上钻出小孔，在孔中插入一对标准热电偶丝，它的热端焊接在工件或刀具的测量点上，冷端接在毫伏表上，从而测得冷、热端的电势差，进而得到测量点的温度。测量时孔中的热电偶丝和孔壁之间应保持绝缘，如图 1-52 所示。

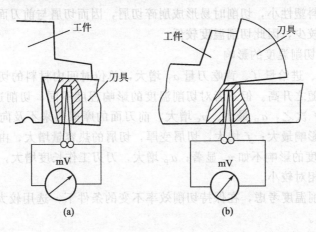

图 1-52 人工热电偶法测量刀具和工件温度

采用人工热电偶法测量并辅以传热学计算得到的刀具、切屑和工件的切削温度分布如图 1-53 所示。从该切削温度分布图可以看出以下规律。

① 剪切面上各点温度几乎相同，说明剪切面上各点的应力应变规律基本相同。

② 前刀面和后刀面上温度最高处均离主切削刃有一定距离。这说明切削塑性金属时，切屑沿前刀面流出过程中，摩擦热是逐步增大的，直至切屑流至黏结与滑动的交界处，切削温度达最大值。之后进入滑动区摩擦逐渐减小，加上热量传出条件改善，切削温度又逐渐下降。

③ 与前刀面相接触的一层金属温度最高，离底层愈远温度愈低。这主要是由于该层金属变形最大，又与前刀面之间有摩擦的原因。

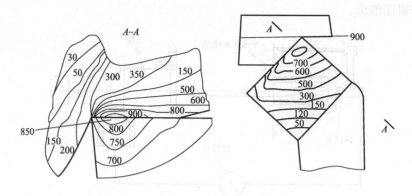

图 1-53　切屑、工件、刀具上的温度（℃）分布

（工件的材料：GCr15　刀具材料：YT14

切削用量：$v=1.3\text{m/s}$，$a_p=4\text{mm}$，$f=0.5\text{mm/r}$）

此外，加工塑性大的工件材料，前刀面上切削温度的分布较均匀。热导率越低的工件材料，前刀面和后刀面的温度越高。

三、影响切削温度的主要因素

1. 工件材料对切削温度的影响

工件材料的强度和硬度越高，加工硬化程度越大，切削力越大，产生的切削热越多，切削温度就越高。工件材料的热导率也影响切削温度，热导率小，切削热不易散出，切削温度相对较高。工件材料塑性小，切削时易形成崩碎切屑，因而切屑与前刀面摩擦少，产生的塑性变形热和摩擦热较少，因此切削温度较低。

2. 切削用量对切削温度的影响

当切削速度 v_c、进给量 f、背吃刀量 a_p 增大，单位时间内材料的切除量增加，切削热增多，切削温度将随之升高。但三者对切削温度的影响程度不同，切削速度 v_c 对切削温度的影响最为显著，f 次之，a_p 最小。v_c 增大，前刀面的摩擦热来不及向切屑和刀具内部传导，其对切削温度影响最大；f 增大，切屑变厚，切屑的热容量增大，由切屑带走的热量增多，但 f 对切削温度的影响不如 v_c 显著；a_p 增大，刀刃工作长度增大，散热条件改善，其对切削温度的影响相对较小。

从尽量降低切削温度考虑，在保持切削效率不变的条件下，选用较大的 a_p 和 f 比选用较大的 v_c 更为有利。

3. 刀具几何参数对切削温度的影响

刀具的几何参数中，前角 γ_o 和主偏角 κ_r 对切削温度的影响较大。γ_o 增大，刀具变锋利，切削力减小，切削温度下降。当前角由 10° 增大到 18°，切削温度下降最为明显。前角继续增大时，因刀头容热体积减小，切削温度下降变缓。主偏角 κ_r 减小，切削层公称宽度增大，公称厚度减小，又因刀头散热体积增大，因此切削温度降低。

4. 刀具磨损对切削温度的影响

后刀面磨损后，使推挤力和摩擦力增大，功耗增加，产生的切削热增加，切削温度上升。特别是在磨损到一定程度后，切削温度急剧上升，此时应更换刀具，以保证加工精度和表面质量。

5. 切削液对切削温度的影响

使用切削液可以减少刀具与切屑、刀具与工件之间的摩擦，带走大量热量，可以明显降低切削温度，提高刀具寿命。特别是在中、低速切削情况下，切削液对降低切削温度的作用更为突出。切削液的导热性能、比热容、流量等对切削温度均有很大影响。从导热性能来看，水基液最好，乳化液次之，油类切削液最差。

第八节　刀具磨损和刀具寿命

一、刀具磨损的形态

1. 前刀面磨损

切削塑性材料时，如果切削速度和切削厚度较大，新的切屑面的化学活性较高，也使前刀面容易发生黏结磨损，切屑在前刀面上经常会磨出一个月牙洼，因此也称为月牙洼磨损，如图 1-54 所示。出现月牙洼的部位就是切削温度最高的部位。月牙洼和切削刃之间有一条小棱边，月牙洼随着刀具磨损不断变大，当月牙洼扩展到使棱边变得很窄时，切削刃强度降低，极易导致崩刃。月牙洼磨损量以其深度 KT 表示（图 1-55）。

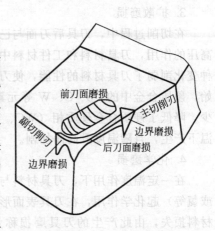

图 1-54　刀具的磨损形态

2. 后刀面磨损

由于后刀面和加工表面间的强烈摩擦，后刀面靠近切削刃部位会逐渐地被磨成后角为零的小棱面，这种磨损形式称作后刀面磨损。切削铸铁和以较小的切削厚度、较低的切削速度切削塑性材料时，后刀面磨损是主要形态。后刀面上的磨损棱带往往不均匀，刀尖附近（C 区）因强度较差，散热条件不好，磨损较大；中间区域（B 区）磨损较均匀，其平均磨损宽度以 VB 表示（图 1-55）。

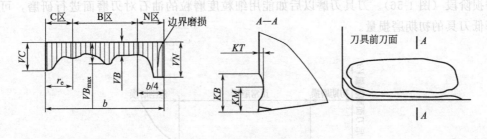

图 1-55　刀具磨损的测量位置

3. 边界磨损

切削钢料时，常在主切削刃靠近工件外皮处（图 1-55 中的 N 区）和副切削刃靠近刀尖处的后刀面上，磨出较深的沟纹，这种磨损称作边界磨损。沟纹的位置在主切削刃与工件待加工表面、副切削刃与已加工表面接触的部位。

二、刀具磨损机理

1. 磨粒磨损

磨粒磨损是由工件材料中所含的碳化物、氮化物和氧化物等硬质点以及积屑瘤碎片等在刀具表面上划出一条条沟纹而形成的机械磨损。硬质点划痕在各种切削速度下都存在，它是低速切削刀具（如拉刀、板牙等）产生磨损的主要原因。

2. 黏结磨损

切削时，切屑与前刀面之间由于高压力和高温度的作用，切屑底面材料与前刀面发生冷焊黏结形成冷焊黏结点，在切屑相对于刀具前刀面的运动中冷焊黏结点处刀具材料表面微粒会被切屑粘走造成刀具的黏结磨损。上述冷焊黏结磨损机制在工件与刀具后刀面之间也同样存在。在中等偏低的切削速度条件下，冷焊黏结是产生磨损的主要原因。

3. 扩散磨损

在切削过程中，刀具后刀面与已加工表面、刀具前刀面与切屑底面相接触，由于高温和高压的作用，刀具材料和工件材料中的化学元素相互扩散，使两者的化学成分发生变化，这种变化削弱了刀具材料的性能，使刀具磨损加快。例如，用硬质合金切削钢时，从 800℃ 开始，硬质合金中的 Co、C、W 等元素会扩散到切屑和工件中去，硬质合金中 Co 元素的减少，降低了硬质合金硬质相（WC、TiC）的黏结强度，导致刀具磨损加快。扩散磨损在高温下产生，且随温度升高而加剧。

4. 化学磨损

在一定温度作用下，刀具材料与周围介质（例如空气中的氧、切削液中的极压添加剂硫或氯等）起化学作用，在刀具表面形成硬度较低的化合物，易被切屑和工件摩擦掉造成刀具材料损失，由此产生的刀具磨损称为化学磨损。化学磨损主要发生在较高的切削速度条件下。

三、刀具磨损过程

1. 初期磨损阶段

新刃磨的刀具刚投入使用，后刀面与工件的实际接触面积很小，单位面积上承受的正压力较大，再加上刚刃磨后的后刀面微观凸凹不平，刀具磨损速度很快，此阶段称为刀具的初期磨损阶段（图 1-56）。刀具刃磨以后如能用细粒度磨粒的油石对刃磨面进行研磨，可以显著降低刀具的初期磨损量。

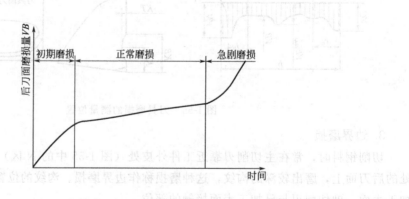

图 1-56　磨损的典型曲线

2. 正常磨损阶段

经过初期磨损后，刀具后刀面与工件的接触面积增大，单位面积上承受的正压力逐渐减小，刀具后刀面的微观粗糙表面已经磨平，因此磨损速度变慢，此阶段称为刀具的正常磨损阶段，它是刀具的有效工作阶段（图 1-56）。

3. 急剧磨损阶段

当刀具磨损量增加到一定限度时，切削力、切削温度将急剧增高，刀具磨损速度加快，直至丧失切削能力，此阶段称为急剧磨损阶段（图1-56）。在急剧磨损阶段让刀具继续工作是一件得不偿失的事情，既保证不了加工质量，又加速消耗刀具材料，如出现刀刃崩裂的情况，损失就更大。因此，刀具在进入急剧磨损阶段之前必须更换。

四、刀具的磨钝标准

刀具磨损到一定限度就不能继续使用了，这个磨损限度称为刀具的磨钝标准。因为一般刀具的后刀面都会发生磨损，而且测量也较方便，因此 ISO 标准统一规定以 1/2 背吃刀量处后刀面上测量的磨损带宽度 VB 作为刀具的磨钝标准。

自动化生产中使用的精加工刀具，从保证工件尺寸精度考虑，常以刀具的径向尺寸磨损量 NB（图1-57）作为衡量刀具的磨钝标准。

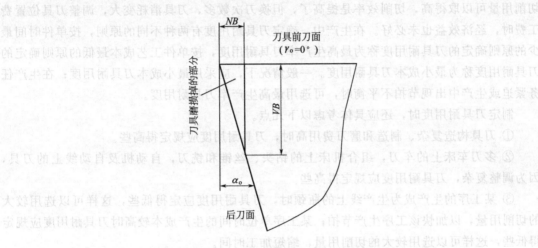

图 1-57 刀具的磨损量 VB 与 NB

制定刀具的磨钝标准时，既要考虑充分发挥刀具的切削能力，又要考虑保证工件的加工质量。精加工时磨钝标准取较小值，粗加工时取较大值；工艺系统刚性差时，磨钝标准取较小值；切削难加工材料时，磨钝标准也要取较小值。

ISO 标准推荐硬质合金车刀刀具寿命试验的磨钝标准有下列三种可供选择。

① $VB = 0.3$mm。

② 如果主后刀面为无规则磨损，取 $VB_{max} = 0.6$mm。

③ 前刀面磨损量 $KT = (0.06 + 0.3f)$ mm。

五、刀具耐用度和刀具寿命

1. 刀具耐用度和刀具寿命的定义

刃磨后的刀具自开始切削直到磨损量达到磨钝标准为止所经历的切削时间，称为刀具耐用度，用 T 表示。耐用度是净切削时间，不包括对刀、测量和快进等非切削时间。

一把新刀往往要经过多次重磨，才会报废，刀具寿命指的是一把新刀从开始使用到报废为止所经历的切削时间。如果用刀具耐用度乘以刃磨次数，得到的就是刀具寿命。

2. 切削用量对刀具耐用度的影响

切削用量与刀具耐用度的关系是通过实验方法求得的。在其他因素不变的情况下，分别改变切削速度、进给量和背吃刀量，求出对应的 T 值。经过大量的实验可以得出以下刀具耐用度实验公式：

$$T = \frac{C_T}{v_c^{\frac{1}{m}} f^{\frac{1}{g}} a_p^{\frac{1}{h}}}$$ (1-36)

式中　C_T——与工件材料、刀具材料和其他切削条件有关的常数。

切削时，当工件、刀具材料和刀具的几何形状确定后，切削速度、进给量和背吃刀量对刀具耐用度的影响依次为，切削速度 v 对刀具耐用度影响最大，其次是进给量 f，背吃刀量 a_p 的影响最小。这与它们对切削温度的影响是完全一致的，同时说明切削温度对刀具磨损和刀具耐用度有着最重要的影响。

切削用量与刀具耐用度密切相关。刀具耐用度 T 定得高，切削用量就要取得低，虽然换刀次数少，刀具消耗少了，但切削效率下降，经济效益未必好；刀具耐用度 T 定得低，切削用量可以取得高，切削效率是提高了，但换刀次数多，刀具消耗变大，调整刀具位置费工费时，经济效益也未必好。在生产中，确定刀具耐用度有两种不同的原则，按单件时间最少的原则确定的刀具耐用度称为最高生产率刀具耐用度，按单件工艺成本最低的原则确定的刀具耐用度称为最小成本刀具耐用度。一般情况下，应采用最小成本刀具耐用度；在生产任务紧迫或生产中出现节拍不平衡时，可选用最高生产率刀具耐用度。

制定刀具耐用度时，还应具体考虑以下几点。

① 刀具构造复杂、制造和磨刀费用高时，刀具耐用度应规定得高些。

② 多刀车床上的车刀，组合机床上的钻头、丝锥和铣刀，自动机及自动线上的刀具，因为调整复杂，刀具耐用度应规定得高些。

③ 某工序的生产成为生产线上的瓶颈时，刀具耐用度应定得低些，这样可以选用较大的切削用量，以加快该工序生产节拍；某工序单位时间的生产成本较高时刀具耐用度应规定得低些，这样可以选用较大的切削用量，缩短加工时间。

④ 精加工大型工件时，刀具耐用度应规定得高些，至少保证在一次走刀中不换刀。

第九节　工件材料的切削加工性

一、　衡量材料切削加工性的指标

工件材料的切削加工性是指工件材料被切削成合格零件的难易程度。衡量材料切削加工性的指标很多，一般来说，良好的切削加工性是指：刀具耐用度较长或者一定刀具耐用度下的切速较高；在相同的切削条件下切力较小，切削温度较低；容易获得较好的表面质量；容易断屑等。

在实际生产中，一般取某一具体参数来衡量材料的切削加工性。常用的是一定刀具耐用度下的切削速度 v_T 和相对加工性 K_r。

v_T 的含义是当刀具耐用度为 T_{min} 时，切削某种材料所允许的最大切削速度。v_T 越高，说明材料的切削加工性越好。常取 $T = 60min$，则 v_T 写作 v_{60}。

材料加工性具有相对性。某种材料切削加工性的好与坏，是相对另一种材料而言的。在判定材料切削加工性的好与坏时，一般以切削正火状态的 45 钢的 v_{60} 作为基准，记做 $(v_{60})_j$；其他各种材料的 v_{60} 与之相比，比值 K_r 称为相对加工性，即：

$$K_r = v_{60} / (v_{60})_j \tag{1-37}$$

常用材料的相对加工性 K_r 分为 8 个级别，如表 1-9 所示。凡是 $K_r > 1$ 的材料，其加工性比 45 钢要好；$K_r < 1$ 的，其加工性比 45 钢要差。

表 1-9　材料切削加工性等级

加工性等级	名称及种类		相对加工性 K_r	代表性工件材料
1	很容易切削材料	一般有色金属	>3.0	5-5-5 铜铅合金、9-4 铝铜合金、铝镁合金
2	容易切削材料	易切削钢	2.5~3.0	退火 15Cr $\sigma_b = 0.373 \sim 0.441$GPa 自动机钢 $\sigma_b = 0.392 \sim 0.490$GPa
3		较易切削钢	1.6~2.5	正火 30 钢 $\sigma_b = 0.441 \sim 0.549$GPa
4	普通材料	一般钢及铸铁	1.0~1.6	45 钢、灰铸铁、结构钢
5		稍难切削材料	0.65~1.0	2Cr13 调质 $\sigma_b = 0.8288$GPa 85 钢轧制 $\sigma_b = 0.8829$GPa
6	难切削材料	较难切削材料	0.5~0.65	45 Cr 调质 $\sigma_b = 1.03$GPa 65Mn 调质 $\sigma_b = 0.9319 \sim 0.981$GPa
7		难切削材料	0.15~0.5	50CrV 调质，1Cr18Ni9Ti 未淬火，α 相钛合金
8		很难切削材料	<0.15	β 相钛合金、镍基高温合金

二、　常用金属材料的切削加工性

1. 有色金属

普通铝及铝合金、铜和铜合金的硬度和强度都较低，导热性能也好，属于易切削材料。故可选用大的前角和高的切削速度加工。加工时所用刀具应刃磨得锋利、光滑，以减少积屑瘤和加工硬化对表面粗糙度的影响。纯铜和普通黄铜（H62、H69）由于塑性和韧性较大，断屑性能差，粘屑严重，故加工性能差。切削时应采用大的前角和可靠的断屑措施；铅黄铜（HPb59-1、HPb63-3）和锡青铜（ZCuSn6Pb6Zn3）的硬度和强度较高，但由于铅的存在而增加了脆性，降低了伸长率，故切削变形小，形成崩碎切屑，允许较高的切削速度（$v <$ 400m/min），加工后能获得较低的表面粗糙度值，因此加工性较好。

2. 铸铁

铸铁按金相组织来分，有白口铸铁、可锻铸铁、珠光体灰铸铁、珠光体-铁素体灰铸铁、铁素体灰铸铁和球墨铸铁等。其中白口铸铁是铁水急冷后得到的高硬组织，含有少量的碳化物，其余为细粒状珠光体，切削加工性很差。球墨铸铁中的碳元素大部分以球状石墨形态存在，它的塑性较大，切削加工性良好。

不含合金成分的普通铸铁的塑性和强度都不高，且内含石墨，组织疏松，并不难加工，但是铸铁表面往往有一层高硬度的硬皮和氧化层，所以铸铁粗加工时的切削加工性较差，如果预先对它进行清砂和退火处理，将大大改善其切削加工性。

3. 结构钢

普通碳素结构钢的切削加工性主要取决于钢中碳的含量。低碳钢硬度低、塑性和韧性高，故切削变形大，切削温度高，断屑困难，产生粘屑，不易得到小的表面粗糙度值，故加工性差；高碳钢的硬度高、塑性低、导热性差，故切削力大，切削温度高，刀具耐用度低，所以加工性差；中碳钢的切削加工性较好，但经热轧或冷拉后，或经正火、调质后，其加工性也并不相同。利用热处理可以改善低碳钢和高碳钢的切削加工性。

合金结构钢是在碳素钢中加入一定合金元素，如 Si、Mn、Cr、Ni、Mo、W、V、Ti 等，加工性随之变差。铬钢（15Cr、20Cr 和 40Cr 等）中的铬能细化晶粒，提高强度，调质 40Cr 钢的强度比调质中碳钢高 20%，热导率低 15%，因此较同类中碳钢难加工；普通锰钢是在碳钢中加入 1%～2% 的锰，增加并细化了珠光体，故塑性和韧性降低，强度和硬度增高，加工性变差；但低锰钢在强度、硬度得到提高后，其加工性比低碳钢好。

4. 难切削材料

难切削材料广泛用于航天、航空飞行器和核电站用材料及海底探测及地壳勘探用器材的材料等。难切削材料因在其中添加了一系列合金元素，从而形成各种合金渗碳体、合金碳化物、奥氏体或马氏体及带有残余奥氏体的马氏体等，在不同程度上提高了材料的硬度、强度、韧度、耐磨性乃至高温强度和硬度。在切削加工这些材料时，常表现出切削力大、切削温度高、刀具磨损剧烈等加工特点，造成较严重的加工硬化和较大的残余拉应力，降低了加工精度，即切削加工性很差。

材料切削加工性等级见表 1-9。

三、改善材料切削加工性的措施

工件材料的物理性能和力学性能，如强度、硬度、韧性和塑性等，对切削加工性的影响较大，在实际生产中，可采取一定的措施改善材料的切削加工性。

1. 调整化学成分

在不影响工件材料性能的条件下，适当调整化学成分，可以改善其加工性。如在钢中加入少量的硫、铅、铜、磷等，虽略降低钢的强度，但也同时降低钢的塑性，对加工性有利。

2. 材料加工前进行合适的热处理

低碳钢通过正火处理后，晶粒细化、硬度提高、塑性降低，有利于减小刀具的黏结磨损，减小积屑瘤，改善工件表面粗糙度；高碳钢球化退火后，硬度下降，可减小刀具磨损；不锈钢以调质到 28HRC 为宜，硬度过低，塑性大，工件表面粗糙度差，硬度高则刀具易磨损；白口铸铁可在 950～1000℃ 范围内长时间退火而成可锻铸铁，切削就较容易。

3. 选加工性好的材料状态

低碳钢经冷拉后，塑性大为下降，加工性好；锻造的坯件余量不均，且有硬皮，加工性很差，改为热轧后加工性得以改善。

4. 其他

采用合适的刀具材料，选择合理的刀具几何参数，合理地制定切削用量与选用切削液等。

第十节　切削条件的合理选择

一、刀具几何参数的选择

刀具的切削性能主要是由刀具材料的性能和刀具几何参数两方面决定的。刀具几何参数的选择是否合理对切削力、切削温度及刀具磨损有显著影响。选择刀具的几何参数要综合考虑工件材料、刀具材料、刀具类型及其他加工条件（如切削用量、工艺系统刚性及机床功率等）的影响。

1. 前角 γ_o

前角是刀具上重要的几何参数之一。增大前角可以减小切削变形，降低切削力和切削温度。但过大的前角会使刀具楔角减小、刀刃强度下降、刀头散热体积减小，反而会使刀具温度上升、刀具寿命下降。针对某一具体加工条件，客观上有一个最合理的前角取值。

工件材料的强度、硬度较低时，前角应取得大些，反之应取较小的前角；加工塑性材料宜取较大的前角，加工脆性材料宜取较小的前角；刀具材料韧性好时宜取较大前角，反之取较小前角，如硬质合金刀具就应取比高速钢刀具较小的前角；粗加工时，为保证刀刃强度，应取小前角；精加工时，为提高表面质量，可取较大前角；工艺系统刚性差时，应取较大前角；为减小刃形误差，成形刀具的前角应取较小值。

一般用硬质合金刀具加工一般钢时，取 $\gamma_o = 10° \sim 20°$；加工灰铸铁时，取 $\gamma_o = 8° \sim 12°$。

2. 后角 α_o

如图 1-58 所示，后角的主要功用是减小切削过程中刀具后刀面与工件之间的摩擦。较大的后角可减小刀具后刀面上的摩擦，提高已加工表面质量。在磨钝标准取值相同时，后角较大的刀具，磨损到磨钝标准时，磨去的金属体积较大，即刀具耐用度较长。但是过大的后角会使刀具楔角显著减小，削弱切削刃强度，减小刀头散热体积，导致刀具耐用度降低。

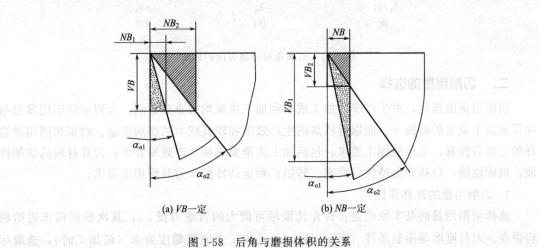

(a) VB一定　　　　　　(b) NB一定

图 1-58　后角与磨损体积的关系

可按下列原则正确选择合理后角值：切削厚度（或进给量）较小时，宜取较大的后角；粗加工、强力切削及承受冲击载荷的刀具，为保证刀刃强度，宜取较小后角；工件材料硬度、强度较高时，宜取较小的后角；工件材料较软、塑性较大时，宜取较大后角；切削脆性材料，宜取较小后角；对尺寸精度要求高的刀具，宜取较小的后角；在径向磨损量 NB 取值相同的条件下，后角较小时允许磨掉的金属体积大，刀具耐用度长。

车削一般钢和铸铁时，车刀后角通常取为 $6° \sim 8°$。

3. 主偏角 κ_r、副偏角 κ_r'

减小主偏角和副偏角，可以减小已加工表面上残留面积的高度，使粗糙度降低；同时又可以提高刀尖强度，改善散热条件，提高刀具寿命；减小主偏角还可使切削厚度减小，切削宽度增加，切削刃单位长度上的负荷下降。另外，主偏角取值还影响各切削分力的大小和比例的分配，例如车外圆时，增大主偏角可使背向力 F_p 减小，进给力 F_f 增大。

工件材料硬度、强度较高时，宜取较小主偏角，以提高刀具寿命；工艺系统刚性较差时，宜取较大的主偏角（甚至 $\kappa_r \geqslant 90°$）；工艺系统刚性较好时，则宜取较小主偏角，以提高刀具寿命；精加工时，宜取较小副偏角，以减小表面粗糙度；工件强度、硬度较高或刀具作断续切削时，宜取较小副偏角，以增加刀尖强度。在不会产生振动的情况下，一般刀具的副偏角均可选较小值（$\kappa_r' = 5°\sim15°$）。

4. 刃倾角 λ_s

改变刃倾角可以改变切屑流出方向，达到控制排屑方向的目的，如图 1-59 所示。负刃倾角的车刀刀头强度好，散热条件也好。绝对值较大的刃倾角可使刀具的切削刃实际钝圆半径较小，切削刃锋利。刃倾角不为零时，刀刃是逐渐切入和切出工件的，可以减小刀具受到的冲击，提高切削的平稳性。

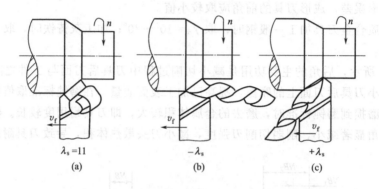

图 1-59　刃倾角对排屑方向的影响

二、切削用量的选择

切削用量的选择，对生产率、加工成本和加工质量均有重要影响。合理的切削用量是指在保证加工质量的前提下，能取得较高的生产效率和较低成本的切削用量。约束切削用量选择的主要条件有：工件的加工要求，包括加工质量要求和生产效率要求；刀具材料的切削性能；机床性能，包括动力特性（功率、转矩）和运动特性；刀具耐用度要求。

1. 切削用量的选择原则

选择切削用量的基本原则是：首先选取尽可能大的背吃刀量 a_p；其次根据机床进给机构强度、刀杆刚度等限制条件（粗加工时）与已加工表面粗糙度要求（精加工时），选取尽可能大的进给量 f；最后根据"切削用量手册"查取或根据公式计算确定切削速度 v_c。

2. 切削用量三要素的选定

（1）选择背吃刀量 a_p　对于粗加工，除了留给下道工序的余量外，其余的余量 Δ 尽可能地一次粗车切除，减少走刀次数。如果粗车余量太大，或者工艺系统刚度较差时，可以分两次切除余量。一般情况下，第一次切除余量和第二次切除余量的具体分配为：

$$a_{p1} = \left(\frac{2}{3}\sim\frac{3}{4}\right)\Delta ;\ a_{p2} = \left(\frac{1}{3}\sim\frac{1}{4}\right)\Delta \tag{1-38}$$

切削表面有硬皮的铸、锻件或者不锈钢等冷硬较严重的材料时，应最少使背吃刀量超过硬皮或者硬层，以避免刀具的损伤。

（2）进给量 f　根据工艺系统的刚度和强度而确定。生产实际中常以查表法确定合理的进给量。进给量对工件表面粗糙度值有很大的影响，因此在半精加工和精加工时，按粗糙度的要求，根据工件材料、刀尖圆弧半径、刀具副偏角、切削速度等选择进给量。当刀尖圆弧半径较大、副偏角较小时，加工表面粗糙度较小，可适当增大进给量；当切速较高时，切削力较小，可适当增大进给量；当加工脆性材料时，得到崩碎切屑，切削层与加工表面分界线不规则，加工表面不平整，表面粗糙度大，应选用较小的进给量；如果工艺系统的刚度较好，可以选择较大的进给量，否则应适当减小进给量。

当背吃刀量 a_p 和进给量 f 都确定后，就可以计算切削力了，进而可以校验机床进给机构的刚度。

（3）切削速度 v_c　当背吃刀量 a_p 和进给量 f 确定后，在保证刀具耐用度的前提下，计算刀具耐用度为 T 时所允许的切削速度 v_T 为：

$$v_T = \frac{C_v}{T^m a_p^{x_v} f^{y_v}} \tag{1-39}$$

式中　C_v——切削速度系数，与切削条件有关。

在选择切削速度时，还应考虑以下几点。

① 精加工时应尽量避开积屑瘤易于产生的速度范围。

② 断续切削时，宜适当降低切速，减少冲击对刀具造成的影响。

③ 加工细长薄壁零件时，应选用较低切速；端面车削速度应比外圆车削速度高些，以获得较高的平均切速，提高切除效率。

④ 在易发生振动的情况下，切速应避开自激振动的临界速度。

随着现在数控机床和加工中心的使用，促进了刀具材料和新型刀具的诞生和应用，并实现了高速切削、大进给量切削，使切削效率和加工质量及经济性都得到了进一步提高。同时对刀具的耐用度的规定也较低，在这样的前提下，改变了原来的切削三要素的选择顺序，改成了高的切速 v_c，大的进给量 f，最后是选择较小的背吃刀量 a_p。

【例 1-1】 如图 1-60 所示工序图的要求，在 CA6140 型车床上车外圆。已知毛坯直径为 $\phi66mm$，工件材料为 45 钢，$\sigma_b = 0.637GPa$；采用牌号为 YT15 的焊接式硬质合金外圆车刀加工，刀杆截面尺寸为 16mm×25mm；车刀切削部分几何参数为 $\gamma_o = 15°$，$\alpha_o = 8°$，$\kappa_r = 60°$，$\kappa_r' = 10°$，$\lambda_s = 0°$，$\gamma_\varepsilon = 0.5mm$，$\gamma_{o1} = -10°$，$b_{\gamma1} = 0.2mm$。试为该车削工序选取切削用量。

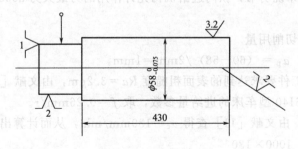

图 1-60　工序简图

解　为达到规定的加工要求，此工序安排粗车和半精车两个工步，粗车时将 $\phi66mm$ 外圆车至 $\phi60mm$；半精车时将 $\phi60mm$ 外圆车至 $\phi 58_{-0.075}^{0}$ mm。

（1）确定粗车切削用量

① 背吃刀量 a_p　$a_p = (66-60)/2 = 3mm$。

② 进给量 f　根据已知条件查表可得 $f = 0.5 \sim 0.7mm/r$，根据 CA6140 型车床的进给

量参数，取 $f=0.56\text{mm/r}$。

③ 切削速度 v_c　可由公式（1-39）计算，也可查表确定，本例采用查表法确定。根据已知条件查得 $v_c=100\text{mm/min}$，从而计算出主轴转速 n：

$$n=\frac{1000v_c}{\pi d_w}=\frac{1000\times100}{3.1415\times66}=482\text{r/min}（取 n=500\text{r/min}）$$

$$v_c=\frac{\pi d_w n}{1000}=\frac{3.1415\times66\times500}{1000}=103.67\text{m/min}$$

④ 核定机床功率　查表 1-8 得：$C_{F_c}=2795$，$x_{F_c}=1.0$，$y_{F_c}=0.75$，$n_{F_c}=-0.15$，$C_{F_p}=1940$，$x_{F_p}=0.9$，$y_{F_p}=0.6$，$n_{F_p}=-0.3$，$C_{F_f}=2880$，$x_{F_f}=1.0$，$y_{F_f}=0.5$，$n_{F_f}=-0.4$。

加工条件中的刀具前角 γ_o 与主偏角 κ_r 与表 1-8 的试验条件不符，计算时需进行修正。由文献 [11] 查得前角 γ_o 的修正系数分别为 $k_{\gamma_n F_c}=0.95$，$k_{\gamma_n F_p}=0.85$，$k_{\gamma_n F_f}=0.85$；主偏角 κ_r 的修正系数分别为 $k_{\kappa_r F_c}=0.94$，$k_{\kappa_r F_p}=0.77$，$k_{\kappa_r F_f}=1.11$。

由式（1-29）～式（1-31）计算得：

$$F_c=2795\times3^{1.0}\times0.56^{0.75}\times103.67^{-0.15}\times0.95\times0.94=2432\text{N}$$

$$F_p=1940\times3^{0.9}\times0.56^{0.6}\times103.67^{-0.3}\times0.85\times0.77=608\text{N}$$

$$F_f=2880\times3^{1.0}\times0.56^{0.5}\times103.67^{-0.4}\times0.85\times1.11=948\text{N}$$

$$P_c=2432\times\frac{103.67}{60}\times10^{-3}=4.2\text{kW}$$

CA6140 型车床电动机功率 $P_E=7.5\text{kW}$，取机床传动效率 $\eta_m=0.8$，则实际消耗功率为：

$$\frac{P_c}{\eta_m}=\frac{4.2}{0.8}\text{kW}=5.25\text{kW}<P_E$$

实际消耗功率小于机床额定功率，所以机床功率足够。

⑤ 校核机床进给机构强度　以上计算出 $F_c=2406\text{N}$，$F_p=594\text{N}$、$F_f=942\text{N}$。考虑到机床导轨和溜板之间由 F_c 和 F_p 所产生的摩擦力，设摩擦因数 $\mu=0.1$，则机床进给机构承受的力为：

$$F_{进}=F_f+\mu（F_c+F_p）=942+0.1\times（2406+594）=1242\text{N}$$

查 CA6140 型机床说明书，纵向进给机构允许作用的力最大为 3500N，因此进给机构的强度足够。

（2）确定半精车切削用量

① 背吃刀量 a_p　$a_p=（60-58）/2\text{mm}=1\text{mm}$。

② 进给量 f　工件要求达到的表面粗糙度 $Ra=3.2\mu\text{m}$，由文献 [11] 查得 $f=0.25\sim0.3\text{mm/r}$，根据 CA6140 型车床的进给量参数，取 $f=0.26\text{mm/r}$。

③ 切削速度 v_c　由文献 [11] 查得 $v_c=130\text{mm/min}$，从而计算出主轴转速 n 为：

$$n=\frac{1000v_c}{\pi d_w}=\frac{1000\times130}{3.1415\times（66-6）}=689\text{r/min}$$

根据 CA6140 型车床的转速系列，取 $n=710\text{r/mim}$，故实际切削速度为：

$$v_c=\frac{\pi d_w n}{1000}=\frac{3.1415\times（66-6）\times710}{1000}=133.8\text{m/min}$$

因半精车中 a_p 和 f 的取值均不大，在通常条件下，可不校核机床功率和机床进给机构强度。

3. 提高切削用量的途径

① 采用切削性能更好的新型刀具材料。

② 在保证工件力学性能的前提下，改善工件材料的加工性。

③ 改善冷却润滑条件。

④ 改进刀具结构，提高刀具制造质量。

思考与练习

1-1 什么是切削用量三要素？它们与切削层参数有什么关系？

1-2 简述刀具切削部分的构成要素。

1-3 车刀的角度如何定义？标注角度和工作角度有何不同？

1-4 试标注切断刀的前角、后角、主偏角、负偏角、刃倾角。

1-5 刀具的分类方法有哪些？

1-6 车刀的结构形式有哪些？有何特点？各适用于什么加工范围？

1-7 刀具材料应具备哪些性能？常用的刀具材料有哪些？各适用于什么加工环境？

1-8 切削变形区如何划分？各变形区有何特点？

1-9 衡量切削变形程度的参数有哪些？各如何定义？

1-10 试分析影响切削变形的因素有哪些。

1-11 什么是积屑瘤？它对加工过程有什么影响？如何控制积屑瘤的产生？

1-12 试述切削力为什么分解成三个互相垂直方向的分力，各有什么作用。

1-13 试述切削力经验公式的建立方法。

1-14 影响切削力的主要因素有哪些？试论述其影响规律。

1-15 试比较车削、钻削、磨削的切削热分布。对于各种加工方式，如何减小切削热？

1-16 刀具磨损可分为哪几个阶段？各有什么特点？

1-17 什么是刀具磨钝标准？它与什么因素有关？

1-18 刀具的磨损和破损形式各有哪些？

1-19 如何衡量材料的可加工性？怎样提高或改善材料的可加工性？

1-20 试述如何正确选择刀具的几何参数和切削用量。

1-21 在 CA6140 型车床上粗车、半精车一批轴，轴的材料为 45 钢（调质），硬度为 250～300HBS，毛坯尺寸为 $\phi120\text{mm}\times450\text{mm}$，车削后要求直径尺寸为 $\phi115\text{mm}\times442\text{mm}$，加工精度为 IT10，表面粗糙度为 $Ra3.2\mu\text{m}$。试选择刀具类型、材料、结构、几何参数和切削用量。

1-22 试说明磨削机理，分析影响磨削温度的主要因素。

第二章 金属切削机床简介

第一节 概　述

金属切削机床是用切削的方法将金属毛坯加工成具有一定几何形状、尺寸精度和表面质量的机器零件的机器。它是制造机器的机器，所以又称为"工作母机"或"工具机"，习惯上简称为机床。

一、 机床的技术性能

1. 机床的工艺范围

机床的工艺范围是指在机床上加工的零件类型和尺寸，能够完成何种工序，使用什么刀具等。通用机床有较宽的工艺范围，专用机床的工艺范围一般很窄。

2. 机床的技术参数

机床的技术参数主要包括尺寸参数、运动参数和动力参数。在机床使用说明书中都给出了该机床的主要技术参数（也称技术规格），据此可进行合理的选用。

（1）尺寸参数　是具体反映机床的加工范围和工作能力的参数，包括主参数、第二主参数和与加工零件有关的其他尺寸参数。

（2）运动参数　是指机床执行件的运动速度、变速级数等，如机床主轴的最高转速、最低转速及变速级数等。

（3）动力参数　是指机床电动机的功率，有些机床还给出主轴允许承受的最大转矩和工作台允许的最大拉力等。

3. 机床的加工质量

加工质量主要指加工精度和表面粗糙度，它们由机床、刀具、夹具、切削条件和操作者技能等因素决定。机床的加工质量是指在正常工艺条件下所能达到的经济精度，主要由机床本身的精度保证。机床本身的精度包括几何精度、传动精度和动态精度。

（1）几何精度　是机床在低速空载时各部件间相互位置精度和主要零件的形位精度，如机床主轴的径向跳动和端面跳动、工作台面的平面度等。

（2）传动精度　是指机床传动链各末端执行元件之间运动的协调性和均匀性，如车床车螺纹时，要求传动链两端保持严格的传动比，传动链的传动误差将影响到螺纹的加工精度。

（3）动态精度　是指机床加工时，在切削力、夹紧力、振动和温升的作用下各部件间的相互位置精度和主要零件的形位精度。机床的动态精度主要受机床刚度、抗振性和热变形等因素的影响。

二、 机床的分类

机床的分类方法很多，主要是按加工性质和所用刀具进行分类，目前将机床分为 11 大类：车床、钻床、镗床、磨床、齿轮加工机床、螺纹加工机床、铣床、刨插床、拉床、切断机床及其他机床。在每一类机床中，又按工艺范围、布局形式和结构性能等不同，分为若干组，每一组又细分为若干系（系列）。除上述基本分类方法外，机床还可以根据其他特征进行分类。同类型机床按其工艺范围又可进行如下划分。

1. 通用机床

这类机床可以加工多种零件的不同工序，加工范围较广，通用性较大，但结构比较复杂。这类机床主要适用于单件小批生产，如卧式车床、卧式镗床、万能升降台铣床等。

2. 专门化机床

这类机床的工艺范围较窄，专门用于加工某一类或几类零件的某一道（或几道）特定工序，如曲轴机床、齿轮机床等。

3. 专用机床

这类机床的工艺范围最窄，只能用于加工某一零件的某一道特定工序，适用于大批量生产，如加工机床主轴箱的专用镗床、加工车床导轨的专用磨床等。各种组合机床也属于专用机床。

同类型机床按其加工精度的不同又可分为普通精度机床、精密机床和高精度机床。

此外，机床还可按照自动化程度的不同，分为手动、机动、半自动和全自动机床。机床还可按重量与尺寸分为仪表机床、中型机床（一般机床）、大型机床（10t 及以上）、重型机床（30t 以上）、超重型机床（100t 以上）。按机床主要工作部件的数目，又可分为单轴、多轴、单刀或多刀机床。

上述几种分类方法，是由于分类的目的和依据不同而提出的。通常机床是按照加工方法（如车、铣、刨、磨、钻等）及某些辅助特征来进行分类的。例如，多轴自动车床，就是以车床为基本类型，再加上"多轴"、"自动"等辅助特征，以区别其他种类车床。

随着机床的发展，其分类方法也将不断发展。现代机床正向数控化方向发展，数控机床的功能日趋多样化，工序更加集中。数控机床集中了越来越多的传统机床的功能。例如，数控车床是在卧式车床功能的基础上，又集中了转塔车床、仿形车床、自动车床等多种车床的功能。可见，机床数控化引起了机床传统分类方法的变化。这种变化主要表现在机床品种不是越来越细，而是趋向综合。

第二节　机床简介

一、卧式车床 CA6140 型卧式车床简介

车床是制造业中使用最广泛的一类机床。车床是以主轴带动工件旋转作为主运动，刀架带动刀具移动作为进给运动来完成工件和刀具之间的相对运动的一类机床，主要用来加工各种回转表面，如内、外圆柱表面及圆锥表面、成形回转表面和回转体的端面等。

1. CA6140 型卧式车床的主要结构

CA6140 型卧式车床的主要组成如图 2-1 所示。

（1）主轴箱　是一部件，由箱体、主轴、传动轴、轴上传动件、变速操纵机构、润滑密封件等组成。主轴通过前端的卡盘或者花盘带动工件完成旋转作主运动，也可以安装前顶尖通过拨盘带动工件旋转。

（2）刀架及滑板　四方刀架装在小滑板上，而小滑板装在中滑板上，中滑板又装在纵滑板上，纵滑板可沿床身导轨纵向移动，从而带动刀具纵向移动，用来车外圆、车内孔等。而中滑板相对于纵滑板作横向移动，用来带动刀具加工端面、切断、切槽等。小滑板可相对中滑板改变角度后带动刀具斜向进给，用来车削内、外短锥面。

（3）尾座　可沿其导轨纵向调整位置，其上可安装顶尖支承长工件的后端以加工长圆柱

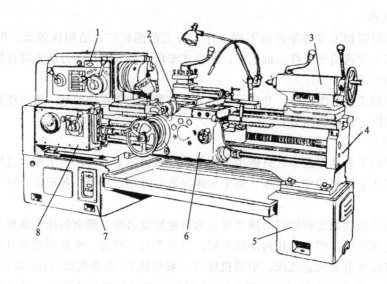

图 2-1 卧式车床外形

1—主轴箱；2—滑板；3—尾座；4—床身；

5—右床腿；6—溜板箱；7—左床腿；8—进给箱

体，也可以安装孔加工刀具加工孔。尾座可横向作少量的调整用于加工小锥度的外锥面。

（4）进给箱 内部装有进给运动的传动及操纵装置，通过改变进给量的大小，可改变所加工螺纹的种类及螺距。

（5）床身及床腿 床身是机床的支承件，它安装在左床腿和右床腿上并支承在地基上。床身上安装着机床的各部件，并保证它们之间具有相互准确的位置。床身上面有纵向进给运动导轨和尾座纵向调整移动的导轨。

（6）溜板箱 与纵向滑板（床鞍）相连，溜板箱内装有纵、横向机动进给的传动换向机构和快速进给机构等。

2. CA6140 型卧式车床的工艺范围

CA6140 型卧式车床加工的对象，主要是轴类零件和直径不太大的盘类零件，还可以加工螺纹表面。该车床的工艺范围广，可以进行多种表面加工，可车削各种轴、盘套类的回转表面，如内、外圆柱和圆锥面，环槽及成形回转面，还可车削端面，也可以进行钻孔、扩孔、铰孔、车螺纹、滚花等加工。图 2-2 所示为卧式车床所能加工的典型表面。另外，在车床上稍作改装，可进行镗孔、车削球面、滚压、珩磨等加工。

3. CA6140 型卧式车床的主要技术参数

床身上最大工件回转直径：400mm。

刀架上最大工件回转直径：210mm。

最大棒杆直径：47mm。

最大工件长度：750mm、1000mm、1500mm、2000mm 四种。

最大加工长度：650mm、900mm、1400mm、1900mm。

主轴转速范围：正转 10～1400 r/min，24 级；反转 14.5～1600 r/min，12 级。

进给量范围：纵向 0.028～6.33 mm/r，共 64 级；横向 0.014～3.16 mm/r，共 64 级。

螺纹加工范围：米制螺纹 $P=1～192$ mm，44 种；英制螺纹 $a=2～24$ 牙/in，20 种；模数制螺纹 $m=0.25～48$ mm，39 种；径节制螺纹 DP＝ 1～96 牙/in，37 种。

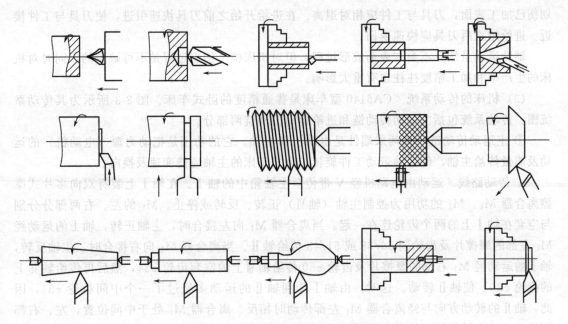

图 2-2　卧式车床所能加工的典型表面

机床外形尺寸（长×宽×高）：对于最大工件长度 1500mm 的机床为 3168mm×1000 mm×1267 mm。

4. CA6140 型卧式车床的传动分析

各种类型的机床，为了进行切削加工以获得所需的具有一定几何形状、一定尺寸精度和表面质量的工件，必须使刀具和工件完成一系列的运动，其中包括刀具和工件间的相对运动。机床在加工过程中完成的各种运动，按其功用可分为表面成形运动和辅助运动两类。

（1）表面成形运动　在机床上，为了获得所需的工件表面形状，必须使刀具和工件完成一定的运动，这种运动称为表面成形运动。表面成形运动（简称成形运动）是保证得到工件要求的表面形状的运动。成形运动按其组成情况不同，可分为简单的和复合的两种。CA6140 型卧式车床用普通车刀车削外圆柱面时，工件的旋转运动和刀具的直线移动就是两个简单运动。CA6140 型卧式车床车削螺纹时，工件的等速旋转运动和刀具的等速直线移动彼此不能独立，必须保证严格的运动关系，即工件每转一转时，刀具沿直线移动的距离应等于螺纹的一个螺距，从而这两个单元运动组成一个复合运动。

（2）辅助运动　机床在加工过程中除完成成形运动外，还需完成其他一系列运动，这些与表面成形过程没有直接关系的运动，统称为辅助运动。辅助运动的作用是实现机床加工过程中所需的各种辅助动作，为表面成形创造条件，它的种类很多，一般包括以下几种。

① 切入运动　刀具相对工件切入一定深度，以保证工件获得一定的加工尺寸。

② 分度运动　加工若干个完全相同的均匀分布的表面时，为使表面成形运动得以周期性地继续进行的运动称为分度运动。例如，多工位工作台、刀架等的周期性转位或移位，以便依次加工工件上的各有关表面，或依次使用不同刀具对工件进行顺序加工。

③ 操纵和控制运动　包括启动、停止、变速、换向、部件与工件的夹紧、松开、转位以及自动换刀、自动检测等。

④ 调位运动　加工开始前机床有关部件的移动，以调整刀具和工件之间的正确相对位置。

⑤ 空行程运动　是指进给前后的快速运动。例如，在装卸工件时为避免碰伤操作者或

划伤已加工表面，刀具与工件应相对退离。在进给开始之前刀具快速引进，使刀具与工件接近。进给结束后刀具应快速返回。

辅助运动虽然并不参与表面成形过程，但对机床整个加工过程是不可缺少的，同时对机床的生产率和加工精度往往也有重大影响。

（3）机床的传动系统　CA6140 型车床是普通精度的卧式车床。图 2-3 所示为其传动系统图。传动系统包括主运动传动链和进给运动传动链两部分。

① 主运动传动链　其两末端件是电动机和主轴。它的功用是把动力源（电动机）的运动及能量传给主轴，使主轴带动工件旋转。卧式车床的主轴应能变速及换向。

a. 传动路线　运动由电动机经 V 带传至主轴箱中的轴 I。在轴 I 上装有双向多片式摩擦离合器 M_1。M_1 的功用为控制主轴（轴Ⅵ）正转、反转或停止。M_1 的左、右两部分分别与空套在轴 I 上的两个齿轮连在一起。当离合器 M_1 向左接合时，主轴正转，轴 I 的运动经 M_1 左部的摩擦片及齿轮副 56/38 或 51/43 传给轴Ⅱ。当离合器 M_1 向右接合时，主轴反转，轴Ⅰ的运动经 M_1 右部的摩擦片及齿轮 $z50$ 传给轴Ⅶ上的空套齿轮 $z34$，然后再传给轴Ⅱ上的齿轮 $z30$，使轴Ⅱ转动。这时，由轴 I 传到轴Ⅱ的运动多经过了一个中间齿轮 $z34$，因此，轴Ⅱ的转动方向与经离合器 M_1 左部传动时相反。离合器 M_1 处于中间位置，左、右都不接合时，主轴停转。轴Ⅱ的运动可分别通过齿轮副 39/41、22/58 或 30/50 传至轴Ⅲ。运动由轴Ⅲ到主轴可以有以下两种不同的传动路线。

ⅰ 当主轴高速运转时（$n_主＝450\sim1400\text{r/min}$），主轴上的滑动齿轮 $z50$ 处于左端位置，轴Ⅲ的运动经齿轮副 63/50 直接传给主轴Ⅵ。

ⅱ 当主轴低速运转时（$n_主＝10\sim500\text{r/min}$），主轴上的滑动齿轮 $z50$ 移到右端位置，使齿式离合器 M_2 啮合，于是轴Ⅲ上的运动就经齿轮副 20/80 或 50/50 传给轴Ⅳ，然后再由轴Ⅳ经齿轮副 20/80 或 51/50、26/58 及齿式离合器 M_2 传动主轴Ⅵ。

下面是 CA6140 型卧式车床主运动传动链的传动路线表达式：

$$
电动机 - \frac{\phi130}{\phi230} - Ⅰ - \left\{\begin{array}{c} M_1(左) - \left\{\begin{array}{c} \frac{56}{38} \\ \frac{51}{43} \end{array}\right\} \\ M_1(右) - \frac{50}{34} - Ⅶ - \frac{34}{30} \end{array}\right\} - Ⅱ - \left\{\begin{array}{c} \frac{39}{41} \\ \frac{30}{50} \\ \frac{22}{58} \end{array}\right\}
$$

$$
- Ⅲ \left\{\begin{array}{c} \left\{\begin{array}{c} \frac{20}{80} \\ \frac{50}{50} \end{array}\right\} - Ⅳ - \left\{\begin{array}{c} \frac{20}{80} \\ \frac{51}{50} \end{array}\right\} - Ⅴ - \frac{26}{58} - M_2 \\ M_2(左) - \frac{63}{50} \end{array}\right\} - Ⅵ(主轴)
$$

b. 主轴的转速级数与转速计算　根据传动系统图和传动路线表达式，主轴可以得到 30 级转速，但由于轴Ⅲ-Ⅴ间的 4 种传动比为：

$$u_1 = \frac{50}{50} \times \frac{51}{50} \approx 1 \qquad\qquad u_3 = \frac{20}{80} \times \frac{51}{50} \approx \frac{1}{4}$$

$$u_2 = \frac{50}{50} \times \frac{20}{80} = \frac{1}{4} \qquad\qquad u_4 = \frac{20}{80} \times \frac{20}{80} = \frac{1}{16}$$

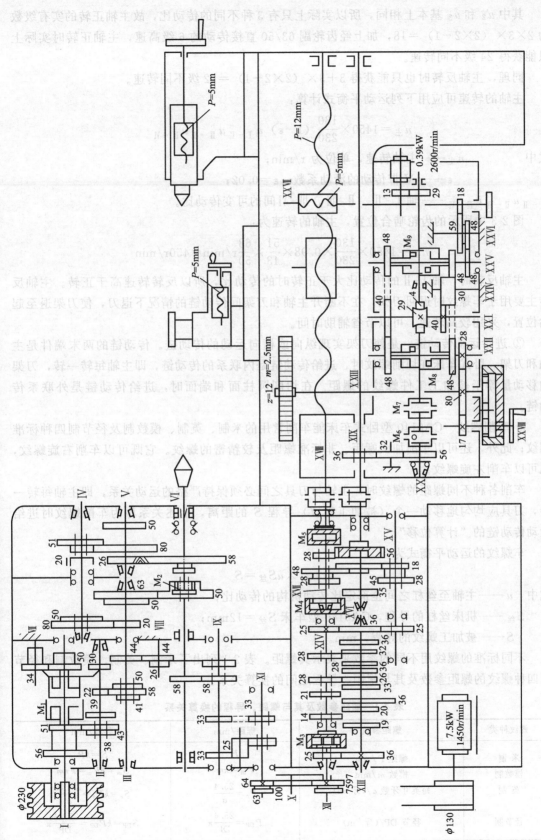

图 2-3 CA6140 型卧式车床转动系统图

其中 u_2 和 u_3 基本上相同，所以实际上只有 3 种不同的传动比，故主轴正转的实有级数为 $2 \times 3 \times (2 \times 2 - 1) = 18$，加上经齿轮副 63/50 直接传动的 6 级高速，主轴正转时实际上只能获得 24 级不同转速。

同理，主轴反转时也只能获得 $3 + 3 \times (2 \times 2 - 1) = 12$ 级不同转速。

主轴的转速可应用下列运动平衡式计算：

$$n_主 = 1450 \times \frac{130}{230} (1 - \varepsilon) u_{I-II} u_{II-III} u_{III-VI}$$

式中　　　　　　$n_主$——主轴转速，单位为 r/min；

　　　　　　　　ε——V 带传动的滑动系数，$\varepsilon = 0.02$；

$u_{I-II} u_{II-III} u_{III-VI}$——轴 I-II、II-III、III-VI 间的可变传动比。

图 2-3 中所示的齿轮啮合位置，主轴的转速为：

$$n_主 = 1450 \times \frac{130}{230} \times 0.98 \times \frac{51}{43} \times \frac{63}{50} \text{r/min} = 450 \text{r/min}$$

主轴反转时，轴 I-II 的传动比大于正转时的传动比，所以反转转速高于正转。主轴反转主要用于车螺纹时退回刀架，在不断开主轴和刀架间传动链的情况下退刀，使刀架退至起始位置，采用较高转速，可以节省辅助时间。

② 进给运动传动链　是使刀架实现纵向或横向运动的传动链。传动链的两末端件是主轴和刀架。卧式车床在切削螺纹时，进给传动链是内联系的传动链，即主轴每转一转，刀架的移动量等于被加工工件螺纹的螺距。在切削圆柱面和端面时，进给传动链是外联系传动链。

a. 车削螺纹　CA6140 型卧式车床能车削常用的米制、英制、模数制及径节制四种标准螺纹；此外，还可以车削加大螺距、非标准螺距及较精密的螺纹。它既可以车削右旋螺纹，也可以车削左旋螺纹。

车削各种不同螺距的螺纹时，主轴与刀具之间必须保持严格的运动关系，即主轴每转一转，刀具应均匀地移动一个（被加工螺纹）导程 S 的距离，上述关系称为车削螺纹时进给运动传动链的"计算位移"。

车螺纹的运动平衡式为：

$$1_{(主轴)} \times u S_丝 = S$$

式中　u——主轴至丝杠之间全部定比传动机构的传动比；

　　　$S_丝$——机床丝杠的导程，CA6140 型车床 $S_丝 = 12 \text{mm}$；

　　　S——被加工螺纹的导程，mm。

不同标准的螺纹用不同的参数来表示其螺距。表 2-1 列出了米制、英制、模数制和径节制四种螺纹的螺距参数及其与螺距、导程之间的换算关系。

表 2-1　螺距参数及其与螺距、导程的换算关系

螺纹种类	螺距参数	螺距/mm	导程/mm
米 制	螺距 P/mm	P	$S = kP$
模数制	模数 m/mm	$P_m = \pi m$	$S_m = k P_m = k \pi m$
英制	每英寸牙数 a/(牙/in)	$P_a = \dfrac{25.4}{a}$	$S_a = k P_a = \dfrac{25.4k}{a}$
径节制	径节 DP/(牙/ in)	$P_{DP} = \dfrac{25.4}{DP}\pi$	$S_{DP} = k P_{DP} = \dfrac{25.4k}{DP}\pi$

i 车削米制螺纹 米制螺纹是我国常用的螺纹，其标准螺距值在国家标准中有规定。表 2-2 所示为 CA6140 型车床米制螺纹表，可以看出，表中的螺距值是按分段等差数列的规律排列的，行与行之间成倍数关系。

表 2-2 CA6140 型车床米制螺纹表

$u_倍$ ＼ $u_基$	$\dfrac{26}{28}$	$\dfrac{28}{28}$	$\dfrac{32}{28}$	$\dfrac{36}{28}$	$\dfrac{19}{14}$	$\dfrac{20}{14}$	$\dfrac{33}{21}$	$\dfrac{36}{21}$
$\dfrac{18}{45}\times\dfrac{15}{48}=\dfrac{1}{8}$	—	—	1	—		1.25	—	1.5
$\dfrac{28}{35}\times\dfrac{15}{48}=\dfrac{1}{4}$	—	1.75	2	2.25		2.5		3
$\dfrac{18}{45}\times\dfrac{35}{28}=\dfrac{1}{2}$		3.5	4	4.5		5	5.5	6
$\dfrac{28}{35}\times\dfrac{35}{38}=1$		7	8	9		10	11	12

车削米制螺纹时，进给箱中的齿式离合器 M_3 和 M_4 脱开，M_5 接合，这时的传动路线为：运动由主轴 Ⅵ 经齿轮副 58/58、换向机构 33/33 [车左螺纹时经（33/25）×（25/33）]、挂轮（63/100）×（100/75）传至进给箱的轴Ⅻ，然后由移换机构的齿轮副 25/36 传至轴ⅩⅢ，由ⅩⅢ经两轴滑移变速机构（基本螺距机构）的齿轮副传至轴ⅩⅣ，再由移换机构的齿轮副（25/36）×（36/25）传至轴ⅩⅤ，再经过轴ⅩⅤ与轴ⅩⅦ间的两组滑移齿轮变速机构（增倍机构）传至轴ⅩⅦ，最后由齿式离合器 M_5 传至丝杠ⅩⅧ，当溜板箱中的开合螺母与丝杠相啮合时，就可带动刀架车削米制螺纹。车削米制螺纹时传动链的传动路线表达式如下：

$$\text{主轴Ⅵ} - \frac{58}{58} - \text{Ⅸ} - \left\{ \begin{array}{c} \dfrac{33}{33} \\ (\text{右旋螺纹}) \\ \dfrac{33}{25}\times\dfrac{25}{33} \\ (\text{左旋螺纹}) \end{array} \right\} - \text{Ⅺ} - \left\{ \begin{array}{c} \dfrac{63}{100}\times\dfrac{100}{75} \\ (\text{米制螺纹}) \\ \dfrac{64}{100}\times\dfrac{100}{97} \\ (\text{模数螺纹}) \end{array} \right\} - \text{Ⅻ}$$

$$- \frac{25}{36} - \text{ⅩⅢ} - u_基 - \frac{25}{36}\times\frac{36}{25} - \text{ⅩⅤ} - u_倍 - \text{ⅩⅦ} - M_5 - \text{ⅩⅧ（丝杠）} - \text{刀架}$$

$u_基$ 为轴 ⅩⅢ-ⅩⅣ 间变速机构的可变传动比，共 8 种：

$$u_{基1}=\frac{26}{28}=\frac{6.5}{7}, \qquad u_{基5}=\frac{19}{14}=\frac{9.5}{7}$$

$$u_{基2}=\frac{28}{28}=\frac{7}{7}, \qquad u_{基6}=\frac{20}{14}=\frac{10}{7}$$

$$u_{基3}=\frac{32}{28}=\frac{8}{7}, \qquad u_{基7}=\frac{33}{21}=\frac{11}{7}$$

$$u_{基4} = \frac{36}{28} = \frac{9}{7} \qquad u_{基8} = \frac{36}{21} = \frac{12}{7}$$

这些传动副的传动比值成等差级数的规律排列，改变轴 XIII 到轴 XIV 的传动副，就能够车削出螺距值按等差数列排列的螺纹，这样的变速机构称为基本螺距机构，是进给箱的基本变速组，简称基本组。

$u_{倍}$ 为轴 XV 到轴 XVII 间变速机构的可变传动比，共 4 种：

$$u_{倍1} = \frac{18}{45} \times \frac{15}{48} = \frac{1}{8} \qquad u_{倍3} = \frac{18}{45} \times \frac{35}{28} = \frac{1}{2}$$

$$u_{倍2} = \frac{28}{35} \times \frac{15}{48} = \frac{1}{4} \qquad u_{倍4} = \frac{28}{35} \times \frac{35}{28} = 1$$

上述四种传动比成倍数关系排列，因此，改变 $u_{倍}$ 就可使车削的螺纹螺距值成倍数关系地变化，扩大了机床能车削的螺距种数。这种变速机构称为增倍机构，是增倍变速组，简称增倍组。

车削米制（右旋）螺纹的运动平衡式为：

$$S = kP = 1_{(主轴)} \times \frac{58}{58} \times \frac{33}{33} \times \frac{63}{100} \times \frac{100}{75} \times \frac{25}{36} \times u_{基} \times \frac{25}{36} \times \frac{36}{25} \times u_{倍} \times 12$$

式中 S——螺纹螺距，mm；

$u_{基}$——轴 XIII-XIV 间基本螺距机构传动比；

$u_{倍}$——轴 XV-XVII 间增倍机构的传动比。

将上式化简后可得：

$$S = 7u_{基}\, u_{倍}$$

由表 2-2 可以看出，能车削的米制螺纹的最大螺距是 12mm。当机床需加工螺距大于 12mm 的螺纹时，例如车削多头螺纹和拉油槽时，就得使用扩大螺距机构。这时应将轴 IX 上的滑移齿轮 $z58$ 移至右端位置，与轴 VIII 上的齿轮 $z26$ 相啮合。于是主轴 VI 与丝杠通过下列传动路线实现传动联系：

$$主轴 VI - \frac{58}{26} - V - \frac{80}{20} - IV - \begin{pmatrix} \dfrac{50}{50} \\[4pt] \dfrac{80}{20} \end{pmatrix} - III - \frac{44}{44} - VIII - \frac{26}{58} \quad \begin{matrix} (常用螺纹传动路线) \\ IX \cdots XVIII （丝杠） \end{matrix}$$

此时，主轴 VI 至轴 IX 间的传动比 $u_{扩}$ 为：

$$u_{扩1} = \frac{58}{26} \times \frac{80}{20} \times \frac{50}{50} \times \frac{44}{44} \times \frac{26}{58} = 4$$

$$u_{扩2} = \frac{58}{26} \times \frac{80}{20} \times \frac{80}{20} \times \frac{44}{44} \times \frac{26}{58} = 16$$

而车削常用螺纹时，主轴 VI 至轴 IX 区间的传动比 $u_{正常} = 58/58 = 1$。这表明，当螺纹进给传动链其他调整情况不变时，进行上述调整可使主轴与丝杠间的传动比增大 4 倍或 16 倍，车出的螺纹螺距也相应地扩大 4 倍或 16 倍。因此，一般把上述传动机构称为扩大螺距机构。

必须指出，扩大螺纹螺距机构的传动齿轮就是主运动的传动齿轮，所以只有当主轴上的 M_2 合上，即主轴处于低速状态时，才能用扩大螺距机构；主轴转速为 $10\sim32$ r/min 时，螺距扩大 16 倍；主轴转速为 $40\sim125$ r/min 时，螺距扩大 4 倍。大螺距螺纹只能在主轴低转速时车削，这是符合工艺上的需要的。

ⅱ．车削模数螺纹 模数螺纹主要用在米制蜗杆中。例如，Y3150E型滚齿机的垂直进给丝杠就是模数螺纹。

标准模数螺纹的螺距（或导程）排列规律和米制螺纹相同，但螺距（或导程）的数值不一样，而且数值中含有特殊因子π。所以车模数螺纹时的传动路线与米制螺纹基本相同，唯一的差别就是这时的挂轮换成（64/100）×（100/97），移换机构的滑移齿轮传动比为25/36，以消除特殊因子π，其中（64/97）×（25/36）≈7π/48。

导出计算公式为：

$$m = \frac{7}{4k} u_{基} \, u_{倍}$$

ⅲ．车削英制螺纹 英制螺纹又称英寸制螺纹，在采用英制的国家中应用广泛。我国的部分管螺纹目前也采用英制螺纹。英制螺纹的螺距参数为每英寸长度上的螺纹牙（扣）数，以 a 表示。英制螺纹的螺距为：

$$S_a = \frac{1}{a} \text{in} = \frac{25.4}{a} \text{mm}$$

a 的标准值也是按分段等差数列的规律排列的，所以英制螺纹的螺距值是分段调和数列（分母是分段等差数列）。此外，还有特殊因子25.4。车削英制螺纹时，应对传动路线进行如下变动：将上述车削米制螺纹时的基本组的主动与从动传动关系颠倒过来，即轴ⅩⅣ为主动，轴ⅩⅢ为从动，这样基本组的传动比数列变成了调和数列，与英制螺纹螺距（或导程）数列的排列规律相一致。

在传动链中改变部分传动副的传动比，使其包含特殊因子25.4。为此，将进给箱中离合器 M_3 和 M_5 接合，M_4 脱开，挂轮用（63/100）×（100/75），同时将轴ⅩⅤ左端的滑移齿轮 $z25$ 左移，与固定在轴ⅩⅢ上的齿轮 $z36$ 啮合。于是运动便由轴ⅩⅡ经离合器 M_3 传至轴ⅩⅣ，从而使基本组的运动传动方向恰好与车削米制螺纹时相反，其余部分传动路线与车削米制螺纹时相同。此时传动路线表达式如下：

$$\text{主轴Ⅵ} - \frac{58}{58} - \text{Ⅸ} - \begin{cases} \dfrac{33}{33} \\ (右旋螺纹) \\ \dfrac{33}{25} \times \dfrac{25}{33} \\ (左旋螺纹) \end{cases} - \text{ⅩⅠ} - \begin{cases} \dfrac{63}{100} \times \dfrac{100}{75} \\ (英制螺纹) \\ \dfrac{64}{100} \times \dfrac{100}{97} \\ (径节螺纹) \end{cases} - \text{ⅩⅡ}$$

$$- \text{ⅩⅣ} - \frac{1}{u_{基}} - \text{ⅩⅢ} - \frac{36}{25} - \text{ⅩⅣ} - u_{倍} - \text{ⅩⅦ} - M_5 - \text{ⅩⅧ（丝杠）} - 刀架$$

其运动平衡式为：

$$S_a = \frac{25.4k}{a} = 1_{(主轴)} \times \frac{58}{58} \times \frac{33}{33} \times \frac{63}{100} \times \frac{100}{75} \times \frac{1}{u_{基}} \times \frac{36}{25} \times u_{倍} \times 12$$

上式中，$\dfrac{63}{100} \times \dfrac{100}{75} \times \dfrac{36}{25} \approx \dfrac{25.4}{21}$，代入上式化简得：

$$S_a = \frac{25.4k}{a} = \frac{4}{7} \times 25.4 \frac{u_{倍}}{u_{基}}$$

$$a = \frac{7k}{4} \times \frac{u_{\text{基}}}{u_{\text{倍}}}$$

改变 $u_{\text{基}}$ 和 $u_{\text{倍}}$，就可以车削各种规格的英制螺纹，见表 2-3。

表 2-3　CA6140 型车床英制螺纹表

$u_{\text{倍}}$ ＼ $a(\text{牙} \cdot \text{in}^{-1})\, u_{\text{倍}}$	$\frac{26}{28}$	$\frac{28}{28}$	$\frac{32}{28}$	$\frac{36}{28}$	$\frac{19}{14}$	$\frac{20}{14}$	$\frac{33}{21}$	$\frac{36}{21}$
$\frac{18}{45} \times \frac{15}{48} = \frac{1}{8}$	—	14	16	18	19	20	—	24
$\frac{28}{35} \times \frac{15}{48} = \frac{1}{4}$	—	7	8	9	—	10	11	12
$\frac{18}{45} \times \frac{35}{28} = \frac{1}{2}$	$3\frac{1}{4}$	$3\frac{1}{2}$	—	$4\frac{1}{2}$	—	5	—	6
$\frac{28}{35} \times \frac{35}{28} = 1$	—	—	2	—	—	—	—	3

ⅳ. 车削径节螺纹　径节螺纹主要用于英制蜗杆。它是用径节 DP 来表示的。径节 DP＝z/D（z 为齿轮齿数，D 为分度圆直径，单位为 in），即蜗轮或齿轮折算到每 1 英寸分度圆直径上的齿数。

英制蜗杆的轴向齿距即为螺距 P_{DP}，径节螺纹的螺距为：

$$P_{\text{DP}} = \frac{\pi}{\text{DP}} \ (\text{in})$$

或

$$P_{\text{DP}} \approx \frac{25.4\pi}{\text{DP}} \ (\text{mm})$$

车削径节螺纹的传动路线与车削英制螺纹相同，利用挂轮（64/100）×（100/97）及移换机构齿轮为 36/25 以消除 25.4π。

因为：

$$\frac{64}{97} \times \frac{36}{25} = \frac{25.4\pi}{84}$$

导出计算公式为：

$$\text{DP} = 7k \frac{u_{\text{基}}}{u_{\text{倍}}}$$

车削四种螺纹时，传动路线特征归纳为表 2-4。车削螺纹时，M_5 要啮合。

表 2-4　车削四种螺纹时的传动路线特征

种　类	螺距参数	$u_{\text{挂}}$	M_3	M_4	基本组 $u_{\text{基}}$	ⅩⅤ 轴上 $z\,25$
米制螺纹	P/mm	63/100　100/75	开	开	$u_{\text{基}}$	在右端
模数螺纹	m/mm	64/100　100/97	开	开	$u_{\text{基}}$	在右端
英制螺纹	$a/(\text{牙}/\text{in})$	63/100　100/75	合	开	$1/u_{\text{基}}$	在左端
径节螺纹	$\text{DP}/(\text{牙}/\text{in})$	64/100　100/97	合	开	$1/u_{\text{基}}$	在左端

ⅴ. 车削非标准螺距和较精密螺纹　当需要车削非标准螺距时，利用上述传动路线是无法得到的。这时，需将齿式离合器 M_3、M_4 和 M_5 全部啮合，进给箱中的传动路线是轴 ⅩⅡ 经轴 ⅩⅣ 及轴 ⅩⅡ 直接传动丝杠 Ⅷ，被加工螺纹的导程 S 依靠调整挂轮的传动比 $u_{挂}$ 来实现。运动平衡式为：

$$S = 1_{(主轴)} \times \frac{58}{58} \times \frac{33}{33} \times u_{挂} \times 12$$

将上式化简后，得挂轮的换置公式为：

$$u_{挂} = \frac{a}{b} \times \frac{c}{d} = \frac{S}{12}$$

应用此换置公式，适当地选择挂轮 a、b、c 及 d 的齿数，就可车削出所需导程 S 的螺纹。

这时，由于主轴至丝杠的传动路线大为缩短，减少了传动件制造误差和装配误差对工件螺纹螺距精度的影响，如选用较精确的挂轮，也可车削出较精密的螺纹。

b. 机动进给　车削外圆柱或内孔表面时，可使用机动的纵向进给。车削端面时，可使用机动的横向进给。

ⅰ. 传动路线　为了避免丝杠磨损过快以及便于工人操纵，机动进给运动是由光杠经溜板箱传动的。这时将进给箱中的离合器 M_5 脱开，齿轮 $z28$ 与轴 ⅩⅥ 上的齿轮 $z56$ 啮合。运动由进给箱传至光杠 ⅩⅨ，再由光杠经溜板箱中的传动机构，分别传至齿轮齿条机构和横向进给丝杠 ⅩⅩⅧ，使刀架作纵向或横向机动进给。其传动路线表达式如下：

为了避免两种运动同时产生而发生事故，纵向机动进给、横向机动进给及车螺纹三种传动路线，只允许接通其中一种，这是由操纵机构及互锁机构来保证的。

溜板箱中的双向牙嵌式离合器 M_8 及 M_9 用于变换进给运动的方向。

ⅱ. 纵向机动进给量　机床的 64 种纵向机动进给量是由 4 种类型的传动路线来传动的。当机床运动经正常螺距的米制螺纹的传动路线传动时，可得到进给范围为 $0.08 \sim 1.22 \text{mm/r}$ 的 32 种进给量，其运动平衡式为：

$$f_{纵} = 1 \times \frac{58}{58} \times \frac{33}{33} \times \frac{63}{100} \times \frac{100}{75} \times \frac{25}{36} \times u_{基} \times \frac{25}{36} \times \frac{36}{25}$$

$$\times u_{倍} \times \frac{28}{56} \times \frac{36}{32} \times \frac{32}{56} \times \frac{4}{29} \times \frac{40}{48} \times \frac{28}{80} \times \pi \times 2.5 \times 12$$

化简后可得：

$$f_{纵} = 0.71 u_{基} \ u_{倍}$$

纵向进给运动的其余32种进给量可分别通过英制螺纹传动路线和扩大螺纹螺距机构获得。

ⅲ. 横向机动进给量　横向机动进给在其与纵向进给传动路线一致时，所得的横向进给量是纵向进给量的一半。横向进给量有64种。

c. 刀架的快速移动　刀架的快速移动是为了减轻工人的劳动强度和缩短辅助时间。

当刀架需要快速移动时，按下快速移动按钮，使快速电动机（0.25kW，2800r/min）接通，这时快速电动机的运动经齿轮副13/29传至轴ⅩⅩ，使轴ⅩⅩ高速转动，于是运动便经过蜗杆副4/29传动溜板箱内的传动机构，使刀架实现纵向或横向的快速移动。移动方向由溜板箱中的双向离合器 M_8 和 M_9 控制。

为了节省辅助时间及简化操作，在刀架快速移动过程中，不必脱开进给运动传动链。这时，为了避免转动的光杠和快速电动机同时传动轴ⅩⅩ，在齿轮 $z56$ 与轴ⅩⅩ之间装有超越离合器 M_6。

二、 其他类机床简介

1. 立式车床

立式车床用于加工径向尺寸大，而轴向尺寸短且形状复杂的大型或重型零件。这种车床主轴垂直布置，安装工件的圆形工作台直径大，台面呈水平布置，因此装夹和校正笨重的零件比较方便。它分为单柱式和双柱式两种，分别如图2-4（a）、（b）所示，前者加工直径较小，而后者加工直径较大。

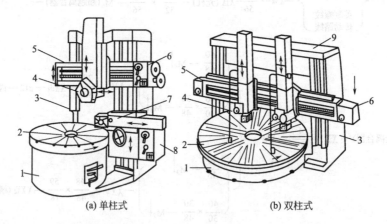

(a) 单柱式　　　　　(b) 双柱式

图 2-4　立式车床

1—底座；2—工作台；3—立柱；4—垂直刀架；5—横梁；
6—垂直刀架进给箱；7—侧刀架；8—侧刀架进给箱；9—顶梁

图2-4（a）所示为单柱式立式车床，它有一个箱形立柱，与底座固定连接成为一个整体。工作台2安装在底座1的圆环形导轨上，工件由工作台2带动绕垂直主轴旋转以完成主运动。垂直刀架4安装在横梁水平导轨5上，刀架可沿其作横向进给以及沿刀架滑鞍的导轨作垂直进给。刀架4还可偏转一定角度，使刀架作斜向进给。侧刀架7安装在立柱3的垂直导轨上，可垂直和水平作进给运动。中小型立式车床的垂直刀架通常带有转塔刀架以安装几

把刀轮流使用。进给运动可由单独的电动机驱动,能作快速移动。

图 2-4(b)所示为双柱式立式车床,它有两个立柱与顶梁连成封闭式框架,横梁上有两个垂直刀架。

2. 铣床

铣床是用铣刀进行铣削加工的机床。通常铣削的主运动是铣刀的旋转,与刨削相比主运动部件没有动态不平衡力的作用,这有利于采用高速切削,而且是多刃连续切削,故其生产率比刨床高。铣床适应的工艺范围较广,可加工各种平面、台阶、沟槽、螺旋面等。如装上分度头还可进行分度加工。在铣床上进行的各种加工情况如图 2-5 所示。

铣床的主要类型有升降台式铣床、床身式铣床、龙门铣床、工具铣床、仿形铣床以及近年发展起来的数控铣床等。

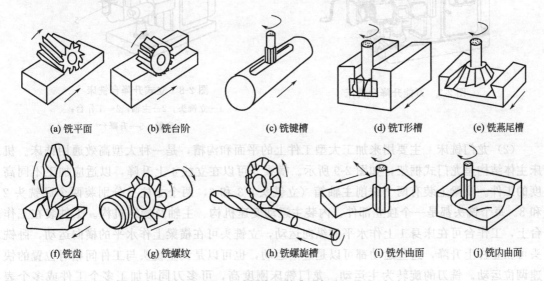

| (a) 铣平面 | (b) 铣台阶 | (c) 铣键槽 | (d) 铣T形槽 | (e) 铣燕尾槽 |

| (f) 铣齿 | (g) 铣螺纹 | (h) 铣螺旋槽 | (i) 铣外曲面 | (j) 铣内曲面 |

图 2-5 铣床上的典型加工

(1)升降台式铣床 按主轴在铣床上布置方式的不同,分为卧式和立式两种类型。

卧式升降台铣床又称卧铣,是一种主轴水平布置的升降台铣床,如图 2-6 所示。工件安装在工作台 5 上,工作台安装在床鞍 6 的水平导轨上,工件可沿垂直于主轴 3 的轴线方向纵向移动。床鞍 6 装在升降台 7 的水平导轨上,可沿主轴的轴线方向横向移动。升降台 7 安装在床身 1 的垂直导轨上,可上下垂直移动。这样,工件便可在三个方向上进行位置调整或作进给运动。床身 1 固定在底座 8 上,床身内部装有主传动机构,顶部导轨上装有悬臂 2,悬臂上装有安装主轴 3 的挂架 4,铣刀安装在主轴上。在卧式升降台铣床上还可安装由主轴驱动的立铣头附件。

图 2-7 所示为万能升降台铣床。它与卧式升降台铣床的区别在于它在工作台与床鞍之间增装了一层转盘,转盘相对于床鞍可在水平面内扳转一定的角度(±45°范围),以便加工螺旋槽等表面。

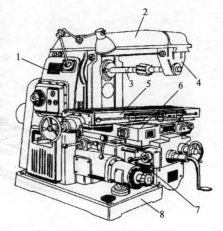

图 2-6 卧式升降台铣床

1—床身;2—悬臂;3—主轴;4—挂架;
5—工作台;6—床鞍;7—升降台;8—底座

图 2-8 所示为立式升降台铣床，又称立铣，是一种主轴为垂直布置的升降台铣床。主轴
2 上可安装立铣刀、端铣刀等刀具。铣刀旋转为主运动，立铣头 1 可绕水平轴线扳转一个角
度，工作台结构与卧式铣床相同。

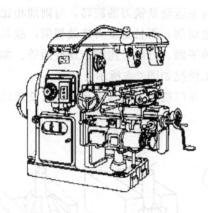

图 2-7　万能升降台铣床

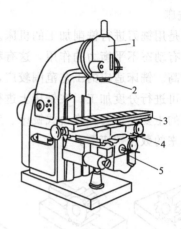

图 2-8　立式升降台铣床
1—立铣头；2—主轴；3—工作台；
4—床鞍；5—升降台

（2）龙门铣床　主要用来加工大型工件上的平面和沟槽，是一种大型高效通用铣床。机
床主体结构呈龙门式框架，如图 2-9 所示。横梁 5 可以在立柱 4 上升降，以适应加工不同高
度的工件。横梁上装有两个铣削主轴箱（立铣头）3 和 6，两个立柱上分别装两个卧铣头 2
和 8。每个铣头都是一个独立部件，内装主运动变速机构、主轴及操纵机构。工件装在工作
台上，工作台可在床身 1 上作水平的纵向运动，立铣头可在横梁上作水平的横向运动，卧铣
头可在立柱上升降，这些运动都可以是进给运动，也可以是调整铣头与工件间相对位置的快
速调位运动。铣刀的旋转为主运动。龙门铣床刚度高，可多刀同时加工多个工件或多个表
面，生产率高，适用于成批大量生产。

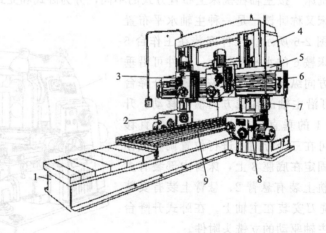

图 2-9　龙门铣床
1—床身；2，8—卧铣头；3，6—立铣头；4—立柱；5—横梁；7—控制器；9—工作台

3. 刨床和插床

刨床与插床是主运动为直线运动的机床，主要用于各种平面、沟槽、通孔及其他成形表

面的加工。

(1) 刨床 作水平方向的主运动，主运动和进给运动均为直线运动。由于主运动是直线往复运动，运动部件换向时需克服惯性力，形成冲击载荷，使主运动速度难以提高，切削速度较低。但由于机床和刀具较为简单，应用较灵活，因此，刨床在单件、小批量生产中常用于加工各种平面（水平面、斜面、垂直面）、沟槽（T形槽，燕尾槽等）以及纵向成形表面等。

① 牛头刨床 如图 2-10 所示，底座 6 上装有床身 5，滑枕 4 带着刀架 3 作往复主运动。工件装在工作台 1 上，工作台 1 在滑座 2 上作横向进给运动，进给是间歇运动。滑座 2 可在床身上升降，以适应加工不同高度的工件。牛头刨床多用于加工与安装基面平行的面。

② 龙门刨床 如图 2-11 所示，工件安装在工作台 2 上，工作台沿床身 1 的导轨作纵向往复运动。装在横梁 3 上的两个立刀架 4 可沿横梁导轨作横向运动，立柱 6 上的两个侧刀架 9 可沿立柱作升降运动。这两个运动都可以是间歇进给运动，也可以是快速调位运动。两立刀架的上滑板还可扳转一定的角度，以便作斜向进给运动来加工斜面。横梁 3 可沿立柱 6 的垂直导轨作调整运动，以适应加工不同高度的工件。龙门刨床主要用于中、小批生产及修理车间，加工大平面，尤其是长而窄的平面，如导轨面和沟槽，也可在工作台上同时安装几个工件进行加工。其机床结构呈龙门式布局，以保证机床有较高的刚度。同时，为避免加工面较大时，像牛头刨床那样滑枕悬伸过长，而采用工作台作往复运动的形式。

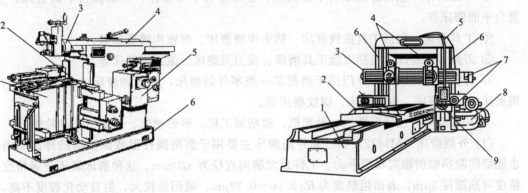

图 2-10 牛头刨床	图 2-11 龙门刨床
1—工作台；2—滑座；3—刀架； 4—滑枕；5—床身；6—底座	1—床身；2—工作台；3—横梁；4—立刀架； 5—上横梁；6—立柱；7—进给箱；8—变速箱；9—侧刀架

大型龙门刨床往往还附有铣头和磨头等部件，以便使工件在一次安装中完成刨、铣及磨平面等工作。这种机床又称为龙门刨铣床或龙门刨铣磨床。

(2) 插床 图 2-12 所示的插床多用于加工与安装基面垂直的面，为立式。滑枕 5 带动刀具作上下往复运动，工件安装在圆工作台 4 上，可作纵横两个方向的移动。因工作台还可作分度运动，所以，可插削按一定角度分布的键槽等。

由于牛头刨床和插床生产率较低，目前在很多场合已分别被铣床和拉床所代替。

4. 磨床

磨床是用磨料、磨具（如砂轮、砂带、油石、研磨料等）对工件进行切削加工的机床。它是由于精加工和硬表面加工的需要而发展起来的，目前也有少数应用于粗加工的高效磨床。

随着科学技术的不断发展，对机器及仪器零件在几何精度和强度、硬度方面的要求愈来愈高。在一般磨削加工中，加工精度可达 IT5～IT7 级，表面粗糙度为 $Ra0.32～1.25\mu m$；在超精磨削和镜面磨削中，可分别达到 $Ra0.04～0.08\mu m$ 和 $Ra0.01\mu m$。磨削加工还能够磨削硬度很高的淬硬钢及其他高硬度的特殊金属材料和非金属材料。同时，随着毛坯制造工艺水平的提高，如精密铸造与精密锻造工艺的大量使用，使毛坯可直接进行磨削加工成成品；此外，随着高速磨削和强力磨削工艺的发展，进一步提高了磨削效率。因此，磨床的使用范围日益扩大，它在金属切削机床中所占的比重不断上升。为了适应磨削各种加工表面、工件形状及生产批量的要求，磨床的种类很多，其中主要类型有如下几种。

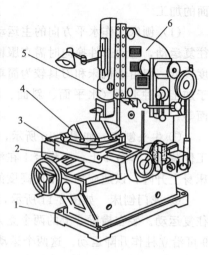

图 2-12 插床
1—底座；2—托板；3—滑台；
4—工作台；5—滑枕；6—立柱

① 外圆磨床　包括普通外圆磨床、万能外圆磨床、无心外圆磨床等。

② 内圆磨床　包括内圆磨床、无心内圆磨床、行星式内圆磨床等。

③ 平面磨床　包括卧轴矩台平面磨床、立轴矩台平面磨床、卧轴圆台平面磨床、立轴圆台平面磨床等。

④ 工具磨床　包括工具曲线磨床、钻头沟槽磨床、丝锥沟槽磨床等。

⑤ 刀具刃磨磨床　包括万能工具磨床、拉刀刃磨床、滚刀刃磨床等。

⑥ 各种专门化磨床　专门用于磨削某一类零件的磨床，如曲轴磨床、凸轮轴磨床、轧辊磨床、叶片磨床、齿轮磨床、螺纹磨床等。

⑦ 其他磨床　包括珩磨机、抛光机、超精加工机、砂带磨床、研磨机、砂轮机等。

(1) 外圆磨床　M1432A 型万能外圆磨床主要用于磨削圆柱形或圆锥形的外圆和内孔，也能磨削阶梯轴的轴肩和端平面。工件最大磨削直径为 320mm。这种磨床属于普通精度级，精度可达圆度 $5\mu m$，表面粗糙度为 $Ra0.16～0.32\mu m$，通用性较大，但自动化程度不高，磨削效率较低，适用于工具车间、机修车间和单件及小批量生产的车间。

① 机床的运动　图 2-13 所示是万能外圆磨床上四种典型的加工示意图。图 2-13 (a)～(d) 分别表示磨削外圆面、磨削长圆锥面、切入式磨削短圆锥面和磨削内锥孔的情况。

为了实现磨削加工，机床应具有以下运动。

a. 砂轮旋转运动　这是磨削加工的主运动，用转速 $n_{砂}$ 或线速度 $v_{砂}$ 表示。

b. 工件旋转运动　也是工件的圆周进给运动，用工件的转速 $n_{工}$ 或线速度 $v_{工}$ 表示。

c. 工件纵向往复运动　工件沿砂轮轴向的进给运动，是磨出全长所需的运动，用 $f_{纵}$ 表示。

d. 砂轮横向进给运动　沿砂轮径向的切入进给运动，用 $f_{横}$ 表示。

图 2-13 (a)、(b) 和 (d) 的 $f_{横}$ 是间歇的，图 2-13 (c) 的 $f_{横}$ 是连续的。

② 机床的机械传动系统　M1432A 型万能外圆磨床的运动由机械和液压联合传动。工作台的纵向往复运动、砂轮架的快速进退和周期自动切入进给及尾座顶尖套筒的缩回为液压传动，液压传动具有运动和换向平稳、无级调速、易于实现自动化控制等优点；其余运动都

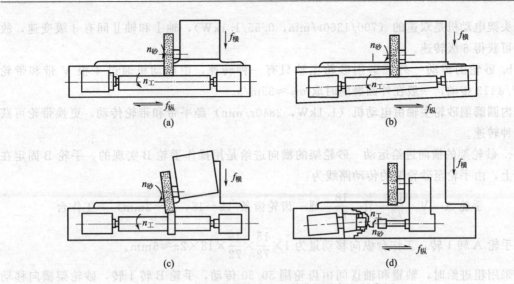

图 2-13　万能外圆磨床上四种典型的加工示意图

是机械传动。其机械传动系统图如图 2-14 所示。

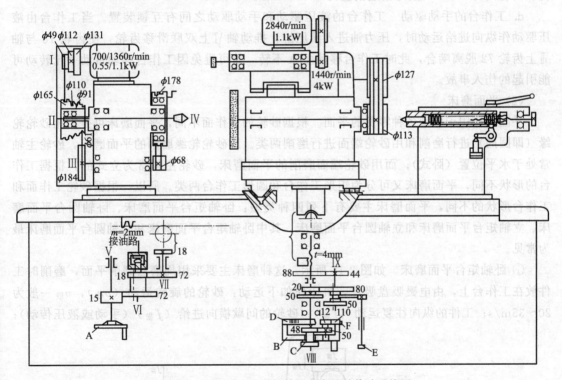

图 2-14　M1432A 型万能外圆磨床机械传动系统图

　　a. 头架拨盘（带动工件）的传动　这一传动用于实现工件的圆周进给运动，其传动路线表达式为：

$$\text{头架电动机} - \text{I} - \left\{ \begin{array}{c} \frac{\phi49}{\phi165} \\ \frac{\phi112}{\phi110} \\ \frac{\phi131}{\phi91} \end{array} \right\} - \text{II} - \frac{\phi61}{\phi184} - \text{III} - \frac{\phi68}{\phi s178} - \text{拨盘（工件转动）}$$

头架电动机是双速的（700/1360r/min，0.55/1.1kW），轴Ⅰ和轴Ⅱ间有3级变速，故工件可获得6级转速。

b. 砂轮的传动　外圆磨削砂轮主轴只有一种转速，由电动机通过4根V带和带轮$\phi127/\phi113$传动，一般在外圆磨削时取$v_砂\approx35m/s$。

内圆磨削砂轮主轴由电动机（1.1kW，2840r/min）经平带和带轮传动，更换带轮可获得两种转速。

c. 砂轮架的横向进给运动　砂轮架的横向进给是用操作手轮B实现的，手轮B固定在轴Ⅷ上，由手轮至砂轮架的传动路线为：

$$手轮A—V—\frac{15}{72}—Ⅵ—\frac{18}{72}—Ⅶ—齿轮齿条（z=18，m=2mm）—工作台$$

手轮A转1转，工作台纵向移动量为$1\times\frac{15}{72}\times\frac{18}{72}\times18\times2\pi\approx6mm$。

采用粗进给时，轴Ⅷ和轴Ⅸ间由齿轮副50/50传动，手轮B转1转，砂轮架横向移动2mm，而手轮刻度盘的圆周分度为200格，故每格的进给量为0.01mm；采用细进给时，传动齿轮副为20/80，故每格进给量为0.0025mm。

d. 工作台的手动驱动　工作台的液压驱动和手动驱动之间有互锁装置。当工作台由液压驱动作纵向进给运动时，压力油进入液压缸，推动轴Ⅵ上双联滑移齿轮，使齿轮18与轴Ⅶ上齿轮72脱离啮合，此时工作台移动而A不转，故可避免因工作台移动带动手轮转动可能引起的伤人事故。

（2）平面磨床

平面磨床用于磨削各种零件的平面。根据砂轮的工作面不同，平面磨床可分为用砂轮轮缘（即圆周）进行磨削和用砂轮端面进行磨削两类。用砂轮轮缘磨削的平面磨床，砂轮主轴常处于水平位置（卧式）；而用砂轮端面磨削的平面磨床，砂轮主轴常为立式的。根据工作台的形状不同，平面磨床又可分为矩形工作台和圆形工作台两类。所以，根据砂轮工作面和工作台形状的不同，平面磨床主要有下列四种类型：卧轴矩台平面磨床、卧轴圆台平面磨床、立轴矩台平面磨床和立轴圆台平面磨床。其中卧轴矩台平面磨床和立轴圆台平面磨床最为常见。

① 卧轴矩台平面磨床　如图2-15所示。这种磨床主要采用周磨法磨削平面，磨削时工件放在工作台上，由电磁吸盘吸住，机床作如下运动：砂轮的旋转运动（$v_砂$），$v_砂$一般为$20\sim35m/s$；工件的纵向往复运动（$f_纵$）；砂轮的间歇横向进给（$f_横$）（手动或液压传动）；

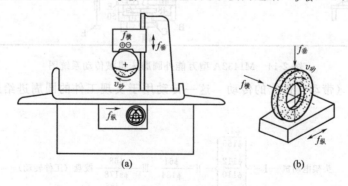

图2-15　卧轴矩台平面磨床

砂轮的间歇垂直进给 $f_{垂}$（手动）。这种磨床的工艺范围较宽，除了用周磨法磨削水平面外，还可用砂轮端面磨削沟槽及台阶等垂直侧平面。这种磨削方法砂轮与工件的接触面积小，发热量少，冷却和排屑条件好，故可获得较高的加工精度和较好的表面质量，但磨削效率较低。这种磨床的主参数以工作台面宽度的 1/10 表示。

② 立轴圆台平面磨床　如图 2-16 所示。这种磨床采用端磨法磨削平面，磨削时工件装在电磁工作台上，机床作如下运动：砂轮的旋转运动（$v_{砂}$）；工作台的圆周进给运动（$v_{工}$）；砂轮的间歇垂直进给（$f_{垂}$），圆工作台还可沿床身导轨作纵向移动（$v_{纵}$），以便装卸工件。由于采用端面磨削，砂轮与工件的接触面积大，故生产率较高。但磨削时发热量大，冷却和排屑条件差，故加工精度和表面质量一般不如矩台平面磨床。这种磨床主要用于成批生产中进行粗磨或磨削精度要求不高的工件。砂轮常采用镶块式，以利于切削液的注入和排屑，砂轮的镶块又称砂瓦，如图 2-16（b）所示。这种磨床的主参数以工作台直径的 1/10 表示。

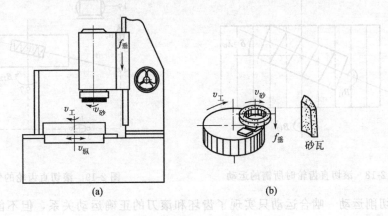

(a)　　　　　　　　(b)

图 2-16　立轴圆台平面磨床

5. 齿轮加工机床

齿轮加工机床的种类繁多，分类的方法也很多，一般是按所能加工齿轮的类型进行分类的。通常分为圆柱齿轮加工机床和圆锥齿轮加工机床。圆柱齿轮加工机床主要有滚齿机、插齿机等；圆锥齿轮加工机床主要有直齿锥齿轮刨齿机、铣齿机、拉齿机和加工弧齿锥齿轮的铣齿机等；用于精加工齿轮齿面的机床有研齿机、剃齿机、磨齿机等。

（1）滚齿机　滚齿机主要用于滚切直齿和斜齿外啮合圆柱齿轮及蜗轮。

① 滚齿原理　滚齿加工是按包络法加工齿轮的一种方法。滚刀在滚齿机上滚切齿轮的过程，与一对螺旋齿轮的啮合过程相似。滚刀相当于一个单齿（或双齿）大螺旋角齿轮，只是齿轮齿面上有容屑槽和切削刃。当它与齿坯作强迫啮合运动时，即切去齿坯上的多余材料，齿坯上将留下滚刀切削刃的包络面，形成一个新的齿轮。图 2-17 所示为滚齿原理。

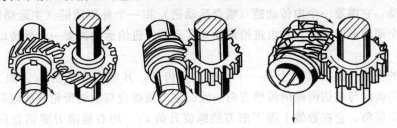

图 2-17　滚齿原理

② 滚齿机运动分析　由滚切原理可知，滚齿机的滚切过程应包括两种运动，一是强迫啮合运动（包络运动），一是切削运动（主运动和进给运动）。这两种运动分别由齿坯、滚刀和刀架来完成。下面从滚切直齿和斜齿两种情况分析滚齿机的各种运动。

a. 加工直齿圆柱齿轮时滚齿机的运动分析及滚刀的安装

ⅰ. 啮合运动　就是齿坯与滚刀的包络运动，是一个复合表面成形运动。该运动可分解为两部分：滚刀的旋转运动 B_{11} 和齿坯的旋转运动 B_{12}（图 2-18）。由于是强迫啮合运动，复合运动的两部分 B_{11} 和 B_{12} 之间需要有一个内传动链，以保持 B_{11} 和 B_{12} 之间正确的相对运动关系。若设滚刀的头数为 k，待加工齿轮齿数为 z，则滚刀转动 $1/k$ 转时，齿坯应转动 $1/z$ 转。在图 2-19 中该传动链为：滚刀—4—5—u_x—6—7—齿坯，u_x 为啮合运动传动比。

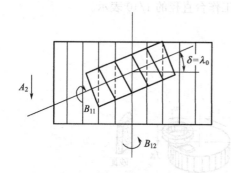

图 2-18　滚切直齿轮时所需的运动

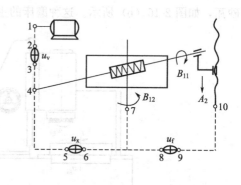

图 2-19　滚切直齿轮的传动原理图

ⅱ. 切削运动　啮合运动只实现了齿坯和滚刀的正确运动关系，但不能完成切削工作。切削工作主要由切削运动来完成。切削运动由两部分组成，一是主运动，二是进给运动。

• 主运动　它是消耗主要功率，切去多余材料的运动。滚切过程中，滚刀的转动为主运动。其传动链为：电动机—1—2—u_v—3—4—滚刀，u_v 为主运动传动比。这个运动就是啮合运动中的 B_{11}。

• 进给运动　仅有主运动和啮合运动，只能切出齿轮的端面齿形。必须让刀架沿齿坯轴线进给，才能加工出全部轮齿。此运动即是 A_2。滚切直齿轮时，A_2 是一个简单的直线运动，可以由独立的动力源驱动。但是，齿坯的转速与刀架的进给速度之比，对齿面精度和表面粗糙度有很大影响，因此滚齿机的进给速度以工件每转一转，滚刀沿工件轴线的移动量来计算，单位是 mm/r。图 2-19 中，该传动链为：工件—7—8—u_f—9—10—刀架升降丝杠，u_f 为进给运动传动比。该传动链是外联系传动链，称为进给传动链。

综上所述，滚切直齿轮时，用包络法生成渐开线，也就是齿轮的端面齿形。包络运动是一个复合运动，它需要一个内传动链（啮合运动链）和一个外传动链（主运动链）来实现。沿轴线方向全部齿形的完成，是由进给运动来实现的。进给运动需要一个外传动链——进给传动链。

ⅲ 滚刀的安装　滚刀实质上是一个大螺旋角齿轮。其螺旋升角为 λ_0。加工直齿轮时，为了使滚刀的齿向与被切齿轮的齿槽方向一致，滚刀轴线应与被切齿轮端面倾斜 δ 角。这个角称为滚刀安装角，它在数值上等于滚刀的螺旋升角 λ_0。用右旋滚刀滚切直齿轮时，滚刀的安装如图 2-18 所示，如用左旋滚刀滚切，倾斜方向相反，图中的虚线表示滚刀与齿坯接触侧的滚刀螺旋线方向。

　　b. 加工斜齿圆柱齿轮时滚齿机的运动分析及滚刀的安装

　　i. 滚齿机的运动分析　滚切斜齿与直齿不同，斜齿圆柱齿轮与直齿轮相比，端面齿形都是渐开线，但轮齿沿轴线方向不是直线，而是螺旋线。因此，滚切斜齿轮时所需的两个运动与滚切直齿时有所不同。滚切斜齿轮时的啮合运动与滚切直齿时相同。切削运动中的主运动部分两者也是相同的，但进给运动有些变化。滚切直齿时，进给运动是简单的直线运动；而

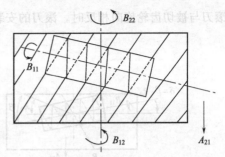

图 2-20　滚切斜齿轮时所需的运动

滚切斜齿时，进给运动是一个复合运动，如图 2-20 所示。该运动可分解为两部分：滚刀架的直线运动 A_{21} 和工作台（齿坯）的附加转动 B_{22}，工作台需同时完成 B_{12} 和 B_{22} 两个旋转运动。因此，它的转速是这两个速度的矢量和。

　　滚切斜齿圆柱齿轮时的两个成形运动各需一条内联系传动链和一条外联系传动链，如图 2-21 所示。啮合运动传动链与滚切直齿时完全相同。滚刀架沿轴向进给的传动链——进给链也与滚直齿时相同。由于滚刀应沿螺旋齿方向进给，所以还需一条产生螺旋线的内传动链。它连接刀架移动 A_{21} 和工件的附加转动 B_{22}，以保证当刀架沿工件轴线移动距离为螺旋线的一个螺距 T 时，工件的附加转动为一转。这条内联系传动链习惯上称为差动链。图 2-21 中的差动链为：刀架升降丝杠—10—11—u_y—12—7—工件。传动比 u_y，按被加工齿轮的螺旋线螺距 T 或螺旋角 β 调整。

　　由图 2-21 可以看出，包络运动传动链要求工件转动 B_{12}，差动传动链则要求齿坯附加转动 B_{22}。这两个运动同时传给工作台。在图 2-21 中的点 7 必然要发生干涉。这就是说，图 2-21 的运动是不能实现的。因此，必须用合成机构把 B_{12} 和 B_{22} 叠加起来，然后再传给工作台，如图 2-22 所示。合成机构把来自滚刀的运动（点 5）和来自刀架的运动（点 15）叠加后，在点 6 输出传给工作台。

　　滚齿机既可用于滚切直齿圆柱齿轮，又可用于滚切斜齿圆柱齿轮。滚齿机是根据滚切斜齿圆柱齿轮的传动原理设计的。当滚切直齿轮时，将差动链断开，并把合成机构通过结构固定成一个如同联轴器的整体。

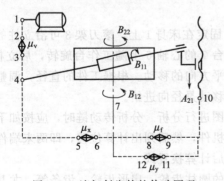

图 2-21　滚切斜齿轮的传动原理

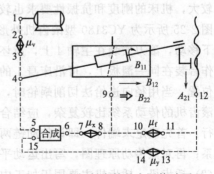

图 2-22　滚切斜齿轮的实际传动原理

　　ii 滚刀的安装　滚切斜齿圆柱齿轮时，滚刀的安装角 δ 不仅与滚刀的螺旋线方向及螺旋升角 λ_0 有关，而且还与被加工齿轮的螺旋线方向及螺旋角 β 有关。当滚刀与被切齿轮的螺旋线方向相同时，滚刀的安装角 $\delta = \beta - \lambda_0$。图 2-23(a) 所示为右旋滚刀加工右旋齿轮的情况。当

滚刀与被切齿轮旋向相反时，滚刀的安装角 $\delta = \beta + \lambda_0$，图 2-23(b) 所示即为这种情况。

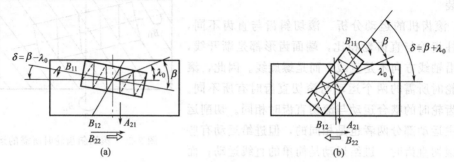

图 2-23　滚切斜齿轮时滚刀的安装角

③ 齿坯附加转动的方向　齿坯附加转动 B_{22} 的方向如图 2-24 所示。图中 ac' 是斜齿圆柱齿轮的齿线。滚刀在位置 I 时，切削点为 a。滚刀下降 Δf 到达位置 II 时，应当切削的是 b' 点而不是 b 点。如用右旋滚刀切右旋齿轮，则齿坯应比切直齿时多转一些，如图 2-24（a）所示，切左旋齿轮时则应少转一些，如图 2-24(b) 所示。当刀架向下移动一个齿轮螺旋线螺距时，工件应多转或少转一转。

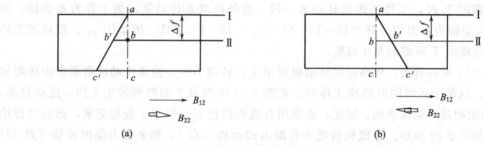

图 2-24　用右旋滚刀切斜齿轮时工件的附加转动方向

④ YC3180 型滚齿机简介　YC3180 型滚齿机能加工的工件最大直径为 800mm，最小齿数为 8。该滚齿机除具备普通滚齿机的全部功能外，还可采用硬质合金滚刀对已淬硬的高硬（50～60HRC）齿面齿轮进行半精加工或精加工，可部分取代磨齿。因此，机床的主电动机功率较大，机床的刚度和抗振性要求也较高。

图 2-25 所示为 YC3180 型滚齿机外形。立柱 2 固定在床身 1 上，滚刀架 3 可沿立柱的导轨上下移动，滚刀安装在主轴 4 上，齿坯装在工作台 7 的心轴 6 上随工作台旋转，后立柱 5 和工作台装在同一溜板上，可沿床身 1 的导轨作水平方向的移动。根据工件的直径，调整其径向位置。当用径向进给法切削蜗轮时，这个水平移动是径向进给。

滚齿机的传动系统比较复杂，应结合传动原理图进行分析。分析传动链时，应按如下顺序进行：首先确定末端件，即该传动链两端是什么机件，然后列出计算位移，即两末端件运动关系；再对照传动原理图，写出运动平衡式，最后计算换置式。

（2）插齿机　插齿机主要用于加工内、外啮合的圆柱齿轮、扇形齿轮、齿条等，尤其适于加工内齿轮和多联齿轮，这是其他机床无法加工的，但插齿机不能加工蜗轮。

① 插齿原理　插齿也是按包络原理加工齿轮的一种方法。插齿机加工齿轮的过程，相当于一对圆柱齿轮的啮合过程。齿坯是一个齿轮，插齿刀是带有切削刃的另一齿轮，它的模数、齿形角应与被切齿轮相同。

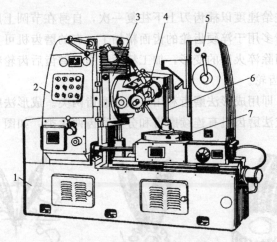

图 2-25　YC3180 型滚齿机外形

1—床身；2—立柱；3—滚刀架；4—主轴；5—后立柱；6—心轴；7—工作台

图 2-26 所示为插齿原理及插齿时所需的展成运动。其中插齿所需的展成运动分解为插齿刀的旋转 B_{11} 和齿坯的旋转 B_{12}，从而生成渐开线齿廓。插齿刀上下往复运动 A_2 是切削运动中的主运动。当需要插制斜齿轮时，插齿刀主轴将在一个专用螺旋导轨上运动，这样，在上下往复运动时，由于导轨的作用，插齿刀便能产生一个附加转动。

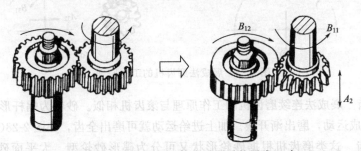

图 2-26　插齿原理及插齿时所需的展成运动

插齿时，插齿刀和齿坯除完成展成运动和主运动外，还应有一个径向进给运动，进给到全齿深时停止进给。齿坯和插齿刀继续作啮合运动一周，全部轮齿就切削完了。然后，插齿刀与工件分开，机床停机。由于插齿刀在往复运动的回程时不切削，为了减小刀具的磨损，机床还应有一让刀运动，以便回程时，插齿刀有一退出动作，使切削刃稍稍离开工件。

② 插齿机传动原理　插齿机插制齿轮时，机床的传动原理如图 2-27 所示，图中仅给出了展成运动和主运动，这是因为径向进给运动和让刀运动并不影响齿轮表面的形成，所以在图中未表示出来。

图 2-27 中点 8 到点 11 间的传动链是展成传动链；点 4 到点 8 间的传动链是圆周进给传动链，由它决定插齿刀和齿坯的啮合速度；点 1 到点 4 间的传动链是机床的主传动链，由它确定插齿刀往复运动的速度。由于插齿刀上下往复一次时，插齿刀的旋转量决定了圆周进给的多少，对生成渐开线的精

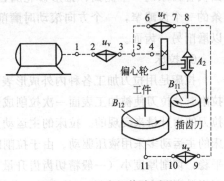

图 2-27　插齿机传动原理

75

度有影响，因此圆周进给速度以插齿刀上下往复一次，自身在节圆上所转过的弧长来表示。

（3）磨齿机　磨齿多用于淬硬齿轮的齿面精加工。有的磨齿机可直接用来在齿坯上磨制小模数齿轮。磨齿能消除淬火后的变形，加工精度较高。磨齿后齿轮精度最低为 6 级，有的磨齿机可磨出 3、4 级齿轮。

磨齿机有两大类，即用成形法磨齿和用展成法磨齿两类。成形法磨齿机应用较少，多数磨齿机为展成法。展成法磨齿机有连续磨齿和分度磨齿两大类，如图 2-28 所示。

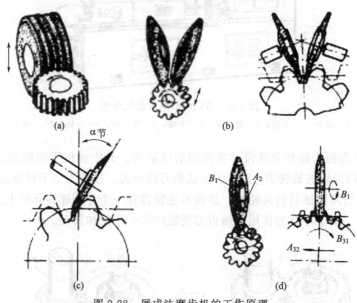

图 2-28　展成法磨齿机的工作原理

① 连续磨齿　展成法连续磨齿机的工作原理与滚齿机相似。砂轮为蜗杆形，相当于滚刀，它相对工件作展成运动，磨出渐开线。加上进给运动就可磨出全齿，如图 2-28(a) 所示。

② 分度磨齿　这类磨齿机根据砂轮形状又可分为碟形砂轮型、大平面砂轮型以及锥形砂轮型三种。图 2-28(b)、(c)、(d) 分别为这三种形式的磨齿原理。其工作原理基本相同，都是利用了齿条和齿轮的啮合原理，用砂轮代替齿条和齿轮啮合，从而磨出齿轮齿面。齿条的齿廓是直线，形状简单，易于修整砂轮廓形。加工时，被磨齿轮在假想齿条上滚动，每往复滚动一次，可完成一个或两个齿的磨削。因此需多次分度，才能磨完全部齿面。

碟形砂轮磨齿机用两个碟形砂轮代替齿条的两个齿侧面；大平面砂轮磨齿机用砂轮的端面代替齿条的一个侧面；锥形砂轮磨齿机用锥形砂轮的侧面代替齿条的一个齿，但砂轮比齿条的一个齿略窄，一个方向滚动时磨削一个齿面，另一个方向滚动时，齿轮略作水平窜动，以磨削另一齿面。

6. 拉床

拉床是用拉刀加工各种内外成形表面的机床，图 2-29 所示为适用于拉削的典型表面形状。拉削时，拉刀使被加工表面一次拉削成形，所以拉床只有主运动，没有进给运动，进给量是由拉刀的齿升量来实现的。拉床的主运动为直线运动。由于拉刀在拉削时承受的切削力较大，拉床的主运动多采用液压驱动。由于拉削时切削速度很低（一般为 $v_c =1\sim8m/min$），拉削过程平稳，切削厚度小（一般精切齿齿升量 a_f 为 0.005～0.015mm），因此可加工出精度为 IT7、表面粗糙度不大于 $Ra0.8\mu m$ 的工件。若拉刀尾部加装浮动挤压环，则可达 $Ra0.4\sim0.2\mu m$。

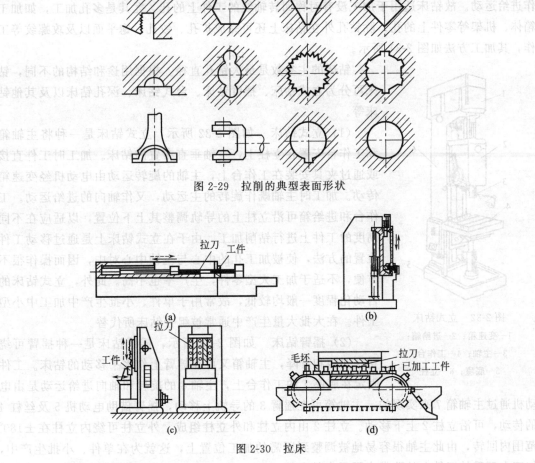

图 2-29　拉削的典型表面形状

图 2-30　拉床

拉床的主参数是额定拉力，通常为 50～400kN。

拉床按加工表面种类不同可分为内拉床和外拉床。前者用于拉削工件的内表面，后者用于拉削工件的外表面。按机床的布局又可分为卧式和立式两类。

图 2-30 （a）为卧式内拉床，是拉床中最常用的，用以拉花键孔、键槽和精加工孔。

图 2-30 （b）为立式内拉床，常用于齿轮淬火后，校正花键孔的变形。

图 2-30 （c）为立式外拉床，用于汽车、拖拉机行业加工汽缸体等零件的平面。

图 2-30 （d）为连续式外拉床，它生产率高，适用于大批量生产中加工小型零件。

7. 钻床

钻床是孔加工的主要机床。在钻床上主要用钻头进行钻孔。在车床上钻孔时，工件旋

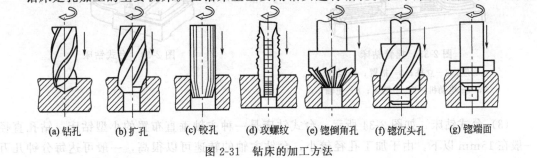

(a) 钻孔　　(b) 扩孔　　(c) 铰孔　　(d) 攻螺纹　　(e) 锪倒角孔　　(f) 锪沉头孔　　(g) 锪端面

图 2-31　钻床的加工方法

转，刀具作进给运动。而在钻床上加工时，工件不动，刀具作旋转主运动，同时沿轴向移动作进给运动。故钻床适用于加工没有对称回转轴线的工件上的孔，尤其是多孔加工，如加工箱体、机架等零件上的孔。除钻孔外在钻床上还可完成扩孔、铰孔、锪平面以及攻螺纹等工作，其加工方法如图 2-31 所示。

钻床的主参数是最大钻孔直径。根据用途和结构的不同，钻床可分为立式钻床、摇臂钻床、台式钻床、深孔钻床以及其他钻床等。

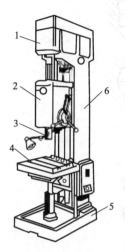

图 2-32　立式钻床
1—变速箱；2—进给箱；
3—主轴；4—工作台；
5—底座；6—立柱

（1）立式钻床　如图 2-32 所示，立式钻床是一种将主轴箱和工作台安置在立柱上，主轴垂直布置的钻床。加工时工件直接或通过夹具安装在工作台上，主轴的旋转运动由电动机经变速箱传动。加工时主轴既作旋转的主运动，又作轴向的进给运动。工作台和进给箱可沿立柱上的导轨调整其上下位置，以适应在不同高度的工件上进行钻削加工。由于在立式钻床上是通过移动工件位置的方法，使被加工孔的中心与主轴中心对中，因而操作很不方便，不适于加工大型零件，生产率也不高。此外，立式钻床的自动化程度一般均较低，故常用于单件、小批生产中加工中小型工件。在大批大量生产中通常被组合钻床所代替。

（2）摇臂钻床　如图 2-33 所示，摇臂钻床是一种摇臂可绕立柱回转和升降，主轴箱又可在摇臂上作水平移动的钻床。工件固定在底座 1 的工作台上，主轴 8 的旋转和轴向进给运动是由电动机通过主轴箱 7 来实现的。主轴箱可在摇臂 3 的导轨上移动，摇臂借助电动机 5 及丝杠 4 的传动，可沿立柱 2 上下移动。立柱 2 由内立柱和外立柱组成，外立柱可绕内立柱在 ±180° 范围内回转，由此主轴很容易地被调整到所需的加工位置上，这就为在单件、小批生产中，加工大而重的工件上的孔带来了很大的方便。

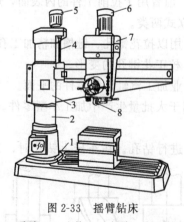

图 2-33　摇臂钻床
1—底座；2—立柱；3—摇臂；4—丝杠；
5，6—电动机；7—主轴箱；8—主轴

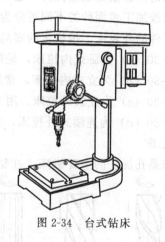

图 2-34　台式钻床

（3）台式钻床　如图 2-34 所示，台式钻床是一种主轴垂直布置的小型钻床，钻孔直径一般在 15mm 以下。由于加工孔径较小，台钻主轴的转速可以很高，一般可达每分钟几万转。台钻小巧灵活，使用方便，但一般自动化程度较低，适用于单件、小批生产中加工小型零件上的各种孔。

8. 镗床

镗床是一种主要用镗刀加工有预制孔的工件的机床。通常，镗刀旋转为主运动，镗刀或工件的移动为进给运动。它适合加工各种复杂和大型工件上的孔，特别是分布在不同表面上、孔距和位置精度要求较高的孔，尤其适合于加工直径较大的孔以及内成形表面或孔内环槽。镗孔的尺寸精度及位置精度均比钻孔高。在镗床上，除镗孔外，还可以进行铣削、钻孔、铰孔等工作。因此，镗床的工艺范围较广。根据用途不同，镗床可分为卧式铣镗床、坐标镗床、金刚镗床、落地镗床以及数控镗铣床等。

(1) 卧式铣镗床　如图 2-35 所示，卧式铣镗床的主轴水平布置并可轴向进给，主轴箱可沿前立柱导轨垂直移动，工作台可旋转并可实现纵、横向进给。在卧式铣镗床上也可进行铣削加工。卧式铣镗床所适应的工艺范围较广，除镗孔外，还可钻孔、扩孔、铰孔、车削内螺纹和外螺纹、攻螺纹、车外圆柱面和端面、用端铣刀或圆柱铣刀铣平面等。如再利用特殊附件和夹具，其工艺范围还可扩大。工件在一次安装的情况下，即可完成多种表面的加工，这对于加工大而重的工件是特别有利的。但由于卧式铣镗床结构复杂，生产率一般又较低，故在大批量生产中加工箱体零件时多采用组合机床和专用机床。卧式铣镗床的主要参数是主轴直径。

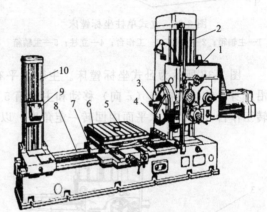

图 2-35　卧式铣镗床
1—主轴箱；2—前立柱；3—主轴；4—平旋盘；
5—工作台；6—上滑座；7—下滑座；
8—床身导轨；9—后支撑套；
10—后立柱

(2) 坐标镗床　坐标镗床是指具有精密坐标定位装置的镗床，是一种用途较为广泛的精密机床。它主要用于镗削尺寸、形状及位置精度要求比较高的孔系，还能进行钻孔、扩孔、铰孔、锪端面、切槽、铣削等工作。此外，在坐标镗床上还能进行精密刻度、样板的精密划线、孔间距及直线尺寸的精密测量等。它不仅适用于在工具车间加工精密钻模、靠模及量具等，而且也适用于在生产车间成批地加工孔距精度要求较高的箱体及其他类零件。

坐标镗床有立式和卧式之分。立式坐标镗床适于加工轴线与安装基面（底面）垂直的孔系和铣削顶面；卧式坐标镗床适于加工与安装基面平行的孔系和铣削侧面。立式坐标镗床还有单柱和双柱两种形式。

图 2-36 所示为立式单柱坐标镗床。工件固定在工作台 3 上，坐标位置的确定分别由工作台 3 沿床鞍 2 导轨的纵向（x 向）移动和床鞍 2 沿床身的导轨横向（y 向）移动来实现。此类形式多为中、小型坐标镗床。

图 2-37 所示为立式双柱坐标镗床。两个立柱、顶梁和床身呈龙门框架结构。两个坐标方向的移动，分别由主轴箱 2 沿横梁 1 的导轨作横向（y 向）移动和工作台 4 沿床身 5 的导轨作纵向（x 向）移动来实现。工作台和床身之间的层次比单柱式的要少，所以刚度较高。大、中型坐标镗床多采用此种布局。

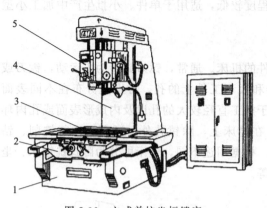

图 2-36　立式单柱坐标镗床

1—主轴箱；2—床鞍；3—工作台；4—立柱；5—主轴箱

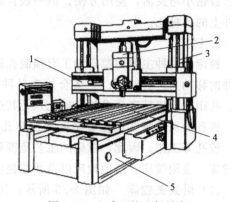

图 2-37　立式双柱坐标镗床

1—横梁；2—主轴箱；3—立柱；4—工作台；5—床身

图 2-38 所示为卧式坐标镗床。主轴水平布置，两个坐标方向的移动分别由横向滑座 1 沿床身 6 的导轨横向（x 向）移动和主轴箱 5 沿立柱 4 的导轨上下（y 向）移动来实现。回转工作台 3 可以在水平面内回转一定角度，以进行精密分度。

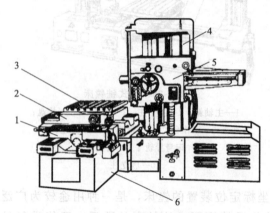

图 2-38　卧式坐标镗床

1—横向滑座；2—纵向滑座；3—回转工作台；

4—立柱；5—主轴箱；6—床身

为了保证坐标镗床准确的定位精度和高的表面加工质量，除了在机械结构上采用高刚度、高精度的措施外，很关键的一点是采用了高精度的测量装置，精确地测量出移动量并确定坐标位置。坐标测量装置的种类很多，如精密丝杠测量装置，光屏-金属刻线尺光学坐标测量装置、光栅坐标测量装置、激光干涉测量装置等。随着科学技术的发展，原有的测量方法还将不断改进。

9. 组合机床

组合机床是指以系列化、标准化的通用部件为基础，再配以少量专用部件而组成的专用机床。这种机床既具有一般专用机床结构简单、生产率及自动化程度高、易保证加工精度的特点，又能适应工件的变化，具有一定的重新调整、重新组合的能力。组合机床可以对工件采用多刀、多面及多工位加工。它特别适于在大批、大量生产中对一种或几种类似零件的一道或几道工序进行加工。组合机床可完成钻孔、扩孔、铰孔、镗孔、攻螺纹、车、铣、磨以及滚压等工序。

图 2-39 所示为立卧复合式三面钻孔组合机床。它由通用部件侧底座 1、立柱底座 2、立柱 3、动力箱 5、滑台 6、中间底座 7 和专用部件主轴箱 4、夹具 8 等组成。其中专用部件的不少零件也为通用或标准件。在一台组合机床中，通常有 70%～80% 为通用或标准件。这不仅大大缩短了设计组合机床的周期，而且使制造、调整和维修更加方便。

组合机床与一般专用机床比较，具有如下特点。

① 设计组合机床只需选用通用零、部件和设计制造少量专用零、部件，缩短了设计与制造周期，经济效果好。

② 组合机床中选用的通用零、部件，是经过长期生产考验的，其结构稳定，工作可靠，

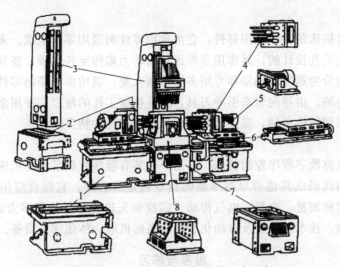

图 2-39　立卧复合式三面钻孔组合机床

1—侧底座；2—立柱底座；3—立柱；4—主轴箱；5—动力箱；6—滑台；7—中间底座；8—夹具

使用和维修方便。

③ 通用零、部件一般由专门厂家成批生产，成本低，可减少设备投资费用。

④ 当被加工零件改变时，组合机床的通用零、部件可以重复利用，有利于产品的更新，提高设备的利用率。

⑤ 组合机床易于联成组合机床自动线，以适应大规模生产的需要。

随着市场经济的发展和科学技术的进步，要求产品不断更新换代，设计并制造能适应中、小批生产，满足多品种加工特点，具有可调、快速、装配灵活的数控式组合机床，是当前组合机床发展的一个重要趋势。同时，不断扩大组合机床的工艺范围，提高其在线自动检测能力，也是组合机床发展中需要解决的一个重要问题。

组合机床的基础部件是通用部件。通用部件是具有特定功能，按标准化、系列化和通用化原则来设计和制造的。在各种通用部件之间有配套关系，在组成各种组合机床时，可以互相通用。按功能来分，通用部件可分为动力部件、支承部件、输送部件、控制部件和辅助部件等。

① 动力部件　是传递动力并实现主运动或进给运动的通用部件。它是通用部件中最基本的部件。实现主运动的动力部件有动力箱和各种完成专门功能的切削头，如钻削头、铣削头、镗削头等。动力箱常与专用部件多轴箱配合使用，以实现主运动。实现进给运动的动力部件为动力滑台。

② 支承部件　是用来安装动力部件、输送部件等的通用部件，包括侧底座、立柱、立柱底座、中间底座等。中间底座用来安装夹具和输送部件；侧底座用来安装动力滑台及各种切削头，组成卧式机床。若用立柱代替底座，便可组成立式机床。

③ 输送部件　是多工位组合机床的通用部件，用来安装工件并将其输送到预定的工位。如移动工作台、分度回转工作台以及分度回转鼓轮等。

④ 控制部件　包括各种液压控制元件、操纵板、电气挡铁、按钮站等，用来控制组合机床按规定程序实现工作循环。

⑤ 辅助部件　主要包括冷却、润滑、排屑等辅助装置以及各种实现自动夹紧的机械扳

手等。

多轴箱是组合机床的一个专用部件，它由专用零件和通用零件组成。多轴箱各主轴位置是按被加工零件上的孔设计的，其作用是将运动由动力箱传至各主轴，使其获得所要求的转速和转向。多轴箱分为通用多轴箱和专用多轴箱两大类。通用多轴箱的零件大部分是通用零件，采用非刚性主轴，由导向套来引导刀具，保证被加工孔的精度。专用多轴箱的零件大部分是专用零件，采用刚性主轴，靠主轴组件来保证加工孔的精度。

10. 数控机床

数控机床，也称数字程序控制机床，它是一种装有程序控制系统的机床，该系统能够逻辑地处理具有使用代码或其他符号指令编码指令规定的程序。它综合应用了微电子、计算机、自动控制、精密测量、电机、电气传动、监控和先进机械结构等多方面的新技术成果，是一种灵活性很强、技术密集度及自动化程度很高的机电一体化加工设备。

思考与练习

2-1 机床常用的技术性能指标有哪些？

2-2 试说明如何区分机床的主运动与进给运动。

2-3 车圆柱面和车螺纹时，各需要几个独立运动？

2-4 试举例说明从机床型号的编制中可获得哪些有关机床产品的信息。

2-5 主轴部件、导轨、支承件及刀架应满足的基本技术要求有哪些？

2-6 图 2-40 所示为某卧式车床主传动系统，试写出主运动传动链的传动路线表达式和图示齿轮啮合位置时的运动平衡式（算出主轴转速）。

2-7 拉削加工有什么特点？拉削方式（拉削图形）有几种？各有什么优缺点？

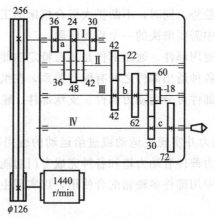

图 2-40 题 2-6 图

$(n_{max}=1440r/min, n_{min}=31.5r/min)$

第三章 机床夹具设计原理

第一节 概 述

在机械加工中，当确定加工刀具和机床后，即可确定出刀具与机床工作台之间的位置。机床夹具就是这样一种在机床上装夹工件的装置，保证工件相对于机床和刀具有一个正确的位置，并在加工过程中保持这个位置不变。

一、夹具的定义及功能

1. 夹具定义

在机械加工过程中，依据工件的加工要求，使工件相对机床、刀具占有正确的位置，能迅速、可靠地夹紧工件的机床附加装置称为机床夹具，简称夹具。

2. 夹具功能

机床夹具的主要功能如下。

① 保证加工质量 使用机床夹具的首要任务是保证加工精度，特别是保证被加工工件的加工面与定位面之间、被加工表面相互之间的位置精度。当使用机床夹具后，工件定位面与加工面之间的位置精度，主要靠夹具和机床来保证，不再依赖于工人的技术水平，有利于保证加工精度的一致性。

② 提高生产率，降低生产成本 机床加工快速地将工件定位和夹紧，可以缩短或减少划线、找正等辅助时间，易于实现多件、多工位加工，提高生产效率；使用机床夹具，还降低了对工人技术水平的要求，有利于保证稳定的加工质量和高成品率，有利于降低生产成本。

③ 减轻劳动强度 如电动、气动、液压夹紧等，可以减轻劳动强度。

④ 扩大机床的工艺范围 在机床上使用夹具不仅能够使加工更为方便，而且可扩大机床的工艺范围。例如，铣床上加一转台或分度头就可加工有等分要求的工件；车床上加镗夹具，可代替镗床完成镗孔等。

二、机床夹具的组成

现以装夹扇形工件的钻、铰孔夹具为例说明机床夹具的基本组成。

图 3-1 所示为扇形工件简图，加工内容是三个 ϕ8H8 孔，各项精度要求如图所示。本工序之前，其他加工表面均已完成。

图 3-2 所示为装夹上述工件进行钻、铰孔工序的钻床夹具，工件的定位是 ϕ22H7 孔，它与定位销 2 的小圆柱面配合，工件端面 A 与定位销轴的大端面靠紧，工件的右侧面紧靠挡销 3。工件的夹紧是拧动螺母 10，通过开口垫圈 9 将工件夹紧在定位销 2 上。钻头由钻套 12 引导对工件加工，以保证加工孔到端面 A 的距离，孔中心与 A 面的平行度以及孔中心与 ϕ22H7 孔中心线的对称度。

三个 ϕ8H8 孔的分度是由固定在定位销 2 上的转盘 11 来实现的，当分度定位销 5 分别插入转盘的三个分度定位套 4、4′和 4″时，工件获得三个位置，来保证三孔均布 20°±10′ 的精度。进行分度操作时，首先逆时针拧动手柄 7，可松开转盘 11，通过手钮 6 拔出分度定位销 5，由转盘 11 带动工件一起转过 20°后，将分度定位销 5 插入另一分度定位套中，然后顺时针拧动手柄 7，将工件和转盘夹紧，便可进行加工。

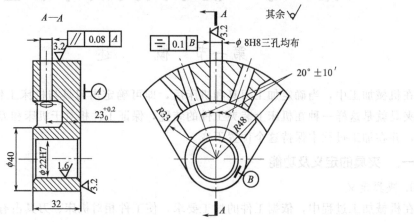

图 3-1 工件简图

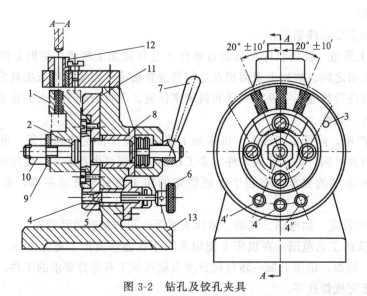

图 3-2 钻孔及铰孔夹具

1—工件；2—定位销；3—挡销；4—分度定位套；5—分度定位销；6—手钮；7—手柄
8—衬套；9—开口垫圈；10—螺母；11—转盘；12—钻套；13—夹具体

通过对该夹具的介绍，可以把夹具的组成归纳为如下几部分。

① 定位元件及定位装置　用于确定工件正确位置的元件或装置，如图 3-2 中的定位销 2 和挡销 3。

② 夹紧元件及夹紧装置　用于确定工件已获得的正确位置的元件或装置，如图 3-2 中的螺母 10 和开口垫圈 9。

③ 导向及对刀元件　用于确定工件与刀具相互位置的元件，如图 3-2 中的钻套 12，铣床夹具中常用对刀块来确定刀具与工件的位置。

④ 动力装置　图 3-2 是手动夹具，没有动力装置，在成批生产中，为了减轻工人劳动强度，提高生产率，常采用气动、液动等动力装置。

⑤ 夹具体　用于将各种元件、装置连接在一起。并通过它将整个夹具安装在机床上，如图 3-2 中的夹具体 13。

⑥ 其他元件及装置　根据加工需要来设置的元件或装置，如图 3-2 中的转盘 11、分度定位套 4、分度定位销 5。又如，铣床夹具中机床与夹具的对定，往往在夹具体底面上安装两个定向键等。

以上所述，是机床夹具的基本组成，对于一个具体的夹具，零件可能略少或略多一些，但定位、夹紧和夹具体三部分一般是不可缺少的。

三、 机床夹具的分类

机床夹具通常有三种分类方法，即按应用范围、使用机床和夹紧动力源来分类。如按夹具的使用范围来分，有下面五种类型。

1. 通用夹具

例如车床上的卡盘，铣床上的平口钳、分度头，平面磨床上的电磁吸盘等。这些夹具通用性强，一般不需调整就可适应多种工件的安装加工，在单件小批生产中广泛应用。

2. 专用夹具

因为它是用于某一特定工件的特定工序的夹具，故称为专用夹具。专用夹具广泛用于成批生产和大批量生产中。本章内容主要是针对专用夹具的设计展开的。

3. 可调整夹具和成组夹具

这一类夹具的特点是具有一定的可调性，或称"柔性"。夹具中部分元件可更换，部分装置可调整，以适应不同工件的加工。可调整夹具一般适用于同类产品不同品种的生产，略作更换或调整就可用来安装不同品种的工件。成组夹具适用于尺寸相似、结构相似、工艺相似工件的安装和加工，在多品种、中小批量生产中有广泛的应用前景。

4. 组合夹具

它是由一系列的标准化元件组装而成的，标准化元件有不同的形状、尺寸和功能，其配合部分有良好的互换性和耐磨性。使用时，可根据被加工工件的结构和工序要求，选用适当元件进行组合连接，形成一专用夹具。用完后可将元件拆卸、清洗、涂油、入库，以备以后使用。它特别适合于单件小批生产中位置精度要求较高的工件的加工。

5. 随行夹具

这是一类非自动线和柔性制造系统中使用的夹具。它既要完成工件的定位和夹紧，又要作为运载工具将工件在机床间进行输送，输送到下一道工序的机床后，随行夹具应在机床上准确地定位和可靠地夹紧。一条生产线上有许多随行夹具，每个随行夹具随着工件经历工艺的全过程，然后卸下已加工的工件，装上新的待加工工件，循环使用。

机床夹具也可以按照加工类型和在什么机床上使用来分类，可分为车床夹具、铣床夹具、钻床夹具、镗床夹具、磨床夹具、数控机床夹具等。机床夹具还可以按其夹紧装置的动力源来分类，可分为手动夹具、气动夹具、液动夹具、电磁夹具、真空夹具等。

第二节　工件在夹具上的定位

一、 工件在夹具上定位的概念

工件在加工之前必须安放在夹具中，使其得到一个正确的位置和方向，并使其在加工过程中虽受到切削力及其他外力的影响，仍能保持正确位置或方向。因此，在零件加工时，要考虑的重要问题之一即如何将工件正确地装夹在机床上或夹具中。装夹有两个含义，即定位和夹紧。

在加工之前，使工件在机床或夹具上占据某一正确位置的过程称为定位；工件定位后用一定的装置将其固定，使其在加工过程中保持定位位置不变的操作称为夹紧；工件定位、夹紧的过程合称为装夹。

工件的定位方法有以下三种。

1. 直接找正定位法

在机床上利用划针或百分表等测量工具（仪器）直接找正工件位置的方法称为直接找正定位法。该方法生产率低，精度主要取决于工人的操作技术水平和测量工具的精度，一般用于单件小批生产，如图 3-3(a) 所示。

2. 划线找正定位法

先根据工序简图在工件上划出中心线、对称线和加工表面的加工位置线等，然后再在机床上按划好的线找正工件位置的方法称为划线找正定位法。该方法生产率低、精度低，一般用于批量不大的工件。当所选用的毛坯为形状较复杂、尺寸偏差较大的铸件或锻件时，在加工阶段的初期，为了合理分配加工余量，经常采用划线找正定位法，如图 3-3(b) 所示。

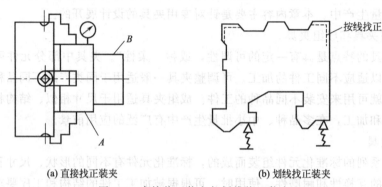

(a) 直接找正装夹　　　　　　　　　　(b) 划线找正装夹

图 3-3　直接找正装夹与划线找正装夹

3. 利用夹具定位法

中批以上生产中广泛采用专用夹具定位。工件在夹具中的定位，是使同一批工件都能在夹具中占据一致的位置，以保证工件相对于刀具和机床的正确加工位置。工件在夹具上的定位，是由工件的定位基准（面）与夹具上的定位元件的定位表面相接触或相平衡实现的。

二、 工件定位的基本原理

1. 六点定位

任何一个物体，如果对其不加任何限制，那么，它在空间的位置是不确定的，可以向任何方向移动或转动，物体所具有的这种运动的可能性，即一个物体在三维空间中可能具有的运动，称为自由度。在 $OXYZ$ 坐标系中，物体可以有沿 X、Y、Z 轴的移动及绕 X、Y、Z 轴的转动，共有六个独立的运动，即有六个自由度，如图 3-4 所示。

要使工件在机床上（或夹具中）实现完全定位，就必须限制它在空间的六个自由度。因此，工件的定位就是采取适当的约束措施，来消除工件的六个自由度，以实现工件的定位。如图 3-5 所示，用六个定位支承点合理分布，使其与工件接触，每个定位支承点限制工件的一个自由度，便可将工件六个自由度完全限制，工件在空间的位置

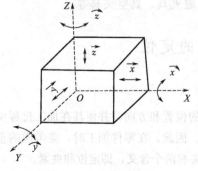

图 3-4　自由度示意图

被唯一地确定。由此可见，要使工件完全定位，就必须限制工件在空间的六个自由度，此即工件的"六点定位原则"。

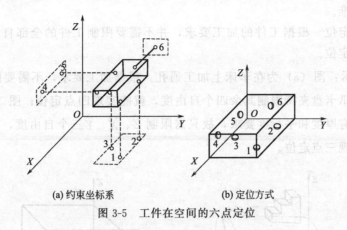

(a) 约束坐标系　　　　　　(b) 定位方式

图 3-5　工件在空间的六点定位

在应用工件"六点定位原则"进行定位问题分析时，应注意到如下几点。

① 定位就是限制自由度，通常用合理设置定位支承点的方法，来限制工件的自由度。

② 定位支承点限制工件自由度的作用，应理解为定位支承点与工件定位基准面始终保持紧贴接触。若两者脱离，则意味着失去定位作用。

③ 一个定位支承点仅限制一个自由度，一个工件仅有六个自由度，所设置的定位支承点数目，原则上不应超过六个。

④ 分析定位支承点的定位作用时，不考虑力的影响。

工件的某一自由度被限制并非指工件在受到使其脱离定位支承点的外力时，不能运动。欲使其在外力作用下不能运动是夹紧的任务；反之，工件在外力作用下不能运动即被夹紧，也并非是说工件的所有自由度被限制了。所以，定位和夹紧是两个概念，绝不能混淆。

⑤ 定位支承点由定位元件抽象而来。在夹具中，定位支承点总是通过具体的定位元件体现。至于具体的定位元件应转化为几个定位支承点，需结合其结构进行分析。

2. 完全定位和不完全定位

(1) 完全定位　工件的六个自由度均被唯一限制的定位，称为完全定位。当工件在 X、Y、Z 三个坐标方向上均有尺寸要求或位置精度要求时，一般采用这种定位方式。

例如在图 3-6 所示的工件上铣槽，槽宽 (20 ± 0.05) mm 取决于铣刀的尺寸；为了保证槽底面与 A 面的平行度和尺寸 $60_{-0.2}^{\ 0}$ mm 两项加工要求，必须限制 $\vec{Z}$、$\hat{X}$、$\hat{Y}$ 三个自由度；为了保证槽侧面与 B 面的平行度和尺寸 (30 ± 0.1) mm 两项加工要求，必须限制 $\vec{X}$、$\hat{Z}$ 两

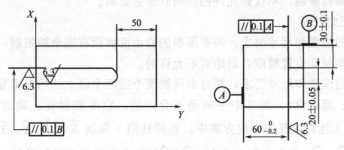

图 3-6　完全定位示例分析

个自由度；由于所铣的槽不是通槽，在长度方向上，槽的端部距离工件右端面的尺寸是 50mm，所以必须限制 $\vec{Y}$ 自由度。为此，应对工件采用完全定位的方式，选 A 面、B 面和右端面作定位基准。

（2）不完全定位　根据工件的加工要求，并不需要限制工件的全部自由度，这样的定位，称为不完全定位。

如图 3-7 所示：图（a）为在车床上加工通孔，根据加工要求，不需要限制 $\vec{X}$ 和 $\widehat{X}$ 两个自由度，故用三爪卡盘夹持限制其余四个自由度，就能实现四点定位；图（b）为平板工件磨平面，工件只有厚度和平行度要求，故只需限制 $\vec{Z}$、$\widehat{X}$、$\widehat{Y}$ 三个自由度，在磨床上采用电磁工作台即可实现三点定位。

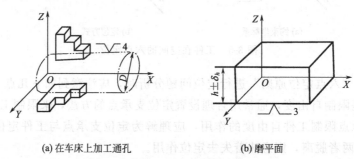

(a) 在车床上加工通孔　　　　　　　(b) 磨平面

图 3-7　不完全定位示例

因此，工件在夹具中并非都需要完全定位，究竟应限制哪几个自由度，需根据具体加工要求确定。

在图 3-8 中列举了六种情况：其中图（a）要求在球体上铣平面，由于是球体，所以三个转动自由度不必限制，此外该平面在 X 方向和 Y 方向均无位置尺寸要求，因此这两个方向的移动自由度也不必限制，因为 Z 方向有位置尺寸要求，所以必须限制 Z 方向的移动自由度，即球体铣平面只需限制 1 个自由度；同理，图（b）要求在球体上钻通孔，只需要限制 2 个自由度；图（c）要求在长方体上通铣上平面，只需限制 3 个自由度；图（d）要求在圆轴上通铣键槽，只需限制 4 个自由度；图（e）要求在长方体上铣通槽，只需要限制 5 个自由度；图（f）要求在长方体上铣不通槽，则需要限制 6 个自由度。

这里必须强调指出，有时为了使定位元件帮助承受切削力、夹紧力或为了保证一批工件的进给长度一致，常常对无位置尺寸要求的自由度也加以限制。例如在图 3-8(a) 中，虽然从定位分析上看，球体上通铣平面只需限制 1 个自由度，但是在决定定位方案时，往往会考虑要限制 2 个自由度（图 3-9），或限制 3 个自由度（图 3-10）。在这种情况下，对没有位置尺寸的自由度也加以限制，不仅是允许的，而且是必要的。

3. 欠定位和过定位

根据加工面的位置和尺寸要求，需要限制的自由度而没有完全被限制，这种定位情况称为欠定位，它不能保证位置精度，是绝对不允许的。

根据加工面的位置和尺寸要求，某自由度被两个或两个以上的约束重复限制，称为过定位（或重复定位、超定位），加工中一般是不允许的，它不能保证正确的位置精度。如图 3-11(a) 所示，加工连杆大孔的定位方案中，长圆柱销 1 限制 $\vec{X}$、$\vec{Y}$、$\widehat{X}$、$\widehat{Y}$ 四个自由度，支承板 2 限制 $\vec{Z}$、$\widehat{X}$、$\widehat{Y}$ 三个自由度，其中，$\widehat{X}$、$\widehat{Y}$ 被两个定位元件重复限制，产生过定位，若

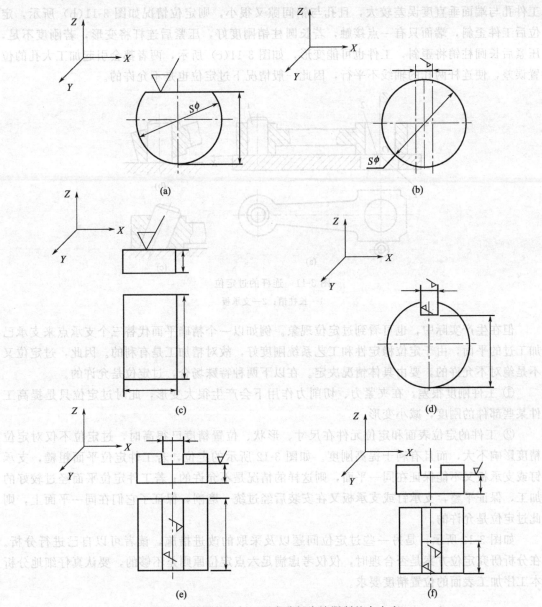

图 3-8　从零件的加工要求分析应该限制的自由度

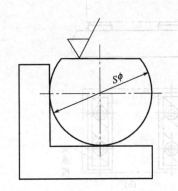

图 3-9　实际加工采取的定位方案 I

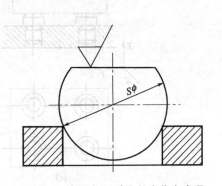

图 3-10　实际加工采取的定位方案 II

89

工件孔与端面垂直度误差较大，且孔与销间隙又很小，则定位情况如图 3-11(b) 所示，定位后工件歪斜，端面只有一点接触，若长圆柱销刚度好，压紧后连杆将变形，若刚度不足，压紧后长圆柱销将歪斜，工件也可能变形，如图 3-11(c) 所示，两者都会引起加工大孔的位置误差，使连杆两孔的轴线不平行，因此一般情况下过定位也是不允许的。

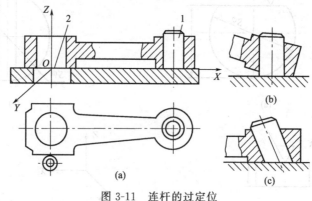

图 3-11 连杆的过定位

1—长柱销；2—支承板

但在生产实际中，也可看到过定位现象。例如以一个精确平面代替三个支承点来支承已加工过的平面，由于定位稳定性和工艺系统刚度好，故对精加工是有利的。因此，过定位又不是绝对不允许的，要由具体情况决定。在以下两种特殊场合，过定位是允许的。

① 工件刚度很差，在夹紧力、切削力作用下会产生很大变形，此时过定位只是提高工件某些部件的刚度，减小变形。

② 工件的定位表面和定位元件在尺寸、形状、位置精度已很高时，过定位不仅对定位精度影响不大，而且有利于提高刚度。如图 3-12 所示的定位，若工件定位平面粗糙，支承钉或支承板又不能保证在同一平面，则这样的情况是不允许的；若工件定位平面经过较好的加工，保证平整，支承钉或支承板又在安装后经过统一磨削，保证了它们在同一平面上，则此过定位是允许的。

如图 3-13 所示，是另一些过定位问题以及采取的改进措施，读者可以自己进行分析。在分析研究定位方案是否合理时，仅仅考虑满足六点定位原则是不够的，要认真仔细地分析本工序加工表面的位置精度要求。

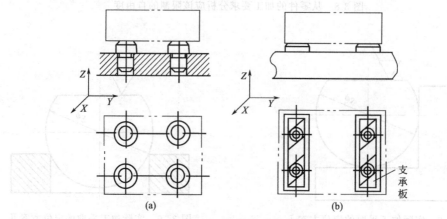

图 3-12 平面定位的过定位

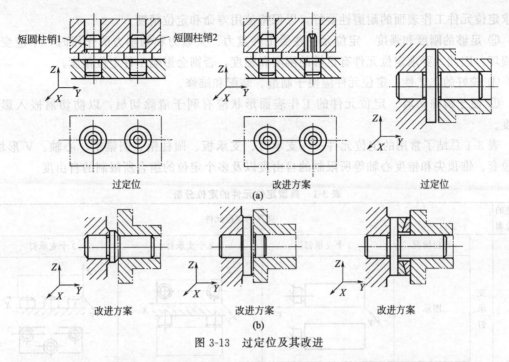

图 3-13　过定位及其改进

图 3-14 所示为在工件上铣槽的两种定位方案：图（a）所示方案产生了过定位，是不合理的；图（b）所示方案中将定位销加工成菱形销，似乎符合六点定位原理，但分析此方案能否保证槽对 A 面的平行度要求时，可知该方案不完全合理，图（b）所示方案中将 A 面上的一个支承钉去掉，符合六点定位原则；为避免 Y 方向过定位，圆柱销 1 应改为沿 Y 方向削扁的菱形销，如图 3-14（c）所示，也符合六点定位原理。

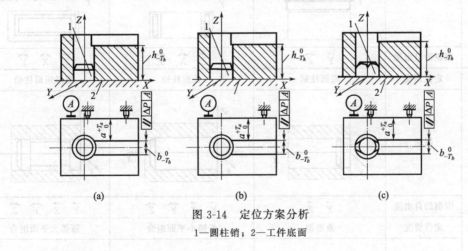

图 3-14　定位方案分析
1—圆柱销；2—工件底面

三、常见的定位方式和定位元件

工件的定位表面有各种形式，如平面、外圆、内孔等。对于这些典型表面，通常采用一定结构的定位元件，以定位元件的定位面与工件定位基准面相接触或配合实现工件的定位。一般来说，定位元件的设计应满足下列要求。

①　足够的精度　定位元件应具有足够的精度，以保证工件的定位精度。

②　较好的耐磨性　由于定位元件的工作表面经常与工件接触和摩擦，容易磨损，为此，

要求定位元件工作表面的耐磨性要好，以保持使用寿命和定位精度。

③ 足够的刚度和强度　定位元件在受工件重力、夹紧力和切削力的作用时，不应变形和损坏，因此，要求定位元件有足够的刚度和强度，否则会影响工件定位精度。

④ 较好的工艺性　定位元件应便于制造、装配和维修。

⑤ 便于清除切屑　定位元件的工作表面形状应有利于清除切屑，以防切屑嵌入影响精度。

表 3-1 总结了常用的定位元件——支承钉、支承板、圆柱销、圆锥销、心轴、V 形块、定位套、锥顶尖和锥度心轴等所限制的自由度以及多个定位的组合所限制的自由度。

表 3-1　典型定位元件的定位分析

工件的定位面			夹具的定位元件		
	支承钉	定位情况	1 个支承钉	2 个支承钉	3 个支承钉
		图示			
		限制的自由度	$\vec{X}$	$\vec{Y}\ \widehat{Z}$	$\vec{Z}\ \widehat{X}\ \widehat{Y}$
平面	支承板	定位情况	1 块条形支承板	2 块条形支承板	1 块矩形支承板
		图示			
		限制的自由度	$\vec{Y}\ \widehat{Z}$	$\vec{Z}\ \widehat{X}\ \widehat{Y}$	$\vec{Z}\ \widehat{X}\ \widehat{Y}$
圆孔	圆柱销	定位情况	短圆柱销	长圆柱销	两段短圆柱销
		图示	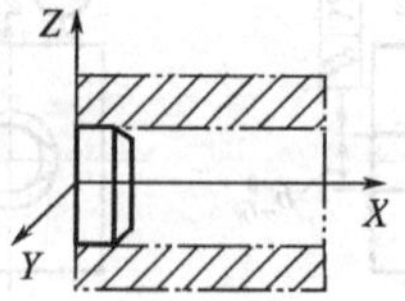	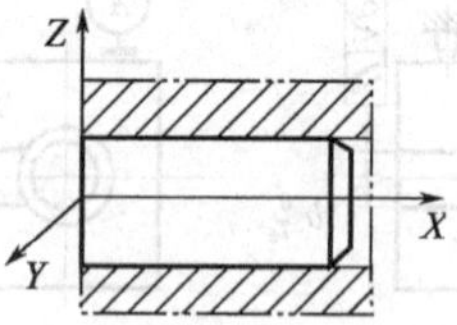	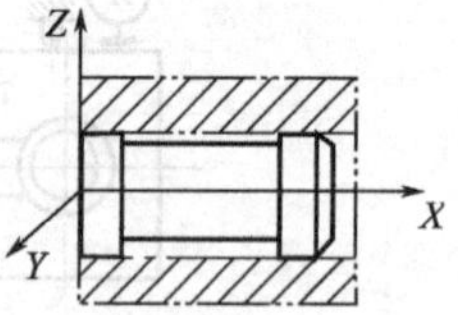
		限制的自由度	$\vec{Y}\ \vec{Z}$	$\vec{Y}\ \vec{Z}\ \widehat{Y}\ \widehat{Z}$	$\vec{Y}\ \vec{Z}\ \widehat{Y}\ \widehat{Z}$
		定位情况	菱形销	长销小平面组合	短销大平面组合
		图示	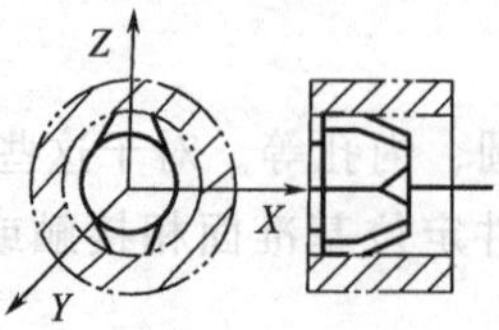	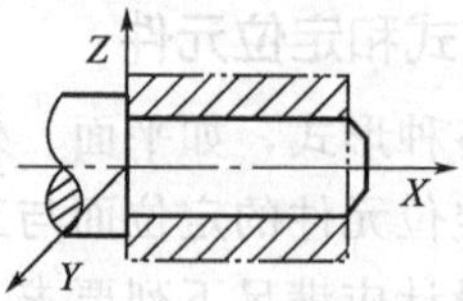	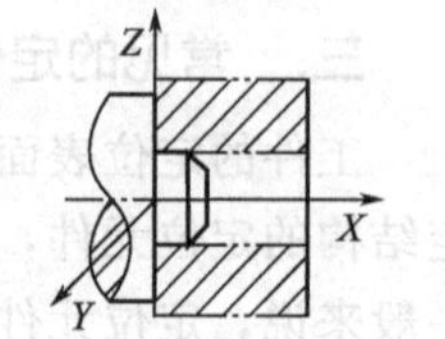
		限制的自由度	$\vec{Z}$	$\vec{X}\ \vec{Y}\ \vec{Z}\ \widehat{Y}\ \widehat{Z}$	$\vec{X}\ \vec{Y}\ \vec{Z}\ \widehat{Y}\ \widehat{Z}$

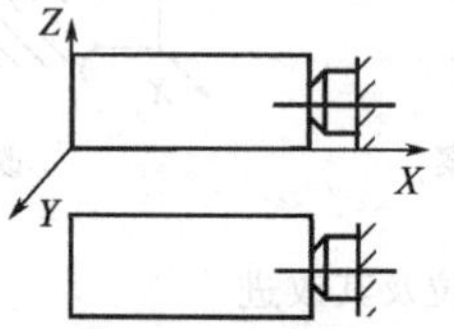

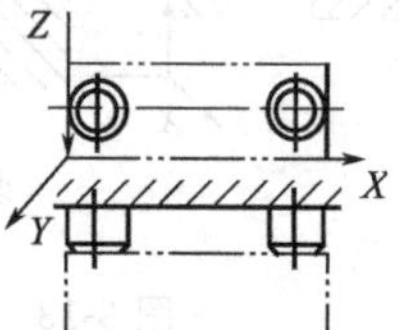

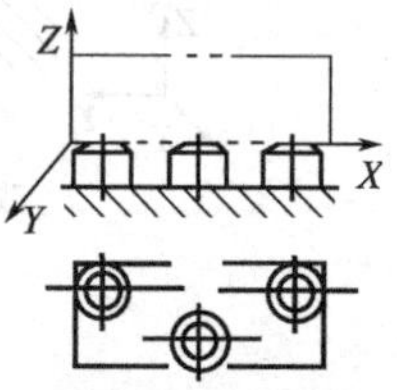

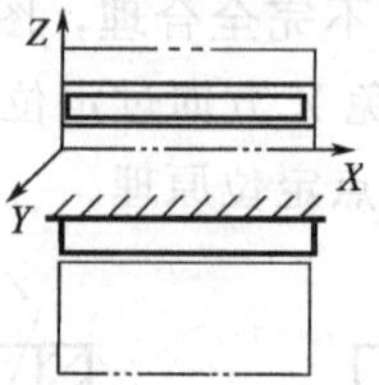

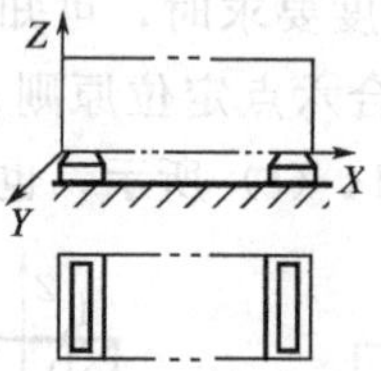

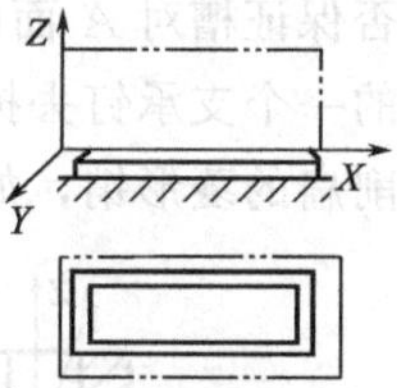

工件的定位面		夹具的定位元件		
圆孔	圆锥销	定位情况	固定锥销	浮动锥销	固定锥销与浮动锥销组合
		图示	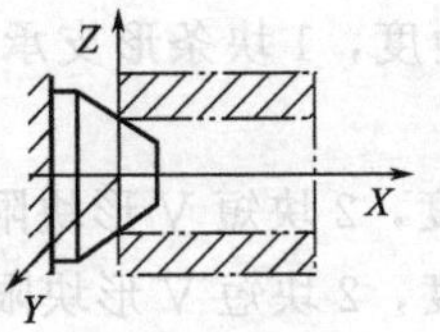	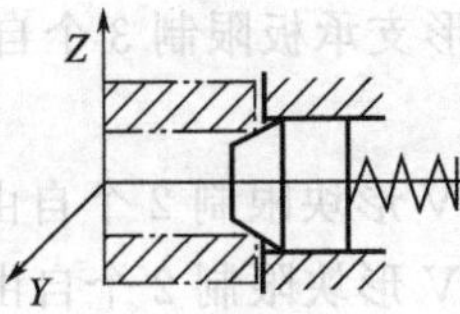	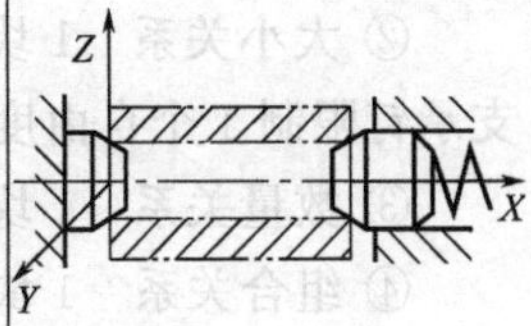
		限制的自由度	$\vec{X}\ \vec{Y}\ \vec{Z}$	$\vec{Y}\ \vec{Z}$	$\vec{X}\ \vec{Y}\ \vec{Z}\ \widehat{Y}\ \widehat{Z}$
	心轴	定位情况	长圆柱心轴	短圆柱心轴	小锥度心轴
		图示	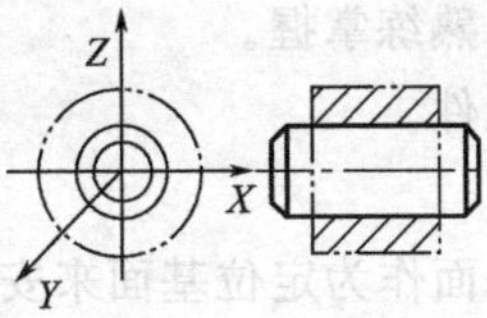	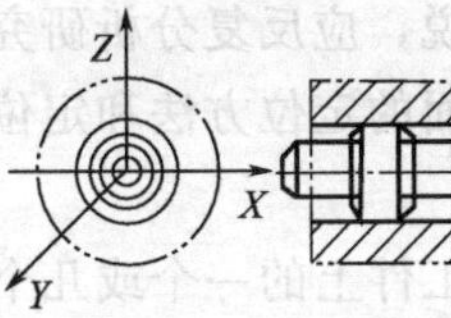	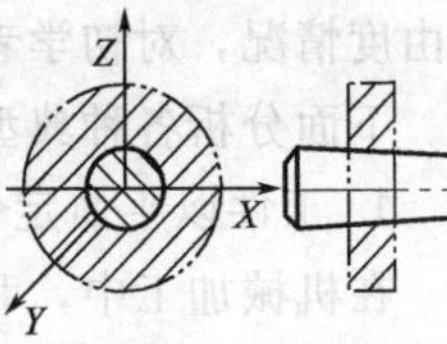
		限制的自由度	$\vec{X}\ \vec{Z}\ \widehat{X}\ \widehat{Z}$	$\vec{X}\ \vec{Z}$	$\vec{X}\ \vec{Z}$
外圆柱面	V形块	定位情况	1块短V形块	2块短V形块	1块长V形块
		图示	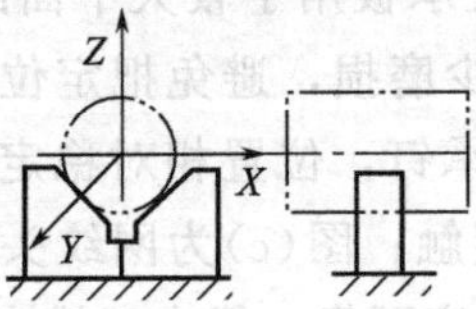	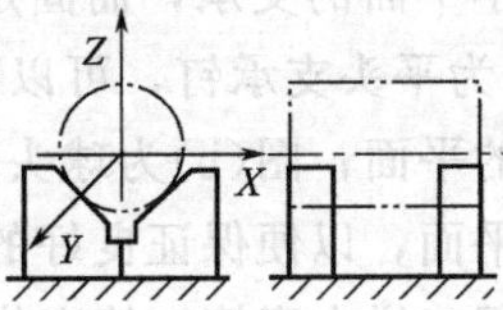	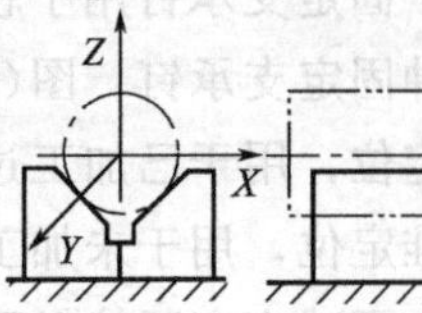
		限制的自由度	$\vec{X}\ \vec{Z}$	$\vec{X}\ \vec{Z}\ \widehat{X}\ \widehat{Z}$	$\vec{X}\ \vec{Z}\ \widehat{X}\ \widehat{Z}$
	定位套	定位情况	1个短定位套	2个短定位套	1个长定位套
		图示	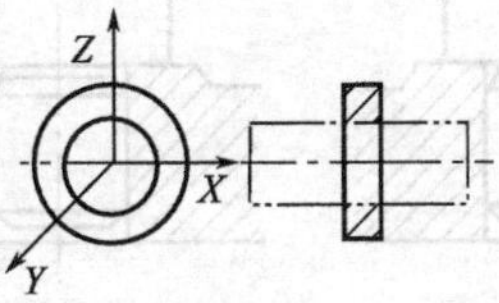	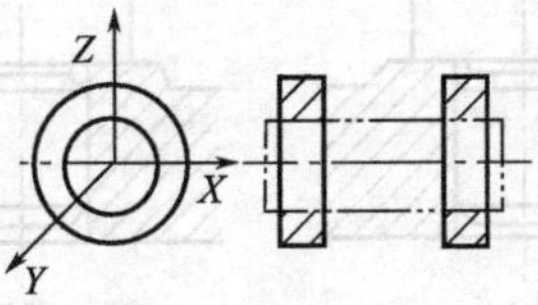	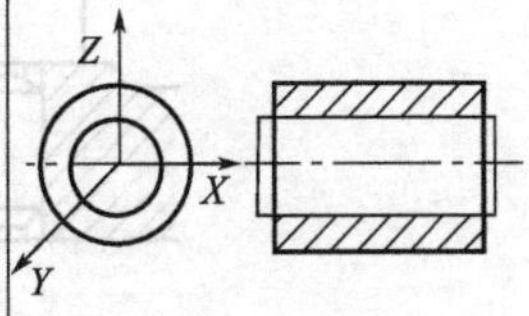
		限制的自由度	$\vec{X}\ \vec{Z}$	$\vec{X}\ \vec{Z}\ \widehat{X}\ \widehat{Z}$	$\vec{X}\ \vec{Z}\ \widehat{X}\ \widehat{Z}$
圆锥孔	锥顶尖和锥度心轴	定位情况	固定顶尖	浮动顶尖	锥度心轴
		图示	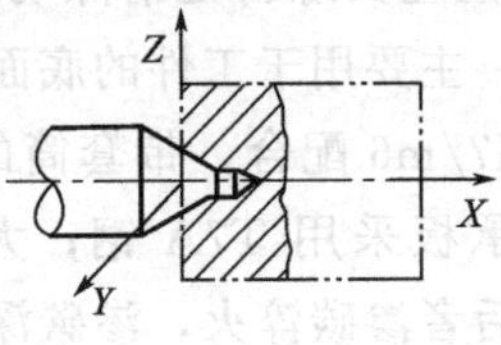	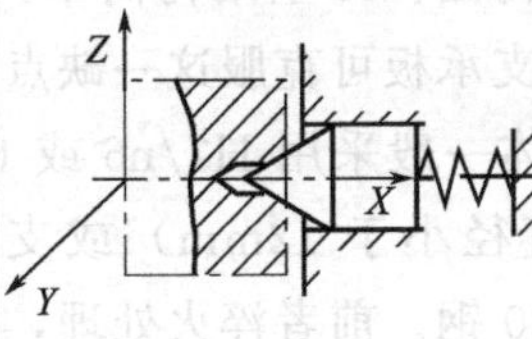	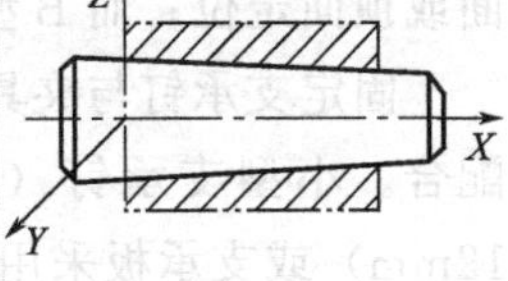
		限制的自由度	$\vec{X}\ \vec{Y}\ \vec{Z}$	$\vec{Y}\ \vec{Z}$	$\vec{X}\ \vec{Y}\ \vec{Z}\ \widehat{Y}\ \widehat{Z}$

需要指出的是，定位元件所限制的自由度与其自身大小、长度、数量及其组合有密切的关系。

① 长短关系　如短圆柱销限制 2 个自由度，长圆柱销限制 4 个自由度；短 V 形块限制 2 个自由度，长 V 形块限制 4 个自由度等。

② 大小关系　1 块矩形支承板限制 3 个自由度，1 块条形支承板限制 2 个自由度，1 个支承钉限制 1 个自由度等。

③ 数量关系　1 块短 V 形块限制 2 个自由度，2 块短 V 形块限制 4 块自由度等。

④ 组合关系　1 块短 V 形块限制 2 个自由度，2 块短 V 形块限制 4 块自由；1 块条形支承板限制 2 个自由度，2 块条形支承板的组合相对于 1 块矩形支承板，因此限制 3 个自由度。

各种定位元件可以代替哪几种约束，限制工件的哪些自由度，以及它们组合可以限制的自由度情况，对初学者来说，应反复分析研究，熟练掌握。

下面分析各种典型表面的定位方法和定位元件。

1. 工件以平面定位

在机械加工中，利用工件上的一个或几个平面作为定位基面来安装工件的定位方式称为平面定位，平面定位的主要形式是支承定位，夹具上常用的支承元件有固定支承、可调支承、自位支承和辅助支承，现分别介绍它们的结构特点。

(1) 固定支承　它指高度尺寸固定，不能调整的支承。包括固定支承钉和固定支承板两类。固定支承钉用于较小平面的支承，而固定支承板用于较大平面的支承。图 3-15 所示为三种固定支承钉：图(a)为平头支承钉，可以减少磨损，避免把定位表面压坏，常用于精基准定位，用于已加工过的平面；图(b)为球头支承钉，位置相对稳定，但易磨损，多用于粗基准定位，用于未加工平面，以便保证良好的接触；图(c)为网纹头支承钉，用于未加工平面，可减小实际接触面积，增大摩擦，使定位稳定可靠，但由于槽中易积屑，故多用于侧面定位。

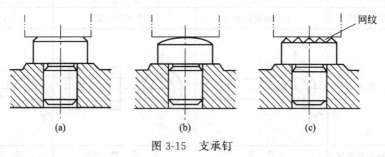

图 3-15　支承钉

固定支承板多用于工件上已加工表面的定位，有时可用一块支承板代替两个支承钉。图 3-16 所示为支承板的结构图：A 型结构简单，但埋头螺钉处清除切屑困难，故用于工件侧面或顶面定位；而 B 型支承板可克服这一缺点，主要用于工件的底面定位。

固定支承钉与夹具体一般采用 H7/n6 或 H7/m6 配合，带套筒的与套筒孔采用 H7/js6 配合。小型支承钉（直径小于 12mm）或支承板采用 T7A 钢；大型支承钉（直径大于 12mm）或支承板采用 20 钢。前者淬火处理，后者渗碳淬火，渗碳深度为 0.8～1.2mm，硬度为 60～64HRC。

为保证定位支承钉或支承板工作面在同一平面上，装配后应将其顶面进行一次终磨。

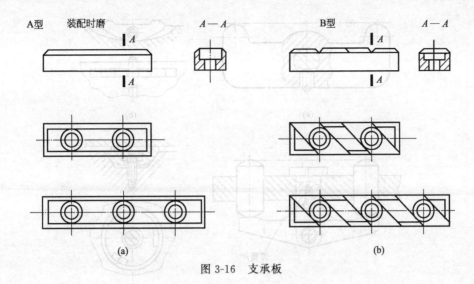

图 3-16　支承板

（2）可调支承　支承点的位置可以调整的支承称为可调支承，多用于未加工平面的定位，以调节和补偿各批毛坯尺寸的误差，一般每批毛坯调整一次。图 3-17 所示为可调支承的基本形式，均为螺钉及螺母组成。支承高度调整后，应注意用螺母锁紧。

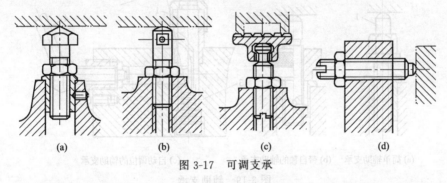

图 3-17　可调支承

（3）自位支承　在定位过程中，支承点可以自动调整其位置以适应工件定位表面的变化。自位支承能增加与工件定位面的接触点数目，使单位面积压力减小，故多用于刚度不足的毛坯表面或不连续的平面的定位。虽增加了接触点数目，却并未发生过定位。图 3-18 所示为几种自位支承的结构形式，其中图（a）和图（b）为双接触点，图（c）为三接触点。无论哪一种，都只相当于一个定位支承，限制工件的一个自由度。

（4）辅助支承　是在工件完成定位后才参与支承的元件，对工件不起限制自由度作用的支承，主要用于提高工件的刚度和定位稳定性。辅助支承的结构形式很多，无论采用哪一种，都应注意，加上的辅助支承不应限制工件的自由度或破坏工件原有的定位。图 3-19 所示为辅助支承的典型结构形式，图 3-20 为辅助支承的应用实例。

2. 工件以圆孔定位

有些工件，如套筒、法兰盘、拨叉等以孔作为定位基准，当工件上的孔为定位基准时，就采用这种定位方式，其基本特点是定位孔和定位元件之间处于配合状态。常用定位元件是各种心轴和定位销。

（1）心轴　定位心轴广泛用于车床、磨床、齿轮机床等机床上，主要用于盘套类零件的定位，常见心轴如下。

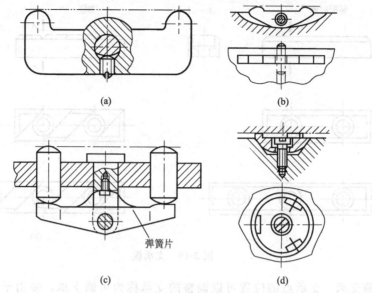

图 3-18　自位支承

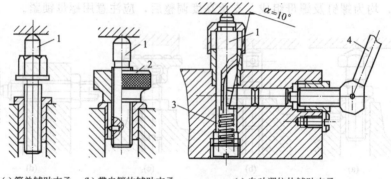

(a) 简单辅助支承　(b) 带自锁的辅助支承　　(c) 自动调位的辅助支承

图 3-19　辅助支承

1—支承；2—螺母；3—弹簧；4—手柄

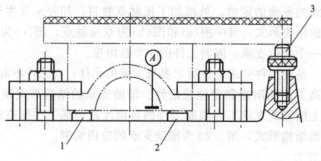

图 3-20　辅助支承的应用

1，2—板支承；3—辅助支承

① 锥度心轴　此类心轴外圆表面有（1：1000）～（1：5000）锥度，定心精度高达 0.005～0.01mm。工件的安装是将工件轻轻压入，通过孔和心轴表面的接触变形夹紧工件，如图 3-21 所示。

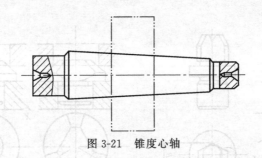

图 3-21　锥度心轴

② 刚性心轴　在成批生产时，为克服锥度心轴轴向定位不准确的缺点，采用刚性心轴。图 3-22(b)、(c)为过盈配合，配合采用基孔制 r、s、u，定心精度高。图 3-22 (a) 为间隙配合，采用基孔制 h、x、f，定心精度不高，但装卸方便。

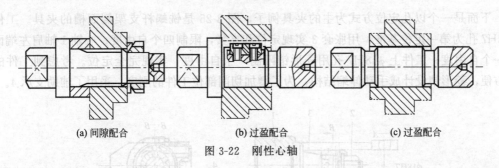

(a) 间隙配合　　　　　　(b) 过盈配合　　　　　　(c) 过盈配合

图 3-22　刚性心轴

另外还有弹性心轴、液塑心轴、定心心轴等，它们在完成定位的同时完成工件的夹紧，使用很方便，但结构比较复杂。

(2) 定位销　结构如图 3-23 所示，标准化的圆柱定位销端部有较长的倒（圆）角（通常做出 15°），便于工件装卸，直径 d 与定位孔配合，是按基孔制 g5 或 g6、f6 或 f7 制造的，其尾柄部分一般与夹具体孔过盈配合。定位销主要用于直径小于 50mm 的中小孔定位。直径小于 16mm 的定位销，用 T7A 淬火，硬度为 53～58HRC；直径大于 16mm 的定位销，用 20 钢渗碳淬火，硬度为 53～58HRC。

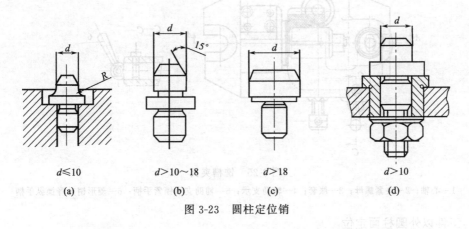

$d \leqslant 10$　　　$d > 10 \sim 18$　　　$d > 18$　　　$d > 10$

(a)　　　　　　(b)　　　　　　(c)　　　　　　(d)

图 3-23　圆柱定位销

长圆柱定位销可限制四个自由度，短圆柱定位销只能限制端面上两个自由度。有时为了避免过定位，可将圆柱销在过定位方向上削扁成菱形销，如图 3-24(a)所示。有时，工件还需限制轴向自由度，可采用圆锥销，如图 3-24(b)、(c)所示。

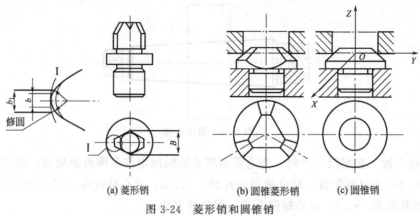

(a) 菱形销　　　　　(b) 圆锥菱形销　　　　(c) 圆锥销

图 3-24　菱形销和圆锥销

　　下面是一个以孔定位方式为主的夹具例子，图 3-25 是铣蜗杆支架侧面槽的夹具。工件上 $\phi42H7$ 孔为第一定位基准，用胀套 3 实现定位和夹紧，限制四个自由度；心轴 1 轴肩左端面限制一个自由度；工件上 $\phi18H7$ 孔用菱形销限制一个自由度，实现完全定位。考虑到工件的装卸方便，菱形销设计成手动伸缩结构，为了增加切削部位工件的刚度，采用了辅助支承 4。

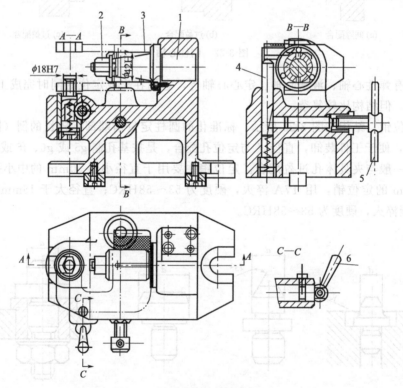

图 3-25　铣槽夹具

1—心轴；2—夹紧螺母；3—胀套；4—辅助支承；5—辅助支承锁紧手柄；6—菱形销升降操纵手柄

3. 工件以外圆柱面定位

　　工件以外圆柱表面定位有两种形式，一种是定心定位，另一种是支承定位。

　　(1) 定心定位　与工件以圆柱孔定心类似，用各种夹头或弹簧筒夹代替心轴或柱销，定位和夹紧工件的外圆。有时也可采用套筒和锥套来进行定位，如图 3-26 所示。

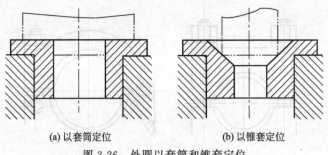

(a) 以套筒定位　　　　(b) 以锥套定位

图 3-26　外圆以套筒和锥套定位

（2）V 形块定位　V 形块是用得最广泛的外圆表面定位元件。典型的 V 形块结构如图 3-27 所示，其中图(b)、(c) 为长 V 形块，用于定位基准面较长或分为两段时的情况。V 形块两斜面夹角有 60°、90°、120° 等，90°V 形块使用最广泛，其定位精度和定位稳定性介于 60°、120°V 形块之间，精度比 60°V 形块高，稳定性比 120°V 形块高。使用 V 形块定位的优点是对中性好，可用于非完整外圆柱表面定位。

V 形块有长短之分，长 V 形块限制四个自由度，其宽度 B 与圆柱直径 D 之比 $D/B \geqslant 1$，短 V 形块只能限制两个自由度，其宽度有时仅 2mm。

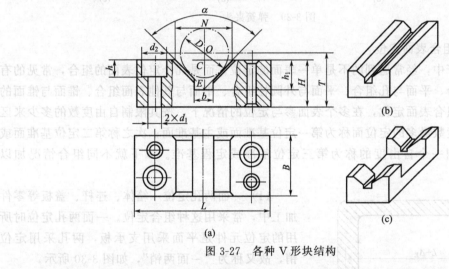

图 3-27　各种 V 形块结构

V 形块均已标准化，可以选用，特殊场合也可自行设计。设计非标准 V 形块时，可按图 3-27 (a) 进行有关尺寸计算。V 形块的基本尺寸包括：标准心轴直径 D，即工件定位用外圆直径；V 形块高度 H；V 形块的开口尺寸 N；对标准心轴而言 V 形块的标准高度 T，通常可作为检验用；V 形块两工作平面间的夹角 α。

（3）半圆孔定位座　将同一圆周面的孔分成两半圆，下半圆部分装在夹具体上，起定位作用，上半圆部分装在可卸式或铰链式盖上，起夹紧作用，如图 3-28 所示。工作表面是用耐磨材料制成的两个半圆衬套，并镶在基体上，以便于更换。半圆孔定位座适用于大型轴类工件的定位。

（4）外圆定心夹紧机构　在实现定心的同时，能将工件夹紧的机构，称为定心夹紧机构，如三爪自定心卡盘、弹簧夹头等。图 3-29 所示为几种弹簧夹头，图(a)是拉式弹簧夹头，图(b)是推式弹簧夹头，图(c)是不动式弹簧夹头。不动式弹簧夹头的优点是，夹紧工件时工件不会发生轴向移动，但结构复杂些。

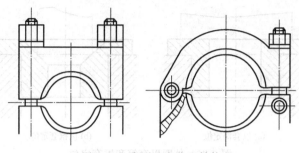

图 3-28　半圆孔定位座结构

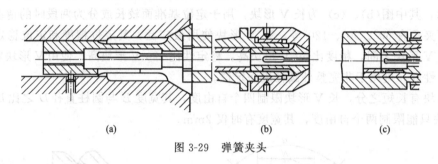

(a)　　　　　　　　　　　(b)　　　　　　　　(c)

图 3-29　弹簧夹头

4. 工件以组合表面定位

在实际生产中，经常遇到的不是单一表面的定位，而是几个定位表面的组合，常见的有平面与平面组合、平面与孔组合、平面与外圆柱组合、平面与其他表面组合、锥面与锥面的组合等，称为组合表面定位，在多个表面参与定位的情况下，按其限制自由度数的多少来区分，限制自由度数最多的定位面称为第一定位基准面或主基准面；次之称第二定位基准面或导向基准，限制一个自由度的称为第三定位基准或定程基准。以下就不同组合情况加以叙述。

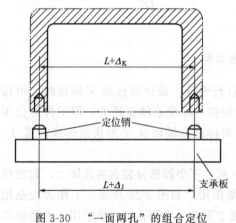

图 3-30　"一面两孔"的组合定位

（1）一面两孔定位　箱体、连杆、盖板等零件加工中，常采用这种组合定位。一面两孔定位时所用的定位元件是平面采用支承板，两孔采用定位销，故又称为"一面两销"，如图 3-30 所示。

这种情况下的两圆柱销重复限制了沿 X 方向的移动自由度，属于过定位。并且工件上两孔的孔心距和夹具上两销的销心距均会有误差（$\pm \Delta_K$ 和 $\pm \Delta_J$），因而会出现图 3-31 所示的相互干涉现象。可采用如下两种方法解决这一问题。

① 减小销 2 的直径，使其与孔 2 具有最小间隙 $\Delta_2 \left[\Delta_2 = 2\left(\Delta_K + \Delta_J - \dfrac{\Delta_1}{2} \right) \right]$，以补偿孔、销的中心距偏差，式中的 Δ_1 是孔 1 与销 1 的最小间隙。

② 将销 2 做成削边销，这样平面限制了三个自由度，一个销是圆柱销，限制两个自由度，另一个销是菱形销（或削边销），限制一个自由度，实现了完全定位。在夹具设计时，一面两销定位的设计按下述步骤进行（图 3-32）。

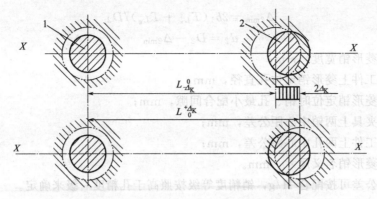

图 3-31　"一面两孔"定位时的相互干涉现象

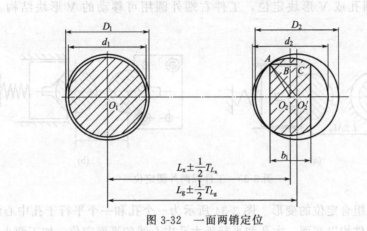

图 3-32　一面两销定位

一般已知条件为工件一面两圆柱孔的尺寸及中心距，即 D_1、D_2、L_g 及其公差。

① 确定夹具中两定位销的中心距 L_g　把工件上两孔中心距公差化为对称公差，即

$$L_{g-T_{gmin}}^{+T_{gmax}} = L_x \pm \frac{1}{2} T_{L_g} \tag{3-1}$$

式中　T_{gmax}——工件上两圆柱孔中心距的上偏差；

　　　T_{gmin}——工件上两圆柱孔中心距的下偏差；

　　　T_{L_g}——工件上两圆柱孔中心距的公差。

取夹具两销之间中心距为 $L_x = L_g$，中心距公差为工件孔中心距公差的 $1/3 \sim 1/5$，即 $T_{L_x} = (1/3 \sim 1/5) T_{L_g}$。两销中心距及公差也化成对称形式 $L_x \pm T_{L_x}$。

② 确定圆柱销的直径 d_1 及其公差　一般圆柱销 d_1 与孔 D_1 为基孔制间隙配合，d_1 的名义尺寸等于孔 D_1 的名义尺寸，配合一般选为 H7/g6 或 H7/f6，d_1 的公差等级一般高于孔一级。

③ 确定菱形销的直径 d_2、宽度 b_1 及其公差　可先按表 3-2 查 D_2 选定 b_1，按式(3-2)计算出菱形销与孔配合的最小间隙 Δ_{2min}，再按式(3-3)计算菱形销的直径 d_2。

表 3-2　菱形销尺寸　　　　　　　　　　　　　　　　　　　　　　　　　　　　　mm

D_2	3~6	6~8	8~20	20~25	25~32	32~40	40~50
b_1	2	3	4	5	6	7	8
B	$D_2-0.5$	D_2-1	D_2-2	D_2-3	D_2-4	D_2-5	D_2-6

$$\Delta_{2\min} = 2b_1(T_{L_x} + T_{L_g})/D_2 \tag{3-2}$$

$$d_2 = D_2 - \Delta_{2\min} \tag{3-3}$$

式中　b_1——菱形销宽度，mm；

　　　D_2——工件上菱形销定位孔直径，mm；

　$\Delta_{2\min}$——菱形销定位时销、孔最小配合间隙，mm；

　T_{L_x}——夹具上两销中心距公差，mm；

　T_{L_g}——工件上两孔中心距公差，mm；

　　d_2——菱形销名义尺寸，mm。

菱形销的公差可按配合 H/g，销精度等级按照高于孔精度一级来确定。

（2）以一个平面和与其垂直的两个外圆柱面的组合定位　其原理同一面二孔，不同之处是工件左端用圆孔或 V 形块定位，工件右端外圆用可移动的 V 形块结构，如图 3-33 所示。

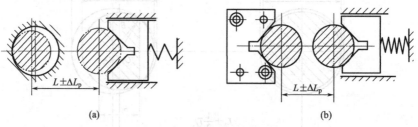

图 3-33　工件以两外圆定位

（3）一面两孔组合定位的变形　图 3-34 所示为一个孔和一个平行于孔中心线的平面的组合定位，两个零件均以底面、大孔和平行于大孔中心线的平面定位，加工两小孔。根据加工尺寸要求的不同，图（a）零件选用的定位方案有利于保证尺寸 A_2、A_1，图（b）零件选用的定位方案也有利于保证尺寸 A_2、A_1，均避免了过定位。

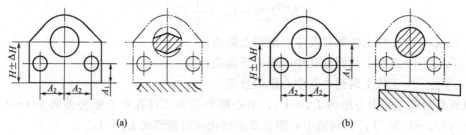

图 3-34　工件以一孔和一平面定位

第三节　定位误差

一、定位误差的概念

工件的加工误差是指工件加工后在尺寸、形状和位置三个方面偏离理想工件的大小，加工误差主要由三部分因素产生：工件在夹具中的定位、夹紧误差；夹具带着工件安装在机床上，相对机床主轴（或刀具）或运动导轨的位置误差；加工过程中产生的误差，如机床几何精度，工艺系统的受力、受热变形，切削振动等原因引起的误差。

可见，定位误差只是工件加工误差的一部分。如果夹具在机床上的定位精度已达到要求，那么由于工件在夹具中定位的不准确，将使工序基准在加工尺寸方向上产生偏移，往往导致加工后工件达不到要求，把工序基准在工序尺寸方向上的最大位置变动量，称为定位误差，以 Δ_{dw} 表示。设计夹具定位方案时要充分考虑此定位方案的定位误差的大小是否在允许范围内，一般定位误差应控制在工件公差的 $1/3 \sim 1/5$ 之内。

二、 产生定位误差的原因

下面讨论产生定位误差的原因。

1. 定位基准与设计基准不重合产生的定位误差

夹具的定位基准与工件的设计基准不重合，两基准之间的位置误差会反映到被加工表面的位置上去，所产生的定位误差称为基准转换误差，下面举例进行说明。

图 3-35 所示零件，底面 3 和侧面 4 已加工好，现需加工台阶面 1 和顶面 2。

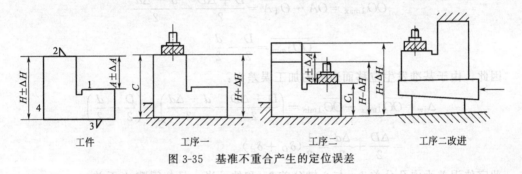

图 3-35　基准不重合产生的定位误差

工序一：加工顶面 2。

以底面和侧面定位，此时定位基准和工序基准都是底面 3 即基准重合。加工时，使刀具调整尺寸与工序尺寸一致，即 $C = H + \Delta H$，对于一批工件而言，可视为常量，则定位误差 $\Delta_{dw} = 0$。

工序二：加工台阶面 1。

定位同工序一，此时定位基准为底面 3，而工序基准为顶面 2，即基准不重合，即使本工序刀具以底面为基准调整得对刀尺寸 C_1 绝对准确，且无其他加工误差，仍会由于上一工序加工后顶面 2 在 $H \pm \Delta H$ 范围内变动，导致加工尺寸 $A + \Delta A$ 的定位误差为 $2\Delta H$。

由于定位基准与工序基准不重合引起的误差称为基准不重合误差，以 Δ_{jb} 表示。而且，如果称由定位基准至工序基准间的尺寸为联系尺寸，则基准不重合误差就等于联系尺寸的公差。

图 3-35 中，工序二改进方案使基准重合了（$\Delta_{jb} = 0$），这虽使定位精度提高，但夹具结构复杂，工件安装不便，并使加工稳定性和可靠性变差，因而有可能产生更大的加工误差，因此，应从多方面考虑，在满足加工要求的前提下，基准不重合的定位方案也允许采用。

2. 定位副制造不准确产生的定位误差

如图 3-36 所示，工件以内孔中心 O 为定位基准，套在心轴 O_1 上，铣上平面，工序尺寸为 $H_{0}^{+\Delta H}$。从定位角度看，孔心线与轴心线重合，即工序基准与定位基准重合，$\Delta_{jb} = 0$，但实际上，定位心轴和工件内孔都有制造误差，而且为了便于工件套在心轴上，还应留有间隙，故安装后孔和轴的中心必然不重合，使两个基准发生了位置变动。

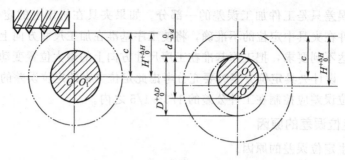

图 3-36　基准位移产生的定位误差

设孔径为 $D^{+\Delta D}_{0}$，轴径为 $d^{0}_{-\Delta d}$，最小间隙为 $\Delta = D - d$。当心轴水平放置时，工件孔与心轴始终在上母线 A 单边接触，则工件基准 O 与心轴上 O_1 之间的最大和最小距离分别为：

$$\overline{OO_{1max}} = \overline{OA} - \overline{O_1A} = \frac{D + \Delta D}{2} - \frac{d - \Delta d}{2}$$

$$\overline{OO_{1min}} = \frac{D}{2} - \frac{d}{2}$$

因此，由于基准发生位移而造成的加工误差为：

$$\Delta_{jw} = \overline{OO_{1max}} - \overline{OO_{1min}} = \left(\frac{D + \Delta D}{2} - \frac{d - \Delta d}{2} \right) - \left(\frac{D}{2} - \frac{d}{2} \right)$$

$$= \frac{\Delta D}{2} + \frac{\Delta d}{2} = \frac{1}{2}(\delta_D + \delta_d)$$

此定位误差为内孔公差 δ_D 与心轴公差 δ_d 和的一半，且与间隙 Δ 无关。

工件的定位表面与夹具定位元件的定位（工作）表面称为定位副。由于定位副的制造误差使工序基准位置发生变动而产生的定位误差，称为基准位移误差，用 Δ_{jw} 表示。

上例中，若心轴垂直放置，则工件孔与心轴可能在任意边接触，此时定位误差为

$$\Delta_{jw} = \delta_D + \delta_d + \Delta$$

三、 定位误差的计算

通常，定位误差可按下列方法进行分析计算：一是先分别求出基准位移误差和基准不重合误差，再求出其在加工尺寸方向上的（矢量合成后）和，即 $\Delta_{dw} = \Delta_{jb} + \Delta_{jw}$；二是按最不利情况，确定一批工件工序基准的两个极限位置，即工序基准在工序尺寸方向上的最大位置变动量，再根据几何关系求出此两位置的距离，并将其投影到加工尺寸方向上，便可求出定位误差。需要说明的是，这种按极限尺寸计算的定位误差通常偏大，与实际情况不完全符合，这是因为加工中获得极限尺寸的概率很小。

现举例说明极限法求解定位误差的方法。

1. 工件用 V 形块定位时的定位误差计算

如图 3-37 所示，直径为 $d^{0}_{-\Delta d}$ 的轴在 V 形块上定位铣平面，加工表面的工序尺寸有三种不同的标注方式：要求保证上母线到加工面的尺寸 H_1 即工序基准为 B；要求保证下母线到加工面的尺寸 H_2 即工序基准为 C；要求保证轴心线到加工面的尺寸 H_3 即工序基准为 O。

三种尺寸标注的工件均以外圆上的半圆面为定位基准，在 V 形块上定位。若工件尺寸有大有小，则接触点 E、F 的位置将会变化。所以，加工前以不变点 A（V 形块两工作表面

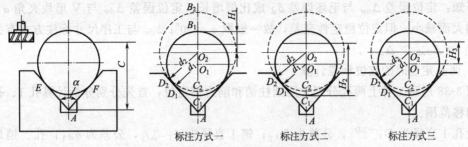

标注方式一　　标注方式二　　标注方式三

图 3-37　用 V 形块定位的定位误差

的交点）作为调整刀具位置尺寸 C 的依据。因此，对于尺寸 H_1、H_2、H_3，都有因基准不重合和定位基准本身制造误差而造成的定位误差。现分别计算如下。

（1）尺寸 H_1 的定位误差　　这时工序基准的最大位置变动量为 $\overline{B_1B_2}$，即定位误差：

$$\Delta_{dw1} = \overline{B_1B_2} = \overline{AB_2} - \overline{AB_1} = (\overline{AO_2} + \overline{O_2B_2}) - (\overline{AO_1} + \overline{O_1B_1})$$

$$= \left(\frac{d_2}{2} + \frac{d_2}{2\sin\frac{\alpha}{2}}\right) - \left(\frac{d_1}{2} + \frac{d_1}{2\sin\frac{\alpha}{2}}\right)$$

$$= \left(\frac{d_2 - d_1}{2}\right)\left(\frac{1}{\sin\frac{\alpha}{2}} + 1\right)$$

$$= \frac{\Delta d}{2}\left(\frac{1}{\sin\frac{\alpha}{2}} + 1\right)$$

$$= \frac{\delta_d}{2}\left(\frac{1}{\sin\frac{\alpha}{2}} + 1\right)$$

（2）尺寸 H_2 的定位误差　　这时工序基准的最大位置变动量为 $\overline{C_1C_2}$，即定位误差：

$$\Delta_{dw2} = \overline{C_1C_2} = \overline{AC_2} - \overline{AC_1} = (\overline{AO_2} - \overline{O_2C_2}) - (\overline{AO_1} - \overline{O_1C_1})$$

$$= \frac{\Delta d}{2}\left(\frac{1}{\sin\frac{\alpha}{2}} - 1\right)$$

$$= \frac{\delta_d}{2}\left(\frac{1}{\sin\frac{\alpha}{2}} - 1\right)$$

（3）尺寸 H_3 的定位误差　　这时工序基准的最大位置变动量为 $\overline{O_1O_2}$，即定位误差：

$$\Delta_{dw3} = \overline{O_1O_2} = \overline{AO_2} - \overline{AO_1}$$

$$= \frac{d_2}{2\sin\frac{\alpha}{2}} - \frac{d_1}{2\sin\frac{\alpha}{2}}$$

$$= \frac{\Delta d}{2}\left(\frac{1}{\sin\frac{\alpha}{2}}\right)$$

$$= \frac{\delta_d}{2}\left(\frac{1}{\sin\frac{\alpha}{2}}\right)$$

可知：定位误差 Δ_{dw} 与毛坯误差 δ_d 成比例增长；定位误差 Δ_{dw} 与 V 形块夹角 α 有关，随 α 增大而减小，但定位稳定性变差，故一般取 $\alpha = 90°$；Δ_{dw} 与工序尺寸标注方式有关，此处 $\Delta_{dw1} > \Delta_{dw3} > \Delta_{dw2}$。

2. 两孔定位时的定位误差计算

图 3-38 所示工件上两孔分别采用圆柱销和削边销定位，首先分别分析计算孔 1、孔 2 中心的偏移范围。

设孔 1 直径为 $D_1 {}^{+\Delta D_1}_0$，公差为 δ_{D_1}；销 1 直径为 $d_1 {}^{0}_{-\Delta d_1}$，公差为 δ_{d_1}；孔、销最小间隙为 Δ_1。这时，孔 1 与销 1 最大间隙为 $\Delta_{dw1} = \delta_{D_1} + \delta_{d_1} + \Delta_1$，由于存在 Δ_{dw1}，在安装一批工件时，孔 1 的中心将偏离销 1 中心，其范围是以 O_1 为中心、以 Δ_{dw1} 为直径的圆，如图 3-38(a)所示。

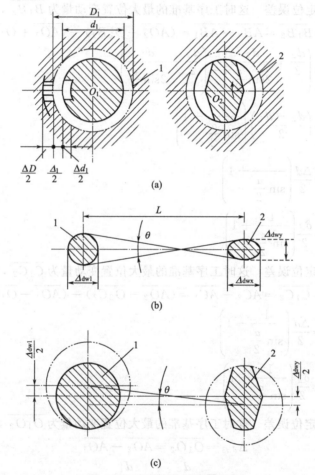

图 3-38　两孔定位的定位误差

设孔 2 直径为 $D_2 {}^{+\Delta D_2}_0$，公差为 δ_{D_2}；销 2 直径为 $d_2 {}^{0}_{-\Delta d_2}$，公差为 δ_{d_2}；孔、销最小间隙为 Δ_2。由于销 2 仅限制 $\vec{Y}$ 自由度，所以孔 2 中心相对销 2 中心的偏离范围为：

在 X 方向　　$\Delta_{dwx} = \Delta_{dw1} = \delta_{D_1} + \delta_{d_1} + \Delta_1$（$\Delta_{dwx}$ 取决于销 1 与孔 1）

在 Y 方向　　$\Delta_{dwy} = \Delta_{dw2} = \delta_{D_2} + \delta_{d_2} + \Delta_2$

这时，孔 2 中心相对销 2 中心的偏移范围近似为一个椭圆，如图 3-38(b)所示。

将孔 1 和孔 2 中心的偏移误差组合起来便引起工件的以下两种定位误差。

① 纵向定位误差　即在两孔连心线方向的最大可能移动量 $\Delta_{\mathrm{dwx}} = \Delta_{\mathrm{dw1}} = \delta_{D_1} + \delta_{d_1} + \Delta_1$。

② 角度定位误差　即工件绕两销中心连线的最大偏转角[图 3-38(c)]。其角度定位误差可计算如下：

$$\Delta_{\mathrm{dw}\theta} = \theta \approx \tan\theta = \frac{\Delta_{\mathrm{dwy1}} + \Delta_{\mathrm{dwy2}}}{2L} = \frac{(\Delta_1 + \Delta_2) + (\delta_{D_1} + \delta_{d_1}) + (\delta_{D_2} + \delta_{d_2})}{2\Delta}$$

由上式可看出，减小 $\Delta_{\mathrm{dw}\theta}$，可从两方面入手：提高孔、销精度，减小配合间隙；增大孔（销）中心距。故在选择定位基准时，应尽可能选距离较远的两孔，若工件上无合适的两孔而需另设工艺孔时，工艺孔也应布置在具有最大距离的合适位置。

此外，定位误差实质上就是工序基准在加工方向上的最大变动量，这个变动量相对于基本尺寸而言就是一个微量，因此可将其视为某个基本尺寸的微分，找出以工序基准为端点的在加工方向上的某个基本尺寸，对其进行微分，就可得到定位误差。

四、 保证规定加工精度实现的条件

机械加工过程中，产生加工误差的因素很多。若规定工件的加工允差为 $\delta_{\mathrm{工件}}$，并以 $\Delta_{\mathrm{夹具}}$ 表示与采用夹具有关的误差，以 $\Delta_{\mathrm{加工}}$ 表示除夹具外，与工艺系统其他一切因素（如机床误差、刀具误差、受力变形、热变形等）有关的加工误差，则为保证工件的加工精度要求，必须满足：

$$\delta_{\mathrm{工件}} \geqslant \Delta_{\mathrm{加工}} + \Delta_{\mathrm{夹具}}$$

此不等式即为保证实现加工精度要求的条件，称为采用夹具加工时的误差计算不等式。

上式中包括了有关夹具设计与制造的各种误差，如工件在夹具中定位、夹紧时的定位夹紧误差，夹具在机床上安装时的安装误差及确定刀具位置的元件和引导刀具的元件与定位元件之间的位置误差等，因此在夹具的设计与制造中，要尽可能设法减少这些与夹具有关的误差。这部分误差所占比例越大，留给补偿其他加工误差的比例就越小。其结果不是降低了零件的加工精度，就是增加了加工难度，导致加工成本增加。所以，减少与夹具有关的各项误差是设计夹具时必须认真考虑的问题之一。制定夹具公差时，应保证夹具的定位、制造和调整误差的总和不超过零件公差的 1/3。

第四节　工件在夹具中的夹紧

工件在定位元件上定位后，必须采用一些装置将工件压紧夹牢，使其在加工过程中不会因受切削力、惯性力或离心力等作用而发生振动或位移，从而保证加工质量和生产安全。这种装置称为夹紧装置。机械加工中所使用的夹具一般都必须设置夹紧装置。

一、 夹紧装置的组成及基本要求

图 3-39 所示为夹紧装置组成示意图，它主要由以下三部分组成。

① 力源装置　产生夹紧作用力的装置。所产生的力称为原始力，如气动、液动、电动等，图 3-39 中的力源装置是液压缸 4。对于手动夹紧来说，力源来自人力。

② 中间传力机构　介于力源和夹紧元件之间传递力的机构。如图 3-39 中的铰链臂 2。在传递力的过程中，它能起到如下作用：改变作用力的方向；改变作用力的大小，通常是起增力作用；使夹紧实现自锁，保证力源提供的原始力消失后仍能可靠地夹紧工件，这对手动

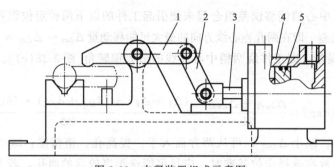

图 3-39　夹紧装置组成示意图

1—压板；2—铰链臂；3—活塞杆；4—液压缸；5—活塞

夹紧尤为重要。

③ 夹紧元件　夹紧装置的最终执行元件，与工件直接接触完成夹紧作用，如图 3-39 中的压板 1。

必须指出，夹紧装置的具体组成并非一成不变，需根据工件的加工要求、安装方法和生产规模等条件来确定。但无论其具体组成如何，都必须满足如下基本要求。

① 夹紧时不能破坏工件定位后获得的正确位置，亦即夹紧必须保证定位准确可靠，而不能破坏定位。

② 夹紧力大小要合适，既要保证工件在加工过程中不移动、不转动、不振动，又不得产生不允许的变形或工件表面损伤。

③ 夹紧动作要迅速、可靠，且操作要方便、省力、安全。

④ 结构紧凑，易于制造与维修。其自动化程度及复杂程度应与工件的生产纲领相适应。

二、　夹紧力的确定

夹紧力包括方向、作用点和大小三个要素，这是夹紧机构设计中首先要解决的问题。

1. 夹紧力方向的确定

① 夹紧力的方向应有利于工件的准确定位，而不能破坏定位，一般要求主夹紧力应垂

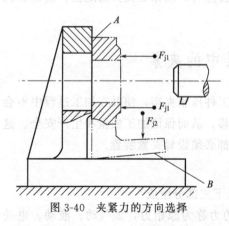

图 3-40　夹紧力的方向选择

直于第一定位基准面。图 3-40 所示的夹具用于对直角支座零件进行镗孔，其要求孔与端面 A 垂直，故选端面 A 作为第一定位基准，夹紧力 F_{j1} 应垂直压向 A 面。若采用夹紧力 F_{j2}，由于工件 A 面与 B 面的垂直度误差，则镗孔只能保证孔与 B 面的平行度，而不能保证孔与 A 面的垂直度。

② 夹紧力的方向应与工件刚度高的方向一致，以利于减少工件的变形。图 3-41 所示为薄壁套筒的夹紧，图 3-41(a) 采用三爪卡盘夹紧，易引起工件的夹紧变形，若镗孔，内孔加工后将有三棱圆柱度误差；图 3-41(b) 为改进后的夹紧方式，采用端面夹紧，可避免上述圆度误差。如果工件定心外圆和夹具定心孔之间有间隙，会产生定心误差。

③ 夹紧力的方向应尽可能与切削力、重力方向一致，有利于减小夹紧力，如图 3-42 (a) 所示情况是合理的，图 3-42 (b) 则不合理。

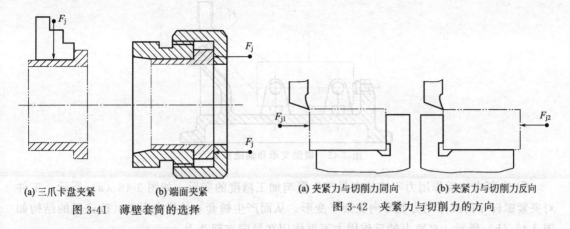

(a) 三爪卡盘夹紧　　　　(b) 端面夹紧

图 3-41　薄壁套筒的选择

(a) 夹紧力与切削力同向　　(b) 夹紧力与切削力反向

图 3-42　夹紧力与切削力的方向

2. 夹紧力作用点的选择

夹紧力作用点对工件的可靠定位、夹紧后的稳定和变形有显著影响，选择时应依据以下原则。

① 夹紧力的作用点应落在支承元件或几个支承元件形成的稳定受力区域内，以避免破坏定位或造成较大的夹紧变形。图 3-43 所示两种情况均破坏了定位。

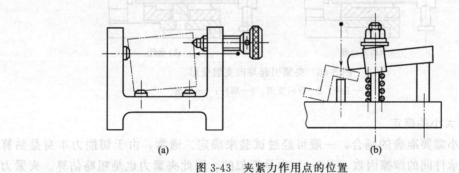

(a)　　　　　　　　　　(b)

图 3-43　夹紧力作用点的位置

② 夹紧力的作用点应作用在工件刚性好的部位。图 3-44(a)所示情况可造成工件薄壁底部较大的变形，改进后的结构如图 3-44(b)所示。

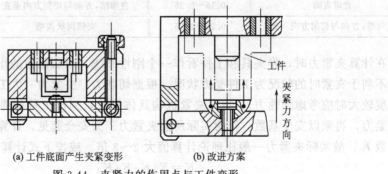

(a) 工件底面产生夹紧变形　　(b) 改进方案

图 3-44　夹紧力的作用点与工件变形

③ 夹紧力的作用点和支承点应尽可能靠近切削部位，以提高工件切削部位的刚度和抗振性。如图 3-45 所示的夹具，在切削部位附近增加了辅助支承和辅助夹紧。

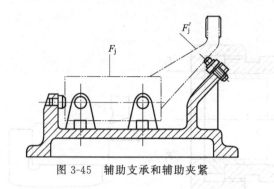

图 3-45　辅助支承和辅助夹紧

④ 夹紧力的反作用力不应使夹具产生影响加工精度的变形。如图 3-46（a）所示，工件对夹紧螺杆 3 的反作用力使导向支架 2 变形，从而产生镗套 4 的导向误差，改进后的结构如图 3-46（b）所示，夹紧力的反作用力不再作用在导向支架 2 上。

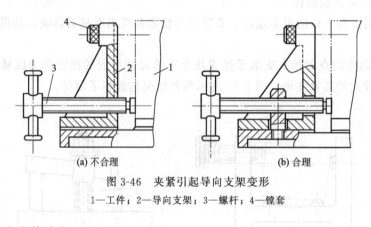

(a) 不合理　　　　　　　　　　(b) 合理

图 3-46　夹紧引起导向支架变形
1—工件；2—导向支架；3—螺杆；4—镗套

3. 夹紧力大小的确定

夹紧力大小需要准确的场合，一般可经过试验来确定。通常，由于切削力本身是估算的，工件与支承件间的摩擦因数（表 3-3）也是近似的，因此夹紧力也是粗略估算。夹紧力的大小可根据切削力、工件重力的大小、方向和相互位置关系具体计算。

表 3-3　摩擦因数

支撑表面特点	摩擦因数	支撑表面特点	摩擦因数
光滑表面	0.15～0.25	直沟槽,方向与切削方向垂直	0.40～0.50
直沟槽,方向与切削方向一致	0.25～0.35	交错网状沟槽	0.60～0.80

在计算夹紧力时，将夹具和工件看作一个刚性系统。以切削力的作用点、力向和大小处于最不利于夹紧时的状况为工件受力状况，根据切削力、夹紧力（大工件还应考虑重力，运动速度较大时应考虑惯性力），以及夹紧机构具体尺寸，列出工件的静力平衡方程，求出理论夹紧力，再乘以安全系数，作为实际所需夹紧力。为安全起见，计算出的夹紧力应乘以安全系数 K，故实际夹紧力一般比理论计算值大 2～3 倍。或按下式计算：

$$K=K_1K_2K_3K_4 \tag{3-4}$$

式中　K_1——一般安全系数，考虑工件材料性质及余量不均匀等引起切削力变化，$K_1=$
　　　　1.5～2；

　　　K_2——加工性质系数，粗加工 $K_2=1.2$，精加工 $K_2=1$；

K_3——刀具钝化系数，$K_3 = 1.1 \sim 1.3$；

K_4——断续切削系数，断续切削时 $K_4 = 1.2$，连续切削时 $K_4 = 1$。

图 3-47 所示为工件铣削加工的情况，最不利于夹紧状况是开始铣削时，此时切削力矩 $F_A L$ 会使工件产生绕 O 点的翻转趋势，与之平衡的是支承面 A、B 处的摩擦力对 O 点的力矩。于是有：

$$\frac{1}{2} F_{jmin} \mu (L_1 + L_2) = F_A L \qquad (3\text{-}5)$$

可求出最小夹紧力：

$$F_{jmin} = \frac{2 F_A L}{\mu (L_1 + L_2)} \qquad (3\text{-}6)$$

实际夹紧力：

$$F_j \geqslant K F_{jmin} = \frac{2 K F_A L}{\mu (L_1 + L_2)} \qquad (3\text{-}7)$$

此处，压板与工件间也存在阻止工件绕 O 点翻转的摩擦力矩，若已知压紧点至 O 点的距离分别为 L_1' 和 L_2'，则式（3-7）可写成：

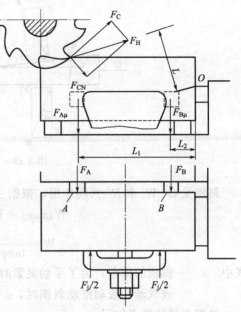

图 3-47　铣削时夹紧力的计算

$$F_j \geqslant \frac{2 K F_A L}{\mu (L_1 + L_2) + \mu' (L_1' + L_2')} \qquad (3\text{-}8)$$

三、典型夹紧机构

夹紧机构夹紧装置的重要组成部分，因为无论采用何种动力源装置，都必须通过夹紧机构将原始力转化为夹紧力。各类机床夹具应用的夹紧机构多种多样，下面介绍几种利用机械摩擦实现夹紧，并可自锁的典型夹紧机构。

1. 斜楔夹紧机构

图 3-48 所示为一种简单的斜楔夹紧机构。向右推动斜楔 1，使滑柱 2 下降，滑柱上的摆动压板 3 同时压紧两个工件 4。

下面分析斜楔夹紧的动力 Q 与夹紧力 W 之间的关系。斜楔的受力如图 3-49 所示，Q 为

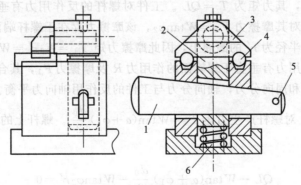

图 3-48　斜楔夹紧机构

1—斜楔；2—滑柱；3—压板；4—工件；5—挡销；6—弹簧

111

原动力，R' 为夹具体对它的作用力，W' 为滑柱对它的作用力，φ_1、φ_2 为各自的摩擦角。

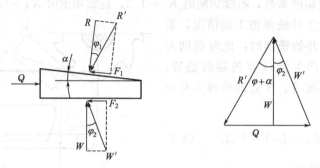

图 3-49　斜楔夹紧受力分析

斜楔受 Q、W' 和 R' 共同作用，根据三力平衡有：

$$W\tan\varphi_2 + W\tan(\alpha + \varphi_1) = Q \tag{3-9}$$

$$W = \frac{Q}{\tan\varphi_2 + \tan(\alpha + \varphi_1)} \tag{3-10}$$

式中　α——斜楔的楔角，为了手动夹紧时能自锁，$\alpha = 6° \sim 8°$，在采用螺旋机构、偏心机构或气动、液动推动斜楔时，α 可大一些。

斜楔夹紧的特点如下。

① 有增力作用，且 α 越小增力作用越大。

② 夹紧行程小。设当斜楔水平移动距离为 s 时，其垂直方向的夹紧行程为 h。则因 $h/s = \tan\alpha \leqslant 1$，故 h 远小于 s，且 α 越小，其夹紧行程也越小。

③ 结构简单，但操作不方便。

根据以上特点，斜楔夹紧很少用于手动操作的夹紧装置，而主要用于机动夹紧，且毛坯质量较高的场合。有时，为解决增力和夹紧行程间的矛盾，可在动力源不间断情况下，取 α 为 $15° \sim 30°$。或采用双升角形式，大升角用于夹紧前的快速行程，小升角用于夹紧中的增力和自锁。

2. 螺旋夹紧机构

螺旋夹紧机构是夹紧机构中应用最广泛的一种，图 3-50 所示为螺旋夹紧机构几个简单例子。螺旋夹紧机构夹紧的计算与斜楔夹紧机构的计算相似，因为螺旋可以看作一斜楔绕在圆柱体上而形成。图 3-51 所示为螺杆受力图，该螺杆为矩形螺纹。原始动力为 Q，力臂为 L，作用在螺杆上，其力矩为 $T = QL$。工件对螺杆的反作用力有垂直方向反作用力 W（等于夹紧力）、工件对其摩擦力 $F_2 = W\tan\varphi_2$，该摩擦力存在于螺杆端面上的一环面内，可视为集中作用于当量半径为 r' 的圆周上，因此摩擦力矩 $T_1 = F_2 r' = W\tan\varphi_2 r'$。螺母为固定件，其对螺杆的作用力有垂直于螺旋面的作用力 R 及摩擦力 F_1，其合力为 R_1。该合力可分解成螺杆轴向分力和周向分力，轴向分力与工件的反作用轴向力平衡。周向分力可视为作用在螺纹中径 d_0 上，对螺杆产生力矩 $T_2 = W\tan(\alpha + \varphi_1)\dfrac{d_0}{2}$。螺杆上的力矩 T、T_1 和 T_2 平衡，有下式：

$$QL - W\tan(\alpha + \varphi_1)\frac{d_0}{2} - W\tan\varphi_2 r' = 0 \tag{3-11}$$

则得：

$$W = \frac{QL}{\frac{d_0}{2}\tan(\alpha + \varphi_1) + r'\tan\varphi_2} \tag{3-12}$$

式中　W——夹紧力，N；

Q——原始动力，N；

L——作用力臂，mm；

d_0——螺纹中径，mm；

α——螺纹升角，(°)；

φ_1——螺母处摩擦角，(°)；

φ_2——螺杆端部与工件（或压脚）处摩擦角，(°)；

r'——螺杆端部与工件当量摩擦半径，mm。

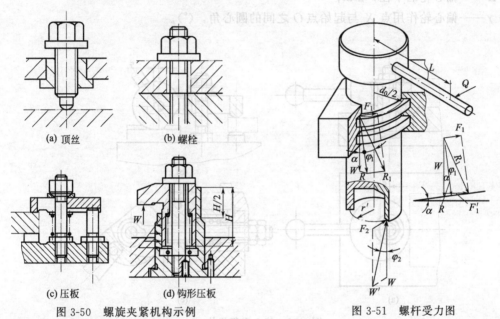

(a) 顶丝　　(b) 螺栓

(c) 压板　　(d) 钩形压板

图 3-50　螺旋夹紧机构示例

图 3-51　螺杆受力图

不同的螺纹只要将 φ_1 换成 φ_1'，三角螺纹 $\varphi_1' = \arctan(1.15\tan\varphi_1)$，梯形螺纹 $\varphi_1' = \arctan(1.03\tan\varphi_1)$。不同的螺杆端部，其当量半径计算参见表 3-4。

表 3-4　螺杆端部与工件的当量摩擦半径

	I	II	III
压块形状	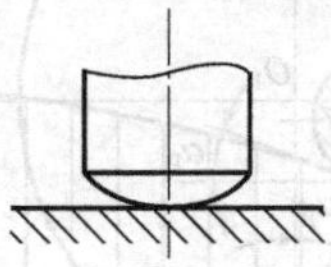	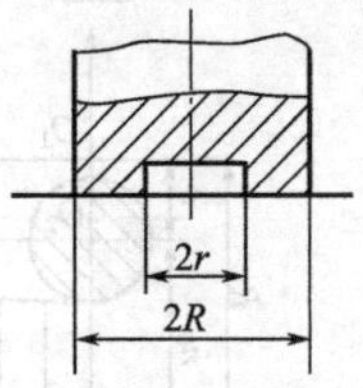	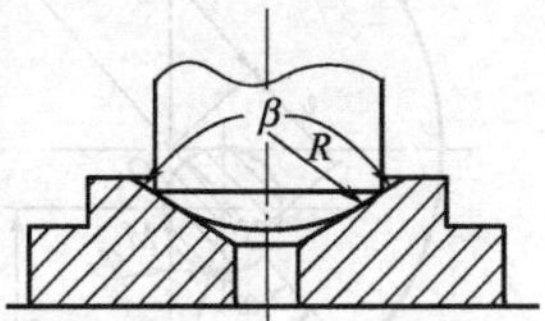
r'	$r' = 0$	$r' = \dfrac{2(R^3 - r^3)}{3(R^2 - r^2)}$	$r' = R\cot\dfrac{\beta}{2}$

螺旋夹紧机构的优点是扩力比可达 80 以上，自锁性好，结构简单，制造方便，适应性强；其缺点是动作慢、操作强度大。

113

3. 偏心夹紧机构

偏心夹紧机构是靠偏心轮回转时其半径逐渐增大而产生夹紧力来夹紧工件的，图 3-52 所示为三种偏心夹紧机构。

偏心夹紧原理与斜楔夹紧机构依斜面高度增高而产生夹紧相似，只是斜楔夹紧的楔角不变，而偏心夹紧的楔角是变化的。如图 3-53（a）所示的偏心轮，展开后如图 3-53(b) 所示，不同位置的楔角用下式：

$$\alpha = \arctan\left(\frac{e\sin\gamma}{R - e\cos\gamma}\right) \tag{3-13}$$

式中　α——偏心轮的楔角，（°）；

　　　e——偏心轮的偏心距，mm；

　　　R——偏心轮的半径，mm；

　　　γ——偏心轮作用点 X 与起始点 O 之间的圆心角，（°）。

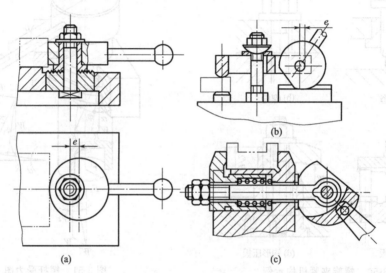

图 3-52　偏心夹紧机构

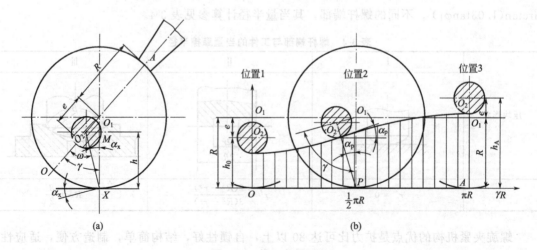

图 3-53　偏心夹紧原理

当 $\gamma = 90°$ 时，α 接近最大值

$$\alpha_{\max} \approx \arctan\left(\frac{e}{R}\right) \tag{3-14}$$

根据斜楔自锁条件，偏心轮工作点 P 处的楔角 $\alpha_p \leqslant \varphi_1 + \varphi_2$。考虑最不利情况，偏心轮夹紧自锁条件为：

$$\frac{e}{R} \leqslant \tan\varphi_1 = \mu_1 \tag{3-15}$$

式中　φ_1——轮周作用点的摩擦角，$(°)$；

$\quad\quad\ \mu_1$——轮周作用点的摩擦因数。

偏心夹紧的夹紧力可用下式计算：

$$W = \frac{QL}{\rho\left[\tan(\alpha_p + \varphi_2) + \tan\varphi_1\right]} \tag{3-16}$$

式中　W——夹紧力，N；

$\quad\quad\ Q$——手柄上动力，N；

$\quad\quad\ L$——动力力臂，mm；

$\quad\quad\ \rho$——转动中心 O_2 到作用点 P 间的距离，mm；

$\quad\quad\ \alpha_p$——夹紧楔角，$(°)$；

$\quad\quad\ \varphi_2$——转轴处的摩擦角，$(°)$。

偏心夹紧的偏心轮已标准化，其夹紧行程和夹紧力在夹具设计手册上也给出了，可以选用。偏心夹紧机构的优点是结构简单，操作方便，动作迅速；其缺点是自锁性能差、夹紧行程和增力比小。因此，一般用于工件尺寸变化不大、切削力小而且平稳的场合，不适合在粗加工中应用。

4. 定心夹紧机构

定心夹紧机构的设计一般按照以下两种原理来进行。

① 定位　夹紧元件按等速位移原理来均分工件定位面的尺寸误差，实现定心或对中。图 3-54 所示为锥面定心夹紧机构，图 3-55 所示为螺旋定心夹紧机构。

② 夹紧　利用夹紧元件的均匀弹性变形原理来实现定心夹紧，如各种弹性心轴、弹性筒夹、液性塑料夹头等。图 3-56 所示为弹簧夹头的结构。

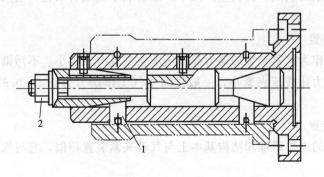

图 3-54　锥面定心夹紧机构

1—滑块；2—螺母

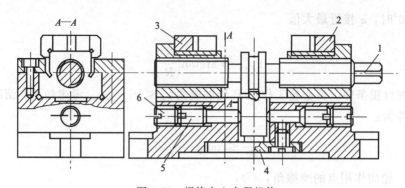

图 3-55　螺旋定心夹紧机构

1—夹紧螺杆；2,3—钳口；4—钳口定心叉；5—钳口对中调节螺母；6—锁紧螺钉

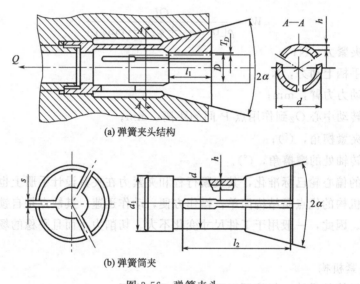

(a) 弹簧夹头结构

(b) 弹簧筒夹

图 3-56　弹簧夹头

四、夹紧机构的动力装置

手动夹紧机构在各种生产规模中都有广泛应用，但手动夹紧动作慢，劳动强度大，夹紧力变动大。在大批大量生产中往往采用机动夹紧，如气动、液动、电磁和真空夹紧，机动夹紧可以克服手动夹紧的缺点，提高生产效率，还有利于实现自动化，当然机动夹紧成本也会提高。

1. 气动夹紧装置

采用压缩空气作为夹紧装置的动力源。压缩空气具有黏度小、不污染、输送分配方便的优点，缺点是夹紧力比液压夹紧小，一般压缩空气工作压力为 0.4～0.6MPa，结构尺寸较大，有排气噪声。

2. 液压夹紧装置

液压夹紧装置的工作原理和结构基本上与气动夹紧装置相似，它与气动夹紧装置相比有下列优点。

① 压力油工作压力可达 6MPa。因此，油缸尺寸小，不需增力机构，夹紧装置紧凑。

② 压力油具有不可压缩性。因此，夹紧装置刚度大，工作平稳可靠。

③ 液压夹紧装置噪声小。

其缺点是需要有一套供油装置，成本要相对高一些。因此，适用于具有液压传动系统的机床和切削力较大的场合。

3. 气-液联合夹紧装置

气-液联合夹紧装置是利用压缩空气为动力，油液为传动介质，兼有气动和液压夹紧装置的优点。

4. 其他动力装置

（1）真空夹紧　利用工件上基准面与夹具上定位面间的封闭空腔抽取真空后来吸紧工件，也就是利用工件外表面上受到的大气压力来压紧工件的。真空夹紧特别适用于由铝、铜及其合金、塑料等非导磁材料制成的薄板形工件或薄壳形工件。图 3-57 所示为真空夹紧的工作情况。

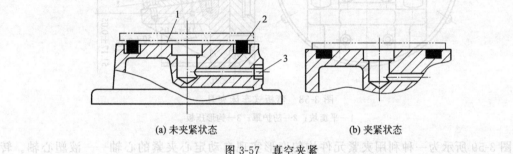

(a) 未夹紧状态　　　　　　　(b) 夹紧状态

图 3-57　真空夹紧

1—密封圈；2—橡胶密封圈；3—抽气口

（2）电磁夹紧　如平面磨床上的电磁吸盘，当线圈中通上直流电后，其铁芯就会产生磁场，在磁场力的作用下将导磁性工件夹紧在吸盘上。

（3）其他方式夹紧　它们通过重力、惯性力、弹性力等将工件夹紧。

第五节　各类机床夹具简介

本节将对各类机床使用的夹具进行简要介绍，并结合各类机床夹具对夹具中除定位和夹紧元件或装置以外的其他元件或装置进行简要说明。

一、车床夹具

车床夹具主要用于加工零件的内外圆柱面、圆锥面、回转成形面、螺纹及端平面等。

1. 车床夹具的类型

根据工件的定位基准和夹具本身的结构特点，车床夹具可分为以下四类。

① 以工件外圆定位的车床夹具，如各类卡盘和夹头。

② 以工件内孔定位的车床夹具，如各种心轴。

③ 以工件顶尖孔定位的车床夹具，如顶尖、拨盘等。

④ 用于加工非回转体的车床夹具，如各种弯板式、花盘式车床夹具。

当工件定位表面为单一圆柱表面或与被加工面相垂直的平面时，可采用各种通用车床夹具，如三爪自定心卡盘、四爪单动卡盘、顶尖、花盘等。当工件定位面较复杂或有其他特殊要求时（如为了获得高的定位精度或在大批量生产时要求有较高的生产率），应设计专用车床夹具。

图 3-58 所示为一弯板式车床夹具，用于加工壳体零件的孔和端面。工件以底面及两孔

定位，并用两个钩形压板夹紧。镗孔中心线与零件底面之间的 8°夹角由弯板的角度来保证。为了控制端面尺寸，在夹具上设置了供测量用的测量基准（圆柱棒端面），同时设置了一个供检验和校正夹具用的工艺孔。

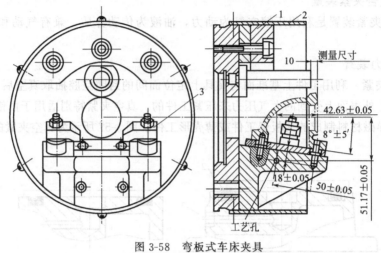

图 3-58   弯板式车床夹具
1—平衡块；2—防护罩；3—钩形压板

图 3-59 所示为一种利用夹紧元件均匀变形实现自动定心夹紧的心轴——液塑心轴。转动螺钉 2 推动柱塞 1，挤压液体塑料 3，使薄壁套 4 扩张，将工件定心并夹紧。这种心轴有较好的定心精度，但由于薄壁套扩张量有限，故要求工件定位孔精度在 8 级以上。

图 3-60 所示为车床上使用的感应式电磁卡盘。当线圈 1 上通入直流电后，在铁芯 4 上产生磁力线，避开隔磁体 3，磁力线通过工件 6 和导磁体 5 形成闭合回路（如图中虚线所示），工件靠磁力吸附在吸盘 2 的盘面上，断电后磁力消失，即可取下工件。

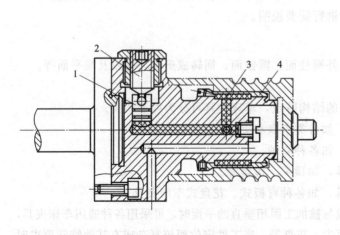

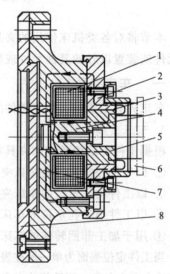

图 3-59   液塑心轴
1—柱塞；2—螺钉；3—液体塑料；4—薄壁套

图 3-60   电磁卡盘
1—线圈；2—吸盘；3—隔磁体；4—铁芯；5—导磁体；6—工件；7—夹具体；8—过渡盘

2. 车床夹具设计要点

（1）车床夹具总体结构　车床夹具大都安装在车床主轴上，并与主轴一起作回转运动。为保证夹具工作平稳，夹具的结构应尽量紧凑，重心应尽量靠近主轴端，一般要求夹具悬伸不大于夹具轮廓外径。对于弯板式车床夹具和偏重的车床夹具，应很好地进行平衡。通常可采用加平衡块（配重）的方法进行平衡（参考图 3-58 中的件 1）。为保证工作安全，夹具上所有元件或机构不应超出夹具体的外廓，必要时应加防护罩（如图 3-58 中的件 2）。此外要求车床夹具的夹紧机构要能提供足够的夹紧力，且有较好的自锁性，以确保工件在切削过程中不会松动。

（2）夹具与车床主轴的连接　车床夹具与车床主轴的连接方式取决于车床主轴轴端的结构以及夹具的体积和精度要求。图 3-61 所示为几种常见的连接方式。在图 3-61(a) 中，夹具体以长锥柄安装在主轴锥孔内，这种方式定位精度高，但刚性较差，多用于小型车床夹具与主轴的连接。图 3-61(b) 所示夹具以端面 A 和圆孔 D 在主轴上定位，孔与主轴轴颈的配合一般取 H7/h6，这种连接方法制造容易，但定位精度不高。图 3-61(c) 所示夹具以端面 T 和短锥面 K 定位，这种安装方式不但定心精度高，而且刚性也好。需注意的是，这种定位方法是过定位，因此要求制造精度很高，一般要对夹具体上的端面和锥孔进行配磨加工。

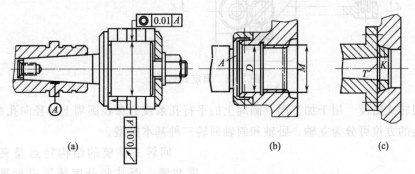

图 3-61　夹具在机床主轴上的安装

车床夹具还经常使用过渡盘与车床主轴相连接。图 3-60 中的件 8 即为一种常用的过渡盘。过渡盘与车床的连接与上面介绍的夹具与主轴的连接方法相同。过渡盘与夹具的连接大都采用止口（一大平面加一短圆柱面）连接方式（参考图 3-60）。当车床上所用夹具需要经常更换时，或同一套夹具需要在不同机床上使用时，采用过渡盘连接是很方便的。为减小由于增加过渡盘而造成的夹具安装误差，可在安装夹具时，对夹具的定位面（或在夹具上专门制出的找正环面）进行找正。车床夹具的设计要点同样适合于内圆磨床和外圆磨床所用的夹具。

二、钻床夹具

钻床夹具是在钻床上用来钻孔、扩孔、铰孔等的机床夹具，这类夹具因大都具有刀具导向装置钻模板和钻套，故习惯上又称为钻模。在机床夹具中，钻模占有相当大的比例。

1. 钻模的类型

钻模根据其结构特点可分为固定式钻模、回转式钻模、盖板式钻模和滑柱式钻模等。

（1）固定式钻模　加工中钻模相对于工件的位置保持不变的钻模称为固定式钻模。这类钻模多用于立式钻床（加工较大的单元孔）、摇臂钻床（加工平行孔系）和多轴钻床上。图 3-62 所示为一固定式钻模，该钻模用于加工连杆零件上的锁紧孔。

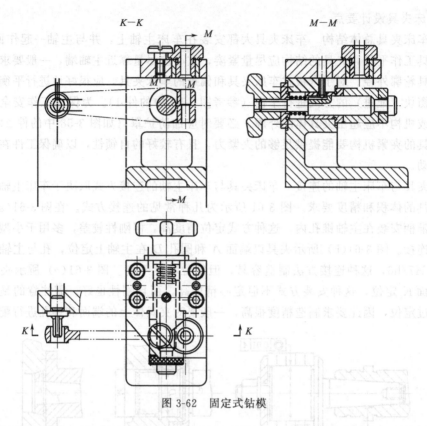

图 3-62 固定式钻模

（2）回转式钻模 用于加工同一圆周上的平行孔系或分布在圆周上的径向孔系。其结构按回转轴线的方位可分为立轴、卧轴和斜轴回转三种基本类型。

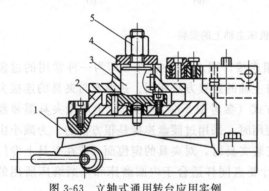

图 3-63 立轴式通用转台应用实例
1—立轴式通用回转工作台；2—定位盘；
3—心轴；4—开口垫圈；5—螺母

回转式钻模的结构特点是夹具具有分度装置，而某些分度装置已标准化，在设计回转式钻模时可以充分利用这些装置，特殊情况时才设计专门的回转分度装置。图 3-63 是利用立轴式通用回转工作台来设计回转式钻模的一个例子。此处，立轴式通用回转工作台即是夹具的分度装置，也是夹具体。

（3）盖板式钻模 特点是没有夹具体，一般情况下，钻模板上除了钻套外，还装有定位元件和夹紧装置，加工时只要将它覆盖在工件上即可。图 3-64 所示为加工车床溜板箱上多个小孔所用的盖板式钻模，它用圆柱销 1 和菱形销 3 在工件两孔中定位，并通过三个支承钉 4 安放在工件上。盖板式钻模的优点是结构简单，多用于加工大型工件上的小孔。

（4）滑柱式钻模 是一种具有升降钻模板的通用可调整钻模，该种夹具不必使用单独的夹紧装置。图 3-65 为手动滑柱式钻模结构，它由钻模板、滑柱、夹具体、传动和锁紧机构组成，这些结构已标准化并形成系列。使用时，只需根据工件的形状、尺寸和定位夹紧要求，设计制造与之相配的专用定位、夹紧装置和钻套，并将其安装在夹具基体上即可，图 3-

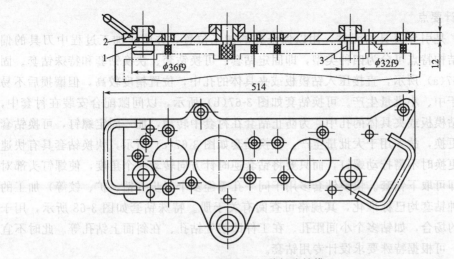

图 3-64 盖板式钻模

1—圆柱销；2—钻模板；3—菱形销；4—支承钉

66 为一应用实例。

滑柱式钻模当钻模板上升到一定高度时或压紧工件后应能自锁，在手动滑柱式钻模中多采用锥面锁紧机构。如图 3-65 所示，当压紧工件后，作用在斜齿轮上的反作用力在齿轮轴上引起轴向力，使锥体 A 在夹具体的内锥面中楔紧，从而锁紧钻模板。当加工完毕后，升起钻模板到一定高度，此时钻模板自重的作用使齿轮轴产生反向轴向力，使锥体与锥套 6 的锥孔楔紧，从而钻模板也被锁死。

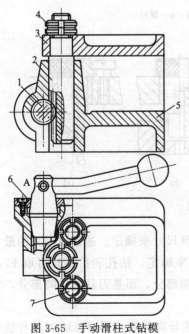

图 3-65 手动滑柱式钻模

1—斜齿轮轴；2—齿条轴；3—钻模板；4—螺母；
5—夹具体；6—锥套；7—滑柱

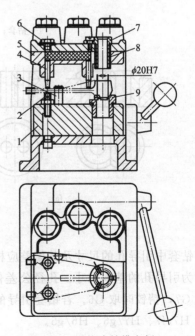

图 3-66 滑柱式钻模实例

1—底座；2—可调支承；3—挡销；4—压柱；5—压柱
体；6—螺塞；7—钻套；8—衬套；9—定位锥套

2. 钻模设计要点

（1）钻套　是引导刀具的元件，用以保证孔的加工位置，并防止加工过程中刀具的偏斜。钻套按其结构特点可分为四种类型，即固定钻套、可换钻套、快换钻套和特殊钻套。固定钻套如图 3-67(a) 所示，直接压入钻模板或夹具体的孔中，位置精度较高，但磨损后不易拆卸，故多用于中、小批量生产。可换钻套如图 3-67(b) 所示，以间隙配合安装在衬套中，而衬套则压入钻模板或夹具体的孔中，为防止钻套在衬套中转动，加一固定螺钉，可换钻套在磨损后可以更换，故多用于大批量生产。快换钻套如图 3-67(c) 所示，快换钻套具有快速更换的特点，更换时不需拧动螺钉，而只要将钻套逆时针方向转动一个角度，使螺钉头部对准钻套缺口，即可取下钻套。快换钻套多用于同一孔需经多个工步（钻、扩、铰等）加工的情况。上述三种钻套均已标准化，其规格可查阅有关于册。特殊钻套如图 3-68 所示，用于某些特殊加工的场合，如钻多个小间距孔、在工件凹陷处钻孔、在斜面上钻孔等。此时不宜使用标准钻套，可根据特殊要求设计专用钻套。

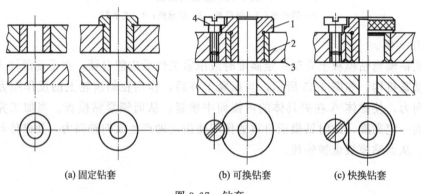

(a) 固定钻套　　　　(b) 可换钻套　　　　(c) 快换钻套

图 3-67　钻套
1—钻套；2—衬套；3—钻模板；4—螺钉

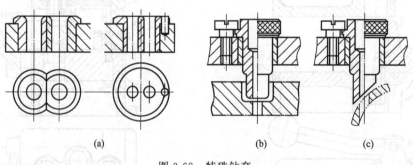

(a)　　　　　　(b)　　　　　　(c)

图 3-68　特殊钻套

钻套中引导孔的尺寸及其偏差应根据所引导的刀具尺寸来确定。通常取刀具的最大极限尺寸为引导孔的基本尺寸，孔径公差依加工精度要求来确定。钻孔和扩孔时可取 F7，粗铰时取 G7，精铰时取 G6。若钻套引导的不是刀具的切削部分，而是刀具的导向部分，常取配合为 H7/f7、H7/g6、H6/g5。

钻套的高度 H 如图 3-69 所示，它直接影响钻套的导向性能，同时影响刀具与钻套之间的摩擦情况，通常取 $H=(1\sim2.5)d$。对于精度要求较高的孔、直径较小的孔和刀具刚性较差时应取较大值。

钻套与工件之间一般应留有排屑间隙，此间隙不宜过大，以免影响导向作用，一般可取 $h=(0.3\sim1.2)d$。加工铸铁和黄铜等脆性材料时，可取较小值；加工钢等韧性材料时，应取较大值。当孔的位置精度要求很高时，也可以取 $h=0$。

（2）钻模板 用于安装钻套，钻模板与夹具体的连接方式有固定式、铰链式、分离式和悬挂式等几种。图 3-62 所示钻模采用的是固定式钻模板，这种钻模板直接固定在夹具体上，结构简单、精度较高。当使用固定式钻模板装卸工件有困难时，可采用铰链式钻模板，图 3-63 所示钻模即采用了铰链式钻模板，以使工件可以方便地装卸。这种钻模板通过铰链与夹具体相连接，由于铰链处存在间隙，因而精度不高。图 3-70 所示为分离式钻模板，这种钻模板是可拆卸的，工件每装卸一次，钻模板也要装卸一次。与铰链式钻模板一样，它也是为了装卸工件方便而设计的，但在某些情况下，精度比铰链式钻模板要高。图 3-71 所示为悬挂式钻模板，这种钻模板悬挂在机床主轴上，并随主轴一起靠近或离开工件，它与夹具体的相对位置由滑柱来保证，这种钻模板多与组合机床的多轴头联用。

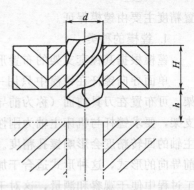

图 3-69 钻套高度与容屑间隙

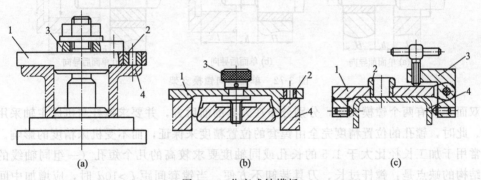

图 3-70 分离式钻模板

1—钻模板；2—钻套；3—夹紧元件；4—工件

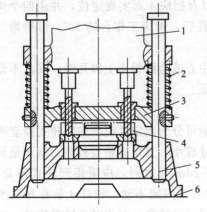

图 3-71 悬挂式钻模板

1—横梁；2—弹簧；3—钻模板；
4—工件；5—滑柱；6—夹具体

（3）夹具体 钻模的夹具体一般不设定位或导向装置，夹具通过夹具体底面安放在钻床工作台上，可直接用钻套找正并用压板压紧（或在夹具体上设置耳座用螺栓压紧）。对于翻转式钻模，通常要求在相对于钻头送进方向设置支脚，支脚可以直接在夹具体上制出，也可以制成装配式，支脚一般应有四个，以检查夹具安放是否歪斜。支脚的宽度（或直径）应大于机床工作台 T 形槽的宽度。

三、镗床夹具

具有刀具导向的镗床夹具，习惯上又称为镗模，主要用于加工箱体、支座等零件上的孔或孔系，保证孔的尺寸精度、几何形状精度、孔距和孔的位置精度。镗模与钻模有很多相似之处。工件上的孔或孔系的位置精度主要由镗模保证。

1. 镗模的种类

镗模根据其镗套支架的布置形式可分为单面导向和双面导向两类。

单面导向镗杆在镗模中只用一个位于刀具前面或后面的镗套引导，即只有一个导向支架，可布置在刀具前面（称为前导向），也可布置在刀具后面（称为后导向）。这两种形式的支架，要求镗杆与机床主轴为刚性连接，并应保证镗套中心线与主轴轴线重合。此时，机床主轴的回转精度会影响镗孔精度。此种镗模适合于加工短孔和小孔。图 3-72(a)所示为单面前导向的形式，这种形式适合于加工孔径大于 60mm、长径比小于 1 的通孔，其优点是在加工过程中便于观察和测量，这对于需要更换刀具进行多工位或多工步的加工是很方便的。图 3-72(b)、(c)所示为单面后导向的形式，主要用于盲孔或孔径小于 60mm 的通孔加工。当被加工孔的长径比小于 1 时，镗杆引导部分直径可大于孔径[参考图 3-72(b)]，此时镗杆刚性较好，加工精度易于保证，换刀时也不必更换镗套。当被加工孔的长径比大于 1 时，镗杆直径应制成同一尺寸，并应小于被加工孔的孔径[参考图 3-72(c)]，以使镗杆能够进入孔中。

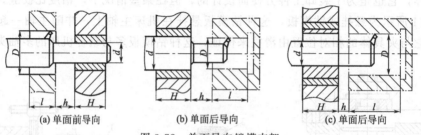

(a) 单面前导向   (b) 单面后导向   (c) 单面后导向

图 3-72　单面导向镗模支架

双面导向有两个镗模支架，分别分布在刀具的前后方，并要求镗杆与机床主轴采用浮动连接。此时，镗孔的位置精度完全由镗套的位置精度来保证，而不受机床精度的影响。双面导向常用于加工长径比大于 1.5 的长孔或同轴度要求较高的几个短孔（一组同轴线的孔）。这种结构的缺点是：镗杆过长、刀具装卸不方便。当镗套间距 $l > 10d$ 时，应增加中间引导支撑，以提高镗杆刚度。

图 3-73 所示为采用双面导向支架的镗模实例。该镗模用于镗削泵体上两个相互垂直的孔。工件以 A、B、C 面分别与支承板 3、2、1 相接触以及挡块 4 而实现定位，并用四个钩形压板 5 压紧，两镗杆由镗套 6 支承并导向。镗好一个孔后，镗床工作台转 90°，再镗第二个孔。

另外，当工件在刚性好、精度高的坐标镗床、加工中心或金刚镗床上镗孔时，夹具不设置镗套，被加工孔的尺寸精度和位置精度由机床精度保证。

2. 镗模的设计要点

(1) 镗套　用于引导镗杆，根据其在加工中是否运动可分为固定式镗套和回转式镗套两类。固定式镗套（图 3-74）的结构与钻套相似，外形尺寸较小，且位置精度较高，缺点是易于磨损，多用于速度较低的场合。当镗杆的线速度大于 20m/min 时，应采用回转式镗套，如图 3-75 所示：图中左端 a 所示结构为内滚式镗套，镗套 2 固定不动，镗杆 4 装在导向滑套 3 内的滚动轴承上，镗杆相对于导向滑套回转，并连同导向滑套一起相对于镗套移动，这种镗套精度较好，但尺寸较大，因此多用于后导向；图中右端 b 的结构为外滚式镗套，镗杆与镗套 5 一起回转，两者之间只有相对移动而无相对转动，这种镗套尺寸较小，用得较多。

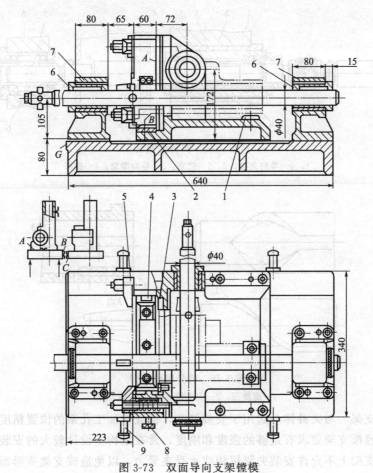

图 3-73 双面导向支架镗模

1~3—支承板；4—挡块；5—钩形压板；6—镗套；7—镗模支架；8—螺钉；9—起吊螺栓

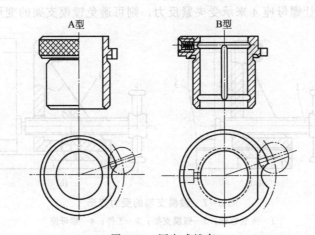

图 3-74 固定式镗套

当镗刀需要在镗模支架外面安装调整，且镗套直径小于被加工孔的孔径时，要考虑镗刀通过镗套的问题。图 3-76 是一种镗刀的定向机构。在回转式镗套上装有尖头定向键，如图 3-76(b)所示，镗杆端部制成双螺旋面，如图 3-76(a)所示，当镗杆通过镗套时，尖头定向键沿螺旋面 1 自动进入镗杆的键槽中，以保证镗刀与镗套的引刀槽 3 对准。

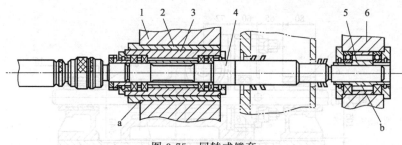

图 3-75　回转式镗套

1，6—导向支架；2，5—镗套；3—导向滑套；4—镗杆

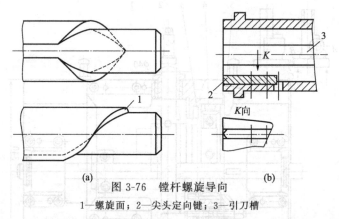

图 3-76　镗杆螺旋导向

1—螺旋面；2—尖头定向键；3—引刀槽

（2）镗模支架　与夹具体一起用于安装镗套，保证被加工孔系的位置精度，并可承受切削力的作用。镗模支架要求有足够的强度和刚度，常在结构上设计较大的安装基面和必要的加强筋。镗模支架上不允许安装夹紧机构或承受夹紧力，以免造成支架变形而影响精度。如图 3-77(a)所示，夹紧力的反力作用在镗模支架上，将引起支架变形而影响镗孔精度。改成图 3-77(b)的形式，让螺母座 4 来承受夹紧反力，则可避免镗模支架的变形。

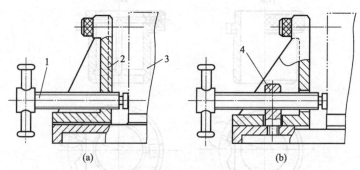

图 3-77　镗模支架的受力变形

1—夹紧螺栓；2—镗模支架；3—工件；4—螺母座

镗模底座上一般应设有耳座和起吊孔（或起吊螺栓），分别用以安装和起吊镗模。此外，在镗模底座的侧面，还常常加工出细长的找正基面（参考图 3-73 中的 G 面），用以找正夹具定位元件和导向元件的位置，以及找正夹具在机床工作台上安装时的位置。

四、铣床夹具

铣床夹具主要用于加工零件上的平面、键槽、缺口及成形表面等。

1. 铣床夹具的类型

由于铣削过程中，夹具大都与工作台一起作进给运动，而铣床夹具的整体结构又常常取决于铣削加工的进给方式，因此常按不同的进给方式将铣床夹具分为直线进给式、圆周进给式和仿形进给式三种类型。

直线进给式铣床夹具用得最多。根据夹具上同时安装工件的数量，又可分为单件铣夹具和多件铣夹具。图 3-78 所示为铣工件上斜面的单件铣夹具，工件以一面两孔定位，为保证夹紧力作用方向指向主要定位面，两个压板的前端制成球面。此外，为了确定对刀块的位置，在夹具上设置了工艺孔。

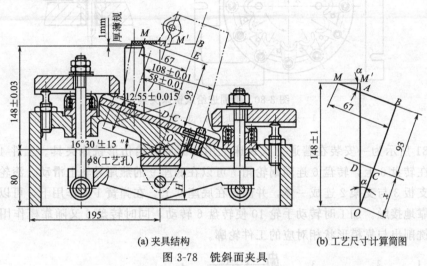

(a) 夹具结构　　　　　　　　　(b) 工艺尺寸计算简图

图 3-78　铣斜面夹具

图 3-79 所示为铣轴端方头的多件铣夹具，一次安装四件同时进行加工。为提高生产率，且保证各工件获得均匀一致的夹紧力，夹具上采用了联动夹紧机构并设置了相应的浮动环节（球面垫圈与压板）。

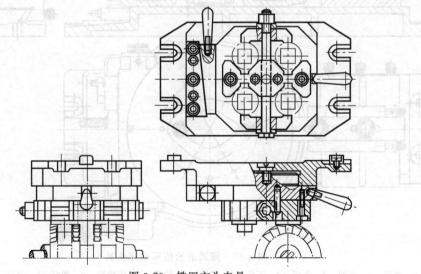

图 3-79　铣四方头夹具

圆周进给式铣床夹具通常用在具有回转工作台的铣床上，一般均采用连续进给，有较高的生产率。图 3-80 所示为一圆周进给式铣床夹具的简图。回转工作台 2 带动工件（拨叉）

作圆周连续进给运动，将工件依次送入切削区，当工件离开切削区后即被加工好。在非切削区内，可将加工好的工件卸下，并装上待加工的工件。这种加工方法使机动时间与辅助时间相重合，从而提高了机床利用率。

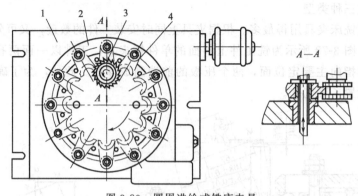

图 3-80　圆周进给式铣床夹具

1—夹具；2—回转工作台；3—铣刀；4—工件

图 3-81 所示为一安装在普通立式铣床上用的圆周进给仿形铣床夹具。工件 4 与靠模 5 同轴安装在转盘 6 上，转盘 6 连同蜗轮箱 7 可以在底座 9 的燕尾导轨上滑动。滚轮安装在支板 3 上，支板 3 与支架 2 连成一体，并固定在底座 9 上。在弹簧 1 的作用下，可以保证靠模与滚子可靠地接触。加工时转动手轮 10 使转盘 6 转动，同时转盘 6 又随靠模作用而左右移动，从而铣削出与靠模形状相对应的工件轮廓。

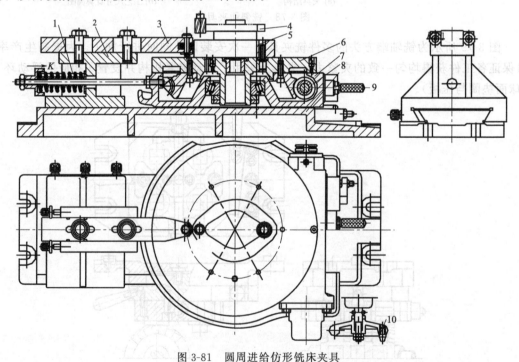

图 3-81　圆周进给仿形铣床夹具

1—弹簧；2—支架；3—支板；4—工件；5—靠模；6—转盘；7—蜗轮箱；8—蜗杆；9—底座；10—手轮

2. 铣床夹具设计要点

（1）夹具总体结构　铣削加工的切削力较大，又是断续切削，加工中易引起振动，因此铣夹具的受力元件要有足够的强度和刚度。夹紧机构所提供的夹紧力应足够大，且要求有较好的自锁性能。为了提高夹具的工作效率，应尽可能采用机动夹紧机构和联动夹紧机构，并在可能的情况下，采用多件夹紧和多件加工。

（2）对刀装置　用以确定夹具相对于刀具的位置。铣床夹具的对刀装置主要由对刀块和塞尺构成。图 3-82 所示为几种常用的对刀块：图（a）为高度对刀块，用于加工平面时对刀；图（b）为直角对刀块，用于加工键槽或台阶面时对刀；图（c）和图（d）为成形对刀块，用于加工成形表面时对刀。塞尺用于检查刀具与对刀块之间的间隙，以避免刀具与对刀块直接接触。

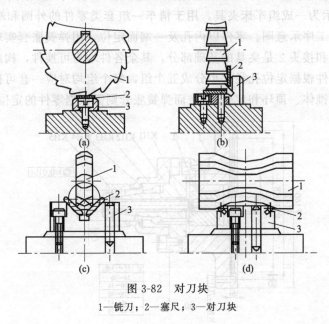

图 3-82　对刀块

1—铣刀；2—塞尺；3—对刀块

（3）夹具体　铣床夹具的夹具体要承受较大的切削力，因此要有足够的强度、刚度和稳定性。通常在夹具体上要适当地布置筋板，夹具体的安装基面应足够大，且尽可能制成周边接触的形式。铣床夹具通常通过定位键与铣床工作台 T 形槽的配合来确定夹具在机床上的方位。图 3-83 所示为定位键结构及应用情况，定位键与夹具体配合多采用 H7/h6，为了提高夹具的安装精度，定位键的下部（与工作台 T 形槽配合部分）可留有余量进行修配，或在安装夹具时使定位键一侧与工作台 T 形槽靠紧，以消除间隙的影响。铣床夹具大都在夹具体上设计有耳座，并通过螺栓将夹具牢固地紧固在机床工作台的 T 形槽中。

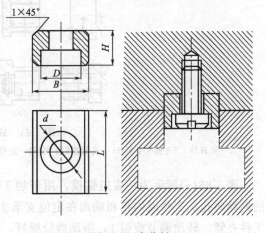

图 3-83　定位键

铣床夹具的设计要点同样适用于刨床夹具，其中主要方面也适用于平磨夹具。

五、其他类型夹具

1. 成组夹具

成组夹具是在成组技术原理指导下，为执行成组工艺而设计的夹具。与专用夹具相比，成组夹具的设计不是针对某一零件的某个工序，而是针对一组零件的某个工序，即成组夹具要适应零件组内所有零件在某一工序的加工。

（1）成组夹具的结构特点　成组夹具在结构上由两大部分组成：基础部分和可调整部分。基础部分是成组夹具的通用部分，在使用中固定不变，通常包括夹具体、夹紧传动装置和操作机构等。此部分结构主要依据零件组内各零件的轮廓尺寸、夹紧方式及加工要求等因素确定。可调整部分通常包括定位元件、夹紧元件和刀具引导元件等。更换工件品种时，只需对该部分进行调整或更换元件，即可进行新的加工。

图 3-84(a)所示为一成组车床夹具，用于精车一组套类零件的外圆和端面，图 3-84（b）为该组部分零件的工序示意图。零件以内孔及一端面定位，用弹簧胀套实现径向夹紧。在该夹具中，夹具体 1 和接头 2 是夹具的基础部分，其余各件均为可换件，构成夹具的可调整部分。零件组内的零件根据定位孔径大小分成五个组，每个组均对应一套可换的夹具元件（包括夹紧螺钉、定位锥体、顶环和定位环），而弹簧胀套则需根据零件的定位孔径来确定。

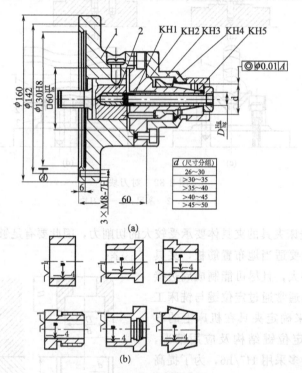

图 3-84　成组车床夹具

1—夹具体；2—接头；KH1—夹紧螺钉；KH2—定位锥体；KH3—顶环；KH4—定位环；KH5—弹簧胀套

图 3-85(a)所示为一成组钻模，用于加工图 3-85（b）所示零件组内各零件上垂直相交的两径向孔。工件以内孔和端面在定位支承 2 上定位，旋转夹紧手钮 4，带动锥头滑柱 3 将工件夹紧。转动调节旋钮 1，带动微分螺杆，可调整定位支承端面到钻套中心的距离 C，此值可直接从刻度盘上读出。微分螺杆用手柄 6 锁紧。该夹具的基础部分包括夹具体、钻模板、调节旋钮、夹紧手钮、紧固手柄等。夹具的可调整部分包括定位支承、滑柱、钻套等。更换定位支承 2 并调整其位置，可适应不同零件的定位要求。更换滑柱 3，可适应不同零件的夹紧要求。更换钻套 5 则可加工不同零件的孔。

（2）成组夹具的调整方式　可归纳成四种形式，即更换式、调节式、综合式和组合式。

① 更换式 采用更换夹具可调整部分元件的方法，来实现组内不同零件的定位、夹紧、对刀或导向。图3-84所示的成组车夹具就是完全采用更换夹具元件的方法来实现不同零件定位和夹紧的一个例子。采用这种方法的优点是适用范围广，使用方便可靠，且易于获得较高的精度；缺点是夹具所需更换元件数量较多，会使夹具制造费用增加，并给保管工作带来不便。此法多用于夹具上精度要求较高的定位和导向元件。

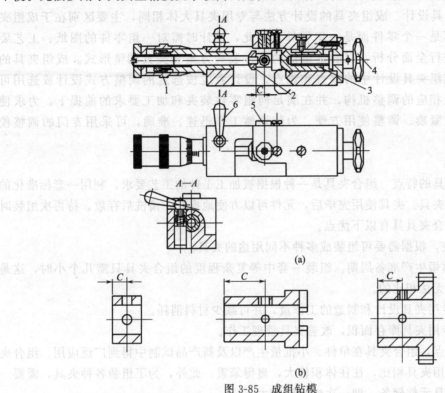

(a)

(b)

图3-85 成组钻模

1—调节旋钮；2—定位支承；3—滑柱；4—夹紧手钮；5—钻套；6—紧固手柄

② 调节式 借助于改变夹具上可调元件位置的方法来实现组内不同零件的装夹和导向。图3-85所示成组钻模中，位置尺寸 C 就是通过调节螺杆来保证的。采用调节方法所需元件数量少，制造成本低，但调整需花费一定时间，且夹具精度受调整精度的影响。此外，活动的调整元件有时会降低夹具的刚度。调节法多用于加工精度要求不高和切削力较小的场合。

③ 综合式 在实际生产中应用较多的是上述两种方法的综合，即在同一套成组夹具中，既采用更换元件的方法，又采用调节的方法。图3-85的成组钻模就是综合式的成组夹具。

④ 组合式 将一组零件的有关定位或导向元件同时组合在一个夹具体上，以适应不同零件加工的需要。一个零件加工只使用其中的一套元件，占据一个相应的位置。图3-86所示的成组拉床夹具就是一个

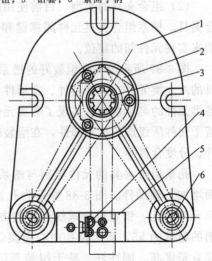

图3-86 拉花键孔成组夹具

1—夹具体；2—支承法兰盘；3—球面支承套；
4—挡销；5—支承块；6—菱形销

组合式成组夹具。该夹具用于拉削三种杆类零件的花键孔。由于每种零件的花键孔键槽均有角向位置要求，故在夹具体上分别设置了三个不同的角向定位元件——两个菱形销 6 和一个挡销 4。拉削不同工件时，分别采用相应的角度定位元件安装即可。组合式成组夹具由于避免了元件的更换与调节，节省了夹具调整时间。此种成组夹具通常只适用于零件组内零件种数较少而数量又较大的情况。

(3) 成组夹具设计　成组夹具的设计方法与专用夹具大体相同，主要区别在于成组夹具的使用对象不是一个零件而是一组零件。因此，设计时需对一组零件的图纸、工艺要求和加工条件进行全面分析，以确定最优的工件装夹方案和夹具调整形式。成组夹具的可调整部分是成组夹具设计中的重点和难点，设计者应按选定的调整方式设计或选用可换件、可调件及相应的调整机构，并在满足同组零件装夹和加工要求的前提下，力求使夹具结构简单、紧凑、调整使用方便。为使调整工作迅速、准确，可采用专门的调整校正试件。

2. 组合夹具

(1) 组合夹具的特点　组合夹具是一种根据被加工工件的工艺要求，利用一套标准化的元件组合而成的夹具。夹具使用完毕后，元件可以方便地拆开，清洗后存放，待再次组装时使用。因此，组合夹具具有以下优点。

① 灵活多变，根据需要可组装成多种不同用途的夹具。

② 可大大缩短生产准备周期。组装一套中等复杂程度的组合夹具只需几个小时，这是制造专用夹具所无法相比的。

③ 可减少专用夹具设计和制造的工作量，并可减少材料消耗。

④ 可减少专用夹具库存面积，改善夹具管理工作。

由于上述优点，组合夹具在单件、小批量生产以及新产品试制中得到广泛应用。组合夹具的不足是与专用夹具相比，往往体积较大，显得笨重。此外，为了组装各种夹具，需要一定数量的组合夹具元件储备，即一次性投资较大。

(2) 组合夹具的类型　目前使用的组合夹具有两种基本类型，即槽系组合夹具和孔系组合夹具。槽系组合夹具元件间靠键和槽（键槽和 T 形槽）定位，孔系组合夹具则通过孔与销来实现元件间的定位。

图 3-87 所示为一套组装好的槽系组合钻模及其元件分解图，图中标号表示出了组合夹具的八大类元件，即基础件、支承件、定位件、导向件、压紧件、紧固件、合件及其他件。各类元件的名称基本上体现了各类元件的功能，但在组装时又可灵活地交替使用。合件是由若干元件所组成的独立部件，在组装时不能拆散。合件按其功能又可分为定位合件、导向合件、分度合件等。

孔系组合夹具的元件类别与槽系组合夹具相仿，也分为八大类元件，但没有导向件，而增加了辅助件。图 3-88 所示为孔系组合夹具元件分解图，从图中可以看出孔系组合夹具元件间孔、销定位和螺纹连接的方法。孔系组合夹具元件上定位孔的精度为 H6，定位销的精度为 k5，而定位孔中心距误差为 ±0.01mm。与槽系组合夹具相比，孔系组合夹具具有精度高、刚性好、易于组装等特点，特别是它可以方便地提供数控编程的基准编程原点，因此在数控机床上得到广泛应用。图 3-89 所示即为在加工中心上使用的孔系组合夹具的实例。

(3) 组合夹具的组装　组装过程是一个复杂的脑力劳动和体力劳动相结合的过程，其实

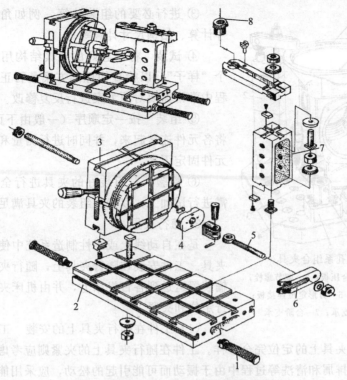

图 3-87 槽系组合钻模及其元件分解图

1—其他件；2—基础件；3—合件；4—定位件；5—紧固件；6—压紧件；7—支承件；8—导向件

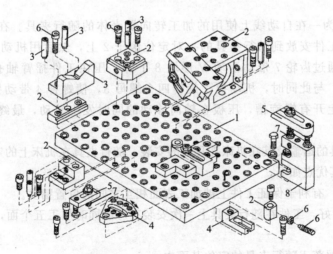

图 3-88 孔系组合夹具元件分解图

1—基础件；2—支承件；3—定位件；4—辅助件；5—压紧件；6—紧固件；7—其他件；8—合件

质和专用夹具的设计与装配过程是一样的，一般过程如下。

① 熟悉原始资料 包括阅读零件图（工序图），了解加工零件的形状、尺寸、公差、技术要求及所用的机床、刀具情况，并查阅以往类似夹具的记录。

② 构思夹具结构方案 根据加工要求选择定位元件、夹紧元件、导向元件及基础元件等（包括在特殊情况下设计专用件），构思夹具结构，拟定组装方案。

133

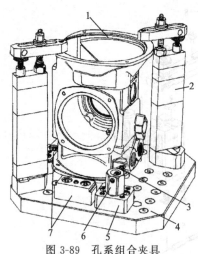

图 3-89 孔系组合夹具

1—工件；2—组合压板；3—调节螺栓；
4—方形基础板；5—方形定位连接板；
6—切边圆柱支承；7—台阶支承

③ 进行必要的组装计算　例如角度计算、坐标尺寸计算、结构尺寸计算等。

④ 试装　将构思好的夹具结构用选用的元件搭一个"样子"，以检查构思的方案是否正确可行，在此过程中常常需要对原方案进行反复修改。

⑤ 组装　按一定顺序（一般由下而上、由里到外）将各元件连接起来，并同时进行测量和调整，最后将各元件固定下来。

⑥ 检验　对组装好的夹具进行全面检查，必要时需进行试加工，以确保组装的夹具满足加工要求。

3. 随行夹具

是在自动线上或柔性制造系统中使用的一种移动式夹具。工件安装在随行夹具上，随行夹具载着工件由运输装置运送到各台机床上，并由机床夹具对随行夹具进行定位和夹紧。

（1）工件在随行夹具上的安装　工件在随行夹具上的定位与在一般夹具上的定位完全一样。工件在随行夹具上的夹紧则应考虑到随行夹具在运输、提升、翻转排屑和清洗等过程中由于振动而可能引起的松动，应采用能够自锁的夹紧机构，其中螺旋夹紧机构用得最多。此外，考虑到随行夹具在运输过程中的安全和便于自动化操作，随行夹具的夹紧机构一般均采用机动扳手操作，而没有手柄、杠杆等伸出的手动操作元件。

图 3-90 所示为一在自动线上使用的加工转向器壳体的随行夹具。在工件装卸的位置上，由机械手将工件安放到随行夹具的一对定位滚子 2 上，然后用机动扳手转动螺母 5，使齿条 6 左移，通过齿轮 7 带动活动 V 形块 8 下降，压在工件摇臂轴孔的外圆弧面上，使工件自动对中。与此同时，机动扳手旋转四个螺母 3，使螺杆 4 带动钩形压板 9 左移。由于压板圆柱体上开有螺旋槽，压板在轴向移动的同时发生转动，最终将工件压在指定的部位上。

（2）随行夹具的运输及其在机床夹具上的安装　随行夹具在机床上的定位大都采用一面两孔定位方式，其优点如下。

① 基准统一，有利于保证工件上被加工表面相互之间的位置精度。

②"敞开性"好，工件在随行夹具上一次安装有可能同时加工五个面，可实现工序高度集中。

③ 可防止切屑落入随行夹具的定位基面中。

图 3-90 所示的随行夹具即采用一面两孔定位。夹具底面四周装有淬火钢制成的支承板 1，构成一个大平面；夹具底板上相距较远的两对 $\phi20H7$ 孔，即构成定位用的两孔，其中一对用来加工工件上轴承孔时的定位，另一对则用于加工摇臂轴孔（与轴承孔相垂直）时的定位。

为便于随行夹具在传送带或其他传送装置上的运输，在随行夹具底板的底面上还需要制出运输基面。图 3-90 所示的随行夹具底面四周的淬火钢支承板 1 除构成随行夹具在机床夹具上的定位平面外，还兼用作随行夹具的运输基面。为减小运输基面磨损对定位基面的影响，在淬火钢支承板 1 开有一纵向槽将其分为两部分，外部为定位基面，内部为运输基面。

图 3-91 所示为随行夹具在自动线机床上的工作情况。随行夹具 4 在机床夹具 7 上用一面两孔定位，定位销由液压杠杆带动，可以伸缩，以使随行夹具可以在输送支承 6 上移动。随行夹具在机床夹具上的夹紧是通过液压缸 9、杠杆 8 带动四个可转动的钩形压板 2 来实现的。这种定位夹紧机构已标准化。随行夹具的移动是由带棘爪的步伐式输送带来带动的，输送带支承在支承滚 3 上，而随行夹具则支承在输送支承 6 上。

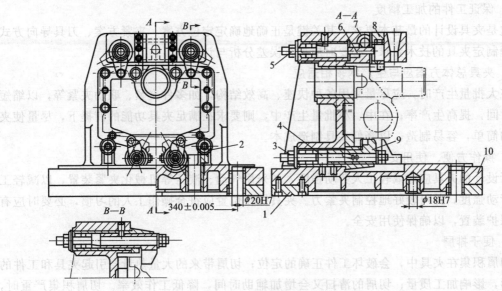

图 3-90　加工转向器壳体的随行夹具

1—支承板；2—定位滚子；3，5—螺母；4—螺杆；6—齿条；

7—齿轮；8—活动 V 形块；9—钩形压板；10—夹具体

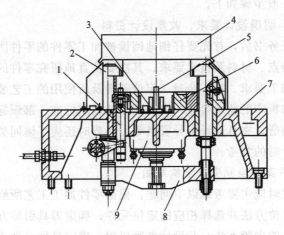

图 3-91　随行夹具在自动线机床上的工作情况

1—定位机构；2—钩形压板；3—支承滚；4—随行夹具；5—输送带；

6—输送支承；7—机床夹具；8—杠杆；9—液压缸

第六节 机床夹具设计步骤与方法

本节着重介绍专用机床夹具的设计步骤与方法，并讨论与此有关的一些问题。

一、 专用夹具设计的基本要求

机床专用夹具设计的基本要求可概括为以下几方面。

1. 保证工件的加工精度

这是夹具设计的最基本要求，其关键是正确地确定定位方案、夹紧方案、刀具导向方式及合理制定夹具的技术要求，必要时应进行误差分析与计算。

2. 夹具总体方案应与生产纲领相适应

在大批量生产时，应尽量采用各种快速、高效结构，如多件夹紧、联动夹紧等，以缩短辅助时间，提高生产率；在中、小批量生产中，则要求在满足夹具功能的前提下，尽量使夹具结构简单，容易制造，以降低夹具制造成本。

3. 操作方便、使用安全

所设计的夹具应能减轻工人劳动强度，如采用气动、液压等机械化夹紧装置，以减轻工人的劳动强度，并可较好地控制夹紧力。夹具操作位置应符合操作工人的习惯，必要时应有安全保护装置，以确保使用安全。

4. 便于排屑

切屑积集在夹具中，会破坏工件正确的定位；切屑带来的大量热量会引起夹具和工件的热变形，影响加工质量；切屑的清扫又会增加辅助时间，降低工作效率。切屑积集严重时，还会损伤刀具或造成工伤事故。因此排屑问题在夹具设计时必须给予充分的注意，在设计高效机床夹具时尤为重要。

5. 有良好的结构工艺性

所设计的夹具应便于制造、检验、装配、调整、维修等。

二、 专用夹具设计的一般步骤

专用夹具设计的一般步骤如下。

1. 研究原始资料，明确设计要求，收集设计资料

在接到夹具设计任务书后，首先要仔细地阅读被加工零件的零件图和装配图，清楚地了解零件的作用、结构特点、材料及技术要求；其次要认真地研究零件的工艺规程，充分了解本工序的加工内容和加工要求、加工余量、定位基准及所使用的工艺装备。

收集有关资料，如机床的技术参数，夹具部件的国家标准、部颁标准、企业标准和厂定标准，典型夹具结构图册，夹具设计指导资料等。必要时还应了解同类零件所用过的夹具及其使用情况，作为设计时的参考。

2. 拟定夹具结构方案，绘制夹具结构草图

拟定夹具结构方案时应主要考虑以下问题：根据零件加工工艺所给的定位基准和六点定位原则，确定工件的定位方法并选择相应的定位元件；确定刀具引导方式，并设计引导装置或对刀装置；确定工件的夹紧方法，并设计夹紧机构；确定其他元件或装置的结构形式；考虑各种元件和装置的布局，确定夹具体的总体结构。为使设计的夹具先进、合理，常需拟定几种结构方案，进行比较，从中择优。在构思夹具结构方案时，应绘制夹具结构草图，以帮

助构思，并检查方案的合理性和可行性，同时也为进一步绘制夹具装配图做好准备。

3. 绘制夹具装配图，标注有关尺寸及技术要求

夹具装配图应按国家标准绘制，比例尽量取 1:1，这样可使所绘制的夹具图有良好的直观性。对于很大的夹具，可使用 1:2 或 1:5 的比例；夹具很小时可使用 2:1 的比例。夹具装配图在清楚表达夹具工作原理和结构的情况下，视图应尽可能少，主视图应取操作者实际工作位置。

绘制夹具装配图可参照如下顺序进行：用假想线（双点画线）画出工件轮廓（注意将工件视为透明体，不挡夹具），并应画出定位面、夹紧面和加工面（画在各视图上）；画出定位元件及刀具引导元件；按夹紧状态画出夹紧元件及夹紧机构（必要时用假想线画出夹紧元件的松开位置）；绘制夹具体和其他元件，将夹具各部分连成一体；标注必要的尺寸、配合、技术条件；待加工面上的加工余量可用网纹线或粗实线表示；对零件进行编号，填写零件明细表和标题栏。

4. 绘制零件图

对夹具装配图中的非标准件均应绘制零件图，零件图视图的选择应尽可能与零件在总图上的工作位置相一致，并按总图要求确定零件的尺寸、公差和技术要求。

图 3-92 所示为一夹具设计过程示例。该夹具用于加工连杆零件的小头孔，图 3-92(a) 所示为工序简图。零件材料为 45 钢，毛坯为模锻件，生产纲领为 500 件，所用机床为立式钻床 Z5250。设计主要过程如下。

① 精度与批量分析。本工序有一定位置精度要求，属于批量生产，使用夹具加工是适当的。但考虑到生产批量不是很大，因而夹具结构应尽可能简单，以减小夹具制造成本（具体分析从略）。

② 确定夹具结构方案。

a. 确定定位方案，选择定位元件。本工序加工要求保证的位置精度主要是中心距尺寸 (120 ± 0.05)mm 及平行度公差 0.05mm。根据基准重合原则，应选 $\phi36$H7 孔为主要定位基准，即工序简图中所规定的定位基准是恰当的。为使夹具结构简单，选择间隙配合的刚性心轴加小端面的定位方式（若端面 B 与孔 A 垂直度误差较大，则端面处应加球面垫圈）。又为保证小头孔处壁厚均匀，采用活动 V 形块来确定工件的角向位置，参考图 3-92(b)。

b. 确定导向装置。本工序小头孔加工的精度要求较高，一次装夹要完成钻→扩→粗铰→精铰四个工步，故采用快换钻套（机床上相应的采用快换夹头）；又考虑到要求结构简单且能保证精度，采用固定式钻模板，参考图 3-92(c)。

c. 确定夹紧机构。理想的夹紧方式应使夹紧力作用在主要定位面上，本例中可采用弹性可胀心轴、液塑心轴等，但这样做夹具结构较复杂，制造成本较高。为简化结构，确定采用螺旋夹紧，即在心轴上直接做出一段螺纹，并用螺母和开口垫圈锁紧，参考图 3-92(d)。

d. 确定其他装置和夹具体。为了保证加工时工艺系统的刚度和减小加工时工件的变形，应在靠近工件的加工部位增加辅助支承。夹具体的设计应全盘考虑，应能使上述各部分通过夹具体有机地连系起来，形成一个完整的夹具。此外，还应考虑夹具与机床的连接。因为是在立式钻床上使用，夹具安装在工作台上可直接用钻套找正并用压板固定，故只需在夹具体上留出压板压紧的位置即可。又考虑到夹具的刚度和安装的稳定性，夹具体底面设计成周边接触的形式，参考图 3-92(e)。

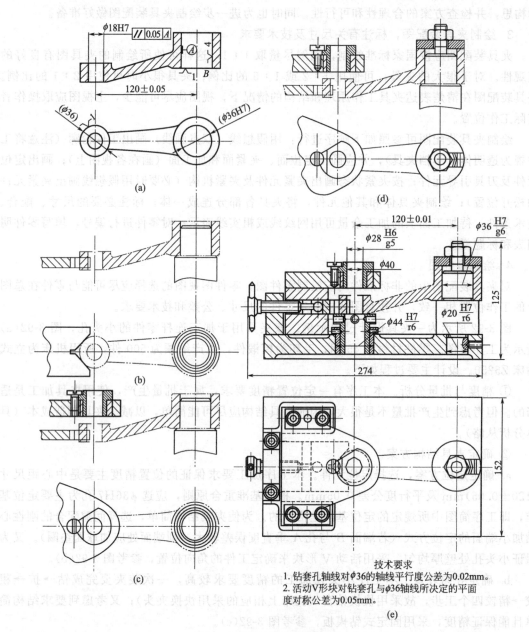

技术要求
1. 钻套孔轴线对φ36的轴线平行度公差为0.02mm。
2. 活动V形块对钻套孔与φ36轴线所决定的平面
度对称公差为0.05mm。

(e)

图 3-92　夹具设计过程示例

③ 在绘制夹具草图的基础上绘制夹具装配图，标注尺寸和技术要求，参考图 3-92(e)。

④ 对零件进行编号，填写明细表和标题栏，绘制零件图（从略）。

三、专用夹具设计中的几个重要问题

1. 夹具设计的经济性分析

在零件加工过程中，对于某一工序而言，是否要使用夹具，应使用什么类型的夹具（通用夹具、专用夹具、组合夹具等），以及在确定使用专用夹具的情况下应设计什么档次的夹具，这些问题在夹具设计前必须加以认真的考虑。除了从保证加工质量的角度考虑外，还应进行经济性分析，以确保所设计的夹具在经济上合理。具体内容可参考有关资料。

2. 成组设计思想的采用

以相似性原理为基础的成组技术在设计、制造、管理等各方面均有广泛的应用，夹具设计也不例外。在夹具设计中应用成组技术的主要方法是：根据夹具的名称、类别、所用机床、服务对象、结构形式、尺寸规格、精度等级等对夹具及夹具零部件进行分类编码，并将设计图纸及有关资料分类存放，当设计新夹具时，首先要对已有的夹具进行检索，找出编码相同或相近的夹具，或对它进行小的修改、或取其部分结构、或供设计时参考，在设计夹具零部件时，也可采用相同的方法，或直接将已有的夹具零部件拿来使用，或在原有图纸基础上作些小的改动。不论采用哪种方式，均可大大减小设计工作量，加快设计进度。

此外，在夹具设计中采用成组技术原理，有利于夹具设计的标准化和通用化。

3. 夹具装配图上尺寸及技术条件的标注

夹具装配图上标注尺寸及技术要求的目的主要是为了便于拆零件图，便于夹具装配和检验。为此应有选择地标注尺寸及技术要求，具体讲，夹具装配图上应标注以下内容。

① 夹具外形轮廓尺寸。

② 与夹具定位元件、导向元件及夹具安装基准面有关的配合尺寸、位置尺寸及公差。

③ 夹具定位元件与工件的配合尺寸。

④ 夹具导向元件与刀具的配合尺寸。

⑤ 夹具与机床的连接尺寸及配合。

⑥ 其他重要配合尺寸。

夹具上有关尺寸公差和形位公差通常取工件上相应公差的 $1/5 \sim 1/2$。当生产批量较大时，考虑夹具的磨损，应取较小值；当工件本身精度较高，为使夹具制造不十分困难，可取较大值。当工件上相应的公差为自由公差时，夹具上有关尺寸公差常取 ± 0.1mm 或 ± 0.05mm，角度公差（包括位置公差）常取 $\pm 10'$ 或 $\pm 5'$。确定夹具公差带时，还应注意保证夹具的平均尺寸与工件上相应的平均尺寸一致，即保证夹具上有关尺寸的公差带刚好落在工件上相应尺寸公差带的中间。

夹具装配图上标注的技术要求通常有以下几方面。

① 定位元件与定位元件定位表面之间的相互位置精度要求。

② 定位元件的定位表面与夹具安装面之间的相互位置精度要求。

③ 定位元件的定位表面与引导元件工作表面之间的相互位置精度要求。

④ 引导元件与引导元件工作表面之间的相互位置精度要求。

⑤ 定位元件的定位表面或引导元件的工作表面对夹具找正基准面的位置精度要求。

⑥ 与保证夹具装配精度有关的或与检验方法有关的特殊的技术要求。

表 3-5 列举了几种常见的夹具技术要求。

夹具装配图上尺寸标注及技术条件标注示例可参考图 3-92(e)。

4. 夹具结构工艺性分析

在分析夹具结构工艺性时，应重点考虑以下问题。

（1）夹具零件的结构工艺性　与一般机械零件的结构工艺性相同，首先要尽量选用标准件和通用件，以降低设计和制造费用；其次要考虑加工的工艺性及经济性。

（2）夹具最终精度保证方法　专用夹具制造精度要求较高，又属于单件生产，因此大都采用调整、修配、装配后加工以及在使用机床上就地加工等工艺方法来达到最终精度要求。在设计夹具时，必须适应这一工艺特点，以利于夹具的制造、装配、检验和维修。

表 3-5　夹具技术要求举例

夹具简图	技术要求	夹具简图	技术要求
	1. A 面对 Z（锥面或顶尖孔中心线）的垂直度公差…… 2. B 面对 Z（锥面或顶尖孔中心线）的同轴度公差……		1. 检验棒 A 对 L 面的平行度公差…… 2. 检验棒 A 对 B 面的平行度公差……
	1. A 面对 L 面的平行度公差…… 2. B 面对止口面 N 的同轴度公差…… 3. A 面对 C 面的同轴度公差…… 4. A 面对 A 面的垂直度公差……		1. A 面对 L 面的平行度公差…… 2. B 面对 D 面的平行度公差……
			1. B 面对 L 面的平行度公差…… 2. B 面对 A 面的垂直度公差…… 3. G 面对 L 面的垂直度公差…… 4. G 轴线对 B 面最大偏移量……
	1. B 面对 L 面的垂直度公差…… 2. K 面（找正孔）对 L、N 的同轴度公差……		1. A 面对 L 面的平行度公差…… 2. G 面对 A 面的平行度公差…… 3. G 面对 D 面的平行度公差…… 4. B 面对 D 面的垂直度公差……

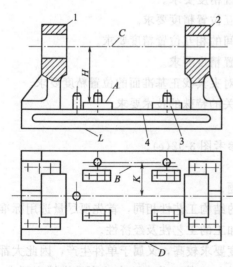

图 3-93　夹具装配精度的保证

1,2—镗模支架；3—支承板；4—支承底板

例如图 3-93 所示镗模，要求保证工件定位面 A 与夹具底面 L 平行。若直接通过加工后装配来保证，则根据尺寸链原理，支承板 3 的高度及上下表面的平行度、支承底板 4 上下表面的平行度均要求很好地保证，这往往会给加工带来一定的困难。若将支承板安装在夹具底板上以后再加工 A 面，则不但可以很容易地保证 A 面对 L 面的平行度要求，而且可以降低夹具制造费用。又如该夹具中轴线 C 与支承面 A 的距离尺寸 H 及平行度要求，轴线 C 与导向面 B 的距离尺寸 K 及平行度要求，均可通过对镗模支架 1 和 2 的调整及修配来达到。这样做既给加工带来很大方便，也使夹具最终精度易于保证。

（3）夹具的测量与检验　在确定夹具结构尺

寸及公差时，应同时考虑夹具上有关尺寸及形位公差的检验方法。夹具上有关位置尺寸及其误差的测量方法通常有三种，即直接测量方法、间接测量方法和辅助测量方法。例如在图 3-93 中，测量轴线 C 至支承面 A 的位置尺寸 H，可以在两镗模支架孔中插入一检验棒，然后测量检验棒上母线至 A 面的距离，再减去检验棒的半径值，即可得到尺寸 H 的数值。这种方法属于直接测量方法。当采用直接测量方法有困难时，可采用间接测量方法。例如要测量图 3-93 中 B 面与轴线 C 的平行度，直接测量比较困难，此时可利用夹具底板上的找正基面 D 进行间接测量，即先测出 B 面对 D 面的平行度误差，再测量出 C 对 D 面的平行度误差，最后经计算可得到 B 面对轴线 C 的平行度误差。

当采用上述两种测量方法均有困难时，还可采用辅助测量方法。在使用夹具加工工件上的斜面或斜孔时经常会出现这样的情况，此时零件图上所给的尺寸在夹具上无法测量，需在夹具上设置辅助的测量基准，进行辅助测量。

5. 夹具的精度分析

夹具的主要功能是用来保证零件加工的位置精度。使用夹具加工时，影响被加工零件位置精度的误差因素主要有三个方面。

(1) 定位误差　工件安装在夹具上位置不准确或不一致性，用 Δ_{dw} 表示，如前所述。

(2) 夹具制造与安装误差

① 夹具制造误差　定位元件与导向元件的位置误差、导向件本身的制造误差、导向元件之间的位置误差、定位面与夹具安装面的位置误差等。

② 夹紧误差　夹紧时夹具或工件变形所产生的误差。

③ 导向误差　对刀误差、刀具与引导元件偏斜误差等。

④ 夹具装夹误差　夹具安装面与机床安装面的配合误差、装夹时的找正误差等。该项误差用 Δ_{zx} 表示。

(3) 加工过程误差　在加工过程中由于工艺系统（除夹具外）的几何误差、受力变形、热变形、磨损以及各种随机因素所造成的加工误差，用 Δ_{gc} 表示。

上述各项误差中，第一项与第二项与夹具有关，第三项与夹具无关。显然，为了保证零件的加工精度，应使：

$$\Delta_{dw} + \Delta_{zx} + \Delta_{gc} \leqslant T \tag{3-17}$$

式中，T 为零件有关的位置公差。式 (3-17) 即为确定和检验夹具精度的基本公式。通常要求给 Δ_{gc} 留 1/3 的零件公差，即应使与夹具有关的误差限定在零件相应公差 2/3 的范围内。当零件生产批量较大时，为了保证夹具的使用寿命，在制定夹具的制造公差时，还应考虑留有一定的夹具磨损公差。

下面对图 3-92(e) 所示夹具精度进行验算，以进一步说明夹具精度分析方法。首先考虑工件上两孔中心距要求 (120 ± 0.05) mm，影响该项精度的与夹具有关的误差因素如下。

① 定位误差　该夹具的定位基准与设计基准一致，基准不重合误差为零。基准位置误差取决于心轴与工件大头孔的配合间隙。由配合尺寸 $\phi36H7/g6$ 可求出最大配合间隙为 0.05mm，该值即为定位误差。

② 夹具制造与安装误差　该项误差包括：钻模板衬套轴线与定位心轴轴线距离误差，此值为 ±0.01 mm；钻套与衬套的配合间隙，由配合尺寸 $\phi28$ H6/g5 可确定其最大间隙为 0.029mm；钻套孔与外圆的同轴度误差，在本例中此值假定为 0.01mm；刀具引偏量。采用钻套引导刀具时，刀具引偏量可按式 (3-18) 计算 (图 3-94)：

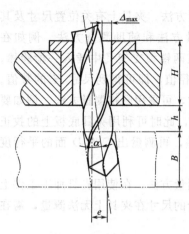

图 3-94　刀具引偏量计算

$$e = \left(\frac{H}{2} + h + B\right)\frac{\Delta_{max}}{H} \qquad (3-18)$$

式中　e——刀具引偏量；

H——钻套高度；

h——排屑间隙；

B——钻孔深度；

Δ_{max}——刀具与钻套之间的最大间隙。

本例中，精铰刀与钻套配合取 $\phi 18\ H6/g5$ 后，可确定 $\Delta_{max} = 0.025mm$。将 $H = 30mm$、$h = 12mm$、$B = 18mm$ 代入式(3-18)中，可求得 $e \approx 0.0375mm$。

上述各项误差都是按最大值计算的。实际上，各项误差不可能都出现最大值，而且各项误差方向也不可能都一样。考虑到上述各项误差大小与方向的随机性，采用概率方法计算总误差是恰当的，即有：

$$\Delta_0 = (0.05^2 + 0.02^2 + 0.029^2 + 0.01^2 + 0.0375^2)^{\frac{1}{2}} = 0.07mm$$

Δ_0 为与夹具有关的加工误差总和，该值略大于零件相应公差（0.1mm）的 2/3，即留给加工过程的误差还有 0.03mm，夹具勉强可用。

其次再来分析两孔平行度要求。影响此项精度的与夹具有关的误差如下。

① 定位误差　本例中设计基准与定位基准重合，因此只有基准位置误差，其值为工件大头孔轴线对夹具心轴轴线的最大偏转角：

$$\alpha_1 = \frac{\Delta_{1max}}{H_1} = \frac{0.029}{36}$$

式中　α_1——孔轴间隙配合时，轴线最大偏转角，rad；

Δ_{1max}——工件大头孔与夹具心轴最大配合间隙，mm；

H_1——夹具心轴长度，mm。

② 夹具制造与安装误差　该项误差主要包括两项：一是钻套孔轴线对心轴轴线的平行度误差，由夹具标注的技术要求可知该项误差值为 $\alpha_2 = 0.02 : 30$；二是刀具引偏量，刀具最大偏斜角为 α，令 $\alpha_3 = \alpha$，则有：

$$\alpha_3 = \frac{\Delta_{max}}{H} = \frac{0.025}{30}$$

上述各项误差同样具有随机性，仍按概率算法计算，可求得影响平行度要求的与夹具有关的误差总和为：

$$\alpha_0 = (\alpha_1^2 + \alpha_2^2 + \alpha_3^2) \approx 0.024 : 18$$

该值小于零件相应公差（0.05 : 18）的 2/3，夹具设计合理。需要说明的是上述精度分析方法仍然是近似的，可供设计时参考，正确与否仍需通过实践加以检验。

思考与练习

3-1　什么是机床夹具？它包括哪几部分？各部分起什么作用？

3-2　什么是定位？简述工件定位的基本原理。

3-3　为什么说夹紧不等于定位。

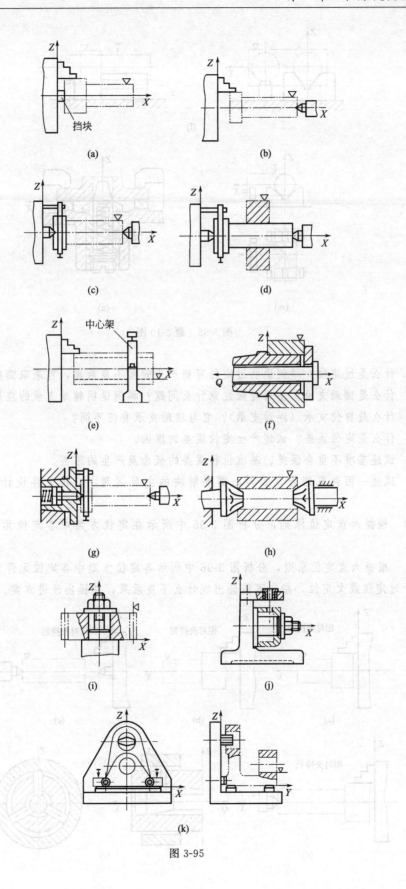

图 3-95

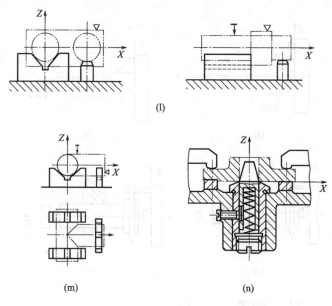

图 3-95　题 3-10 图

3-4　什么是过定位？举例说明过定位可能产生哪些不良后果，可采取哪些措施。

3-5　什么是辅助支承？使用时应注意什么问题？举例说明辅助支承的应用。

3-6　什么是自位支承（浮动支承)？它与辅助支承有何不同？

3-7　什么是定位误差？试述产生定位误差的原因。

3-8　试述基准不重合误差、基准位移误差的概念及产生的原因。

3-9　试述一面两孔组合定位时，需要解决的主要问题，定位元件设计及定位误差的计算。

3-10　根据六点定位原则，分析图 3-95 中所示在定位方案中各定位元件所消除的自由度。

3-11　根据六点定位原则，分析图 3-96 中所示各定位方案中各定位元件消除的自由度。如果属于过定位或欠定位，指出可能会出现什么不良后果，并提出改进方案。

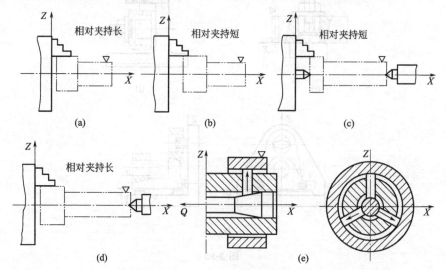

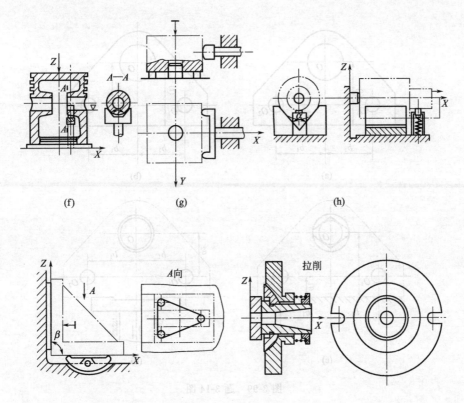

(f)　　　　　　　(g)　　　　　　　(h)

图 3-96　题 3-11 图

3-12　有批如图 3-97 所示零件，锥孔和各平面已加工合格，在铣床上铣宽度为 $b-\Delta b$ 的槽子。要求保证槽底与底面距离为 $h-\Delta h$；槽侧面与 A 面平行；槽对称轴线通过锥孔轴线。试分析图示定位方案是否合理，有无需改进之处。

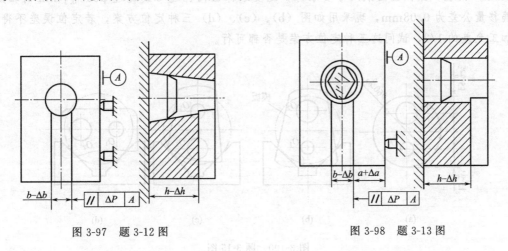

图 3-97　题 3-12 图　　　　　　　图 3-98　题 3-13 图

3-13　有一批如图 3-98 所示零件，圆孔和平面均已加工合格，在铣床上铣削宽度为 $b-\Delta b$ 的槽子。要求保证槽底到底面的距离为 $h-\Delta h$；槽侧面到 A 面的距离为 $a\pm\Delta a$，且与 A 面平行。试分析图示定位方案是否合理，有无需改进之处。

3-14　如图 3-99(a)、(b) 所示两种工件。欲钻孔 O_1 和 O_2，要求距 A 面尺寸为 a_1 和距

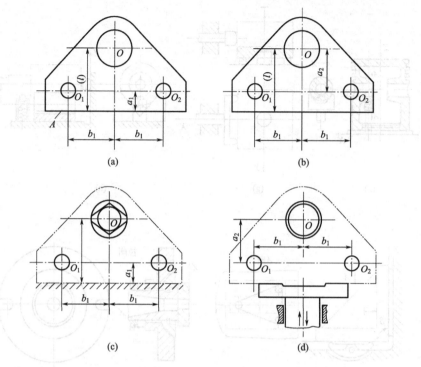

图 3-99 题 3-14 图

孔 O 中心尺寸为 a_2，且与 A 面平行。l 为自由尺寸，孔 O 及其他表面均已加工。试确定合理的定位方案，并绘制定位方案草图。

3-15 有一批如图 3-100（a）所示工件，采用钻模夹具钻削工件 O_1（$\phi 5\text{mm}$）和 O_2（$\phi 8\text{mm}$）两孔，除保证图纸尺寸要求外，还要求保证两孔连心线通过 $\phi 60_{-0.1}^{\ 0}\text{mm}$ 的轴线，其偏移量公差为 0.08mm，现采用如图 (b)、(c)、(d) 三种定位方案，若定位误差不得大于加工允差的 1/2，试问这三种定位方案是否都可行。

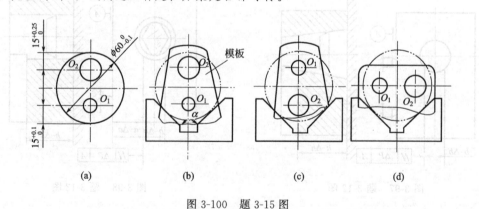

图 3-100 题 3-15 图

3-16 有一批直径为 $d \pm \dfrac{\delta_d}{2}$ 轴类铸坯零件，欲在两端同时打中心孔，工件定位方案如图 3-101 所示，采用不同定位方案加工。试分析这批毛坯上中心孔与外圆可能出现的最大同轴度误差，并确定加工方案。

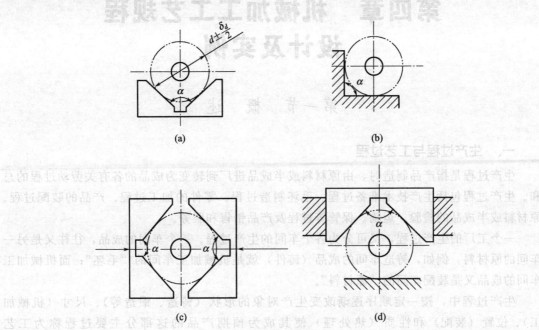

图 3-101　题 3-16 图

第四章　机械加工工艺规程
设计及实例

第一节　概　述

一、生产过程与工艺过程

生产过程是指产品制造时，由原材料或半成品进厂到转变为成品的各有关劳动过程的总和。生产过程包括生产技术准备过程、毛坯制造过程、零件的加工过程、产品的装配过程、原材料或半成品的检验、运输、保管等过程及产品销售和服务。

一个工厂的生产过程，又可分为各个车间的生产过程。一个车间的成品，往往又是另一车间的原材料。例如，铸造车间的成品（铸件）就是机械加工车间的"毛坯"；而机械加工车间的成品又是装配车间的"原材料"。

生产过程中，按一定顺序逐渐改变生产对象的形状（铸造、锻造等）、尺寸（机械加工）、位置（装配）和性质（热处理）使其成为预期产品的这部分主要过程称为工艺过程。

原材料经浇铸、锻造、冲压或焊接而成为铸件、锻件、冲压件或焊接件的过程，称为材料成形工艺过程。采用机械加工方法（如切削加工、磨削加工、电加工、超声波加工、电子束及离子束加工等），直接改变毛坯的形状、尺寸、表面质量，使其成为合格零件的全部过程，称为机械加工工艺过程。对零件的半成品通过各种热处理方法直接改变其材料性能的过程，称为热处理工艺过程。最后，将合格的零件和外购件、标准件装配成组件、部件和产品的过程，称为装配工艺过程。

二、机械加工工艺过程的组成

机加工工艺过程由按一定的顺序排列的若干个工序组成，而每一个工序又可细分为安装、工位、工步及走刀等。

1. 工序

工序是指一个（或一组）工人，在一个固定地点（一台机床或一个工作台），对一个（或同时对几个）工件所连续完成的那部分工艺过程。工序是工艺过程的基本组成单元。构成一个工序的主要特点是不改变加工对象、设备和操作者，而且工序内的工作是连续完成的。

依据车间生产条件和生产规模的不同，可以采用不同的方案完成工件的加工。如对图 4-1 所示的零件进行单件加工，车端面、打中心孔、车外圆、切退刀槽、倒角可以由一个工人在一台机床上连续完成，所采用的工艺过程如表 4-1 所示，如要进行大批量生产时，由一个工人在铣钻机床上铣端面、打中心孔，然后卸下来转移到车床上由另一个工人车外圆，再卸下来在另一台车床上车外圆、倒角等，采用表 4-2 的工艺过程。

2. 安装

安装是指在一道工序中，工件在一次定位夹紧下所完成的加工。一道工序中工件的安装可能是一次，也可能要装夹数次。如表 4-1 所示，工序 1 就需进行两次安装：先装夹工件一

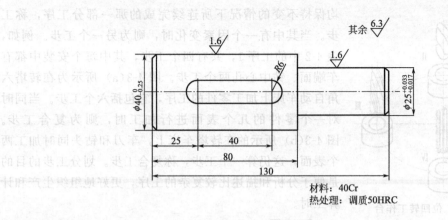

材料：40Cr
热处理：调质50HRC

图 4-1 阶梯轴简图

端，车端面钻中心孔称为安装1；再调头装夹，车另一端面并钻中心孔称为安装2。为减少装夹时间和安装误差，工件在加工中应尽量减少装夹次数。

表 4-1 阶梯轴加工工艺过程（单件小批量生产）

工序号	工序内容	工 步	设 备
1	车端面、钻中心孔	1. 车左端面 2. 钻左中心孔 3. 调头车右端面 4. 钻右中心孔	车床
2	车外圆、倒角	1. 车大端外圆 2. 倒角 3. 调头车小端外圆 4. 倒角	车床
3	铣键槽、去毛刺	1. 铣键槽 2. 去毛刺	铣床
4	热处理		
5	磨外圆	磨外圆	磨床

表 4-2 阶梯轴加工工艺过程（大批量生产）

工序号	工序内容	工 步	设 备
1	铣端面、打中心孔	1. 铣两端面 2. 钻两端中心孔	铣端面钻中心孔机床
2	车大端外圆、倒角	1. 车大端外圆 2. 倒角	车床
3	车小端外圆、倒角	1. 车小端外圆 2. 倒角	车床
4	铣键槽	铣键槽	铣床
5	去毛刺	去毛刺	去毛刺机
6	热处理		
7	磨外圆	磨外圆	磨床

3. 工位

为了减少工件的装夹次数，常采用各种回转工作台、回转夹具或移动夹具，使工件在一次装夹中，可先后位于几个不同的位置进行加工。在工件的一次安装中，工件在相对机床所占据一固定位置中完成的那部分工作称为一个工位。如图4-2所示为一种用回转工作台在一次安装中顺序完成装卸工件、钻孔、扩孔和铰孔四个工位的加工。采用多工位加工，可减少安装次数、缩短辅助时间、提高生产率和保证被加工表面间的相互位置精度。

4. 工步

在一个安装或工位中，在被加工的表面、切削用量（指切削速度和进给量）、切削刀具

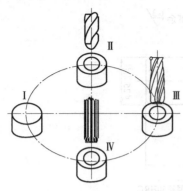

图 4-2　多工位回转工作台

工位Ⅰ—装卸工件；工位Ⅱ—钻孔；

工位Ⅲ—扩孔；工位Ⅳ—铰孔

均保持不变的情况下所连续完成的那一部分工序，称工步。当其中有一个因素变化时，则为另一个工步。例如，表 4-2 中的工序 1，共有四个工步，其中每个安装中都有车端面、钻中心孔两个工步。图 4-3（a）所示为在转塔六角自动车床上加工零件的工序，它包括六个工步。当同时对一个零件的几个表面进行加工时，则为复合工步。图 4-3（b）所示的在转塔车床上，车刀和钻头同时加工两个表面，这仍算一个工步，称复合工步。划分工步的目的是便于分析和描述比较复杂的工序，更好地组织生产和计算工时。

5. 走刀

有些工步由于余量太大，或由于其他原因，需要同一刀具在相同转速和进给量下（背吃刀量可能略有不同）对同一表面进行多次切削。这时，刀具对工件的每一次切削称为一次走刀。

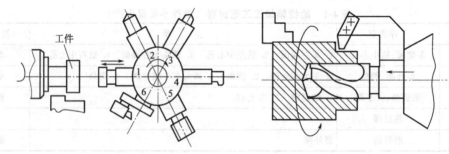

(a) 转塔自动车床的不同工步　　　　　　　　(b) 复合工步

图 4-3　转塔自动车床回转刀架

三、　生产纲领与生产类型

机械制造工艺过程的安排取决于生产类型，生产类型又是由产品的生产纲领决定的。

企业根据市场需求和自身的生产能力决定生产计划。在计划期内，应当生产的产品产量和进度计划称为生产纲领。计划期根据市场的需要而定，计划期为一年的生产纲领称为年生产纲领。零件的年生产纲领可按式（4-1）计算：

$$N = Qn(1 + \alpha + \beta) \tag{4-1}$$

式中　N——零件的年产量，件/年；

Q——产品的年产量，台/年；

n——每台产品中，该零件的数量，件/台；

α——备品的百分率；

β——废品的百分率。

零件的生产纲领确定后还要根据生产车间的具体情况将零件在一年中分批投产，每批投产的数量称为批量。

生产类型是对企业生产规模的分类。根据零件的结构尺寸、特征、生产纲领和批量，生产类型可分为单件生产、成批生产和大量生产三种。

① 单件生产　是指单个地生产不同结构和尺寸的产品，各个工作地的加工对象经常改变，而且很少重复。例如新产品试制，工、夹和模具的制造，重型机械和专用设备的制造等都属于这种类型。

② 成批生产　是指一次成批地制造相同的产品，每隔一定时间又重复进行生产，即分期、分批地生产各种产品。例如机床、阀门和电机的制造等均属于成批生产。

③ 大量生产　是指相同产品数量很大，大多数工作地点长期重复地进行某一零件的某一工序的加工。例如汽车、家用电器、轴承、标准件等的制造多属大量生产。

根据批量的大小，成批生产又可分为小批生产、中批生产、大批生产三种类型。在工艺上，小批生产的工艺过程和生产组织与单件生产相似，常合称为单件小批生产；大批生产与大量生产的工艺过程和生产组织相似，常合称为大批大量生产。

在生产中，一般按照生产纲领的大小选用相应规模的生产类型。而生产纲领和生产类型的关系，还随着零件的大小及复杂程度不同而有所不同，表 4-3 列出了它们之间的关系。

表 4-3　生产类型与生产纲领的关系

生产类型	零件的年生产纲领/(件/年)		
	重型零件	中型零件	轻型零件
单件生产	≤5	≤10	≤100
小批生产	5～100	10～200	100～500
中批生产	100～300	200～500	500～5000
大批生产	300～1000	500～5000	5000～50000
大量生产	≥1000	≥5000	≥50000

生产类型不同，无论是在生产组织、生产管理、车间机床布置，还是在毛坯制造方法、机床种类、工具、加工或装配方法及工人技术要求等方面均有所不同。单件生产中所用的设备，绝大多数采用车床、钻床、铣床、刨床、磨床等通用设备和通用的工艺装备，如三爪卡盘、四爪卡盘、虎钳、分度头等，零件的加工质量与工人的技术水平有很大关系。在成批生产中，可采用数控机床、加工中心、柔性制造单元和组合夹具，另外也采用专用设备和专用工艺装备，在生产过程中加工零件的精度控制较多地采用自动控制尺寸的方法，某些零件的制造过程甚至可以组织流水线生产，因而对工人操作技术水平的要求可以降低。在大量生产中广泛采用高效的专用机床和自动机床，按流水线排列或采用自动线进行生产，生产过程的自动化程度最高，工人的技术水平要求较低，但更换刀具和调整机床仍需技术熟练的工人。大量生产可以大大降低产品成本、提高质量和增加产品在市场上的竞争能力。因此，在制定零件机械加工工艺规程时，必须首先确定生产类型，再分析该生产类型的工艺特征，选择合理的加工方法和加工工艺，制定出正确合理的工艺规程，以取得最大的经济效益。各种生产类型的工艺过程特征见表 4-4。

表 4-4　各种生产类型的工艺过程特征

项　　目 ＼ 生产类型	单件小批生产	中批生产	大批大量生产
产品数量与加工对象	少、经常变换	中等、周期性变换	大量、固定不变
毛坯制造方法与加工余量	铸件用木模手工造型，锻件用自由锻。毛坯精度低，加工余量大	部分铸件采用金属模铸造，部分锻件采用模锻。毛坯精度和加工余量中等	铸件采用金属模机器造型，锻件采用模锻或其他高效方法。毛坯精度高，加工余量小

生产类型 项目	单件小批生产	中批生产	大批大量生产
零件的互换性	配对制造，没有互换性，广泛采用钳工修配	大部分有互换性，少部分钳工修配	全部互换，某些高精度配合件可采用分组装配法和调整装配法
机床设备与布局	通用机床、数控机床或加工中心。按机床类别采用机群式布置	数控机床、加工中心和柔性制造单元；也可采用通用机床和专用机床。按零件类别，部分布置成流水线，部分采用机群式布置	广泛采用高效专用生产线、自动生产线、柔性制造生产线。按工艺过程布置成流水线或自动线
工艺装备	多数情况采用通用夹具或组合夹具。采用通用刀具和万能量具	广泛采用专用夹具、可调夹具和组合夹具。较多采用专用刀具与量具	广泛采用高效专用夹具、复合刀具、专用刀具和自动检验装置
工人技术水平的要求	技术水平高	技术水平中等	技术水平一般
工艺规程的要求	有简单的工艺过程卡	编制工艺规程，关键工序有较详细的工序卡	编制详细的工艺规程、工序卡和各种工艺文件
生产率	低	中	高
生产成本	高	中	低

四、 机械加工工艺规程

工艺文件是指用于指导工人操作和用于生产、工艺管理等的各种技术文件。其中规定零件机械加工工艺过程和操作方法等的工艺文件称为机械加工工艺规程（简称工艺规程）。

工艺路线是指产品或零部件在生产过程中由毛坯准备到成品包装入库经过企业各有关部门或工序的先后顺序。工艺路线是制定工艺规程的重要依据。

工艺装备（简称工装）是产品制造过程中所用的各种工具的总称。它包括刀具、夹具、模具、量具、检验工具及辅助工具等。

1. 工艺规程的内容

工艺规程的内容主要包括：工艺路线，各工序加工的内容与要求，所采用的机床和工艺装备，工件的检验项目及检验方法，切削用量及工时定额等。

2. 工艺规程的格式

机械加工工艺规程主要有机械加工工艺过程卡片和机械加工工序卡片两种基本形式，其格式如表 4-5 及表 4-6 所示。

表 4-5 为机械加工工艺过程卡片。它是以工序为单位简要说明零件加工过程的一种工艺文件。由于工序内容不够具体，故不能直接指导工人操作，只能用来了解零件加工的流向，作为生产管理方面使用。一般适用于单件小批生产。

表 4-6 为机械加工工序卡片。它是在工艺过程卡片的基础上以工序为单位详细说明每个工步的加工内容、工艺参数、操作要求以及所用的设备等，一般都有工序简图。主要用于大批大量生产或单件小批生产中的关键工序或成批生产中的重要零件。

工序卡片要求画工序简图，工序简图用细实线画出零件本工序加工的主视图，需用定位夹紧符号表示定位基准及其限制的自由度个数、夹压位置；用粗实线指出本工序的加工表面，标明工序尺寸、公差及技术要求。对于多刀加工和多工位加工，还应绘出工序布置图，要求表明每个工位刀具和工件的相对位置及加工要求。

表 4-5　机械加工工艺过程卡片

（厂名全称）	机械加工工艺过程卡片		产品型号		零（部）件图号			共　页
（厂名全称）	机械加工工艺过程卡片		产品名称		零（部）件名称			第　页
材料牌号		毛坯种类	毛坯外形尺寸		每批件数		每台件数	备注
工序号	工序名称	工序内容		车间	工段	设备	工艺装备	工序时间
								准终　单件
						编制（日期）	审核（日期）	会签（日期）
标记	处数	更改文件号	签字	日期	标记	处数	签字	日期

注：空格可根据需要填写。

表 4-6　机械加工工序卡片

（厂名全称）	机械加工工序卡片	产品型号		零（部）件图号		共　页
（厂名全称）	机械加工工序卡片	产品名称		零（部）件名称		第　页
		车间	工序号	工序名称	材料牌号	
		毛坯种类	毛坯外形	每批件数	每台件数	
		设备名称	设备型号	设备编号	同时加工件数	
		夹具编号	夹具名称		冷却液	
					工序时间	
					准终	单件

工步号	工步内容	工艺装备	主轴转速/(r/min)	切削速度/(m/min)	进给量/(mm/r)	背吃刀量/mm	走刀次数	工时定额	
								基本	辅助
						编制（日期）	审核（日期）	会签（日期）	

标记	处数	更改文件号	签字	日期	标记	处数	签字	日期

注：空格可根据需要填写。

3. 工艺规程的作用

① 工艺规程是车间指导生产的工艺文件。生产的计划和调度工作，工人的操作以及质量检验，都必须按照工艺规程来进行，这样才能达到优质、高产、低消耗的要求。

② 工艺规程是有关技术准备和生产准备工作的技术依据。例如，原材料、毛坯及外购件的供应，刀具、夹具、量具的设计、制造和采购，机床的准备和调整以及有关人员的配备等。

③ 工艺规程是新建、改扩建工厂或车间的技术依据。只有依据工艺规程才能确定所需设备的类型与数量，车间的生产面积及平面布置，人员的配备以及各辅助部门的安排。

因此，工艺规程是机械制造企业最重要的技术文件之一。

五、 制定工艺规程的原始资料与步骤

1. 制定工艺规程所需的原始资料

在制定机械加工工艺规程时必须具有下列原始资料。

① 产品的零件图以及该零件所在部件或总成的装配图。

② 产品质量的验收标准。

③ 产品的年产量计划。

④ 本厂现有的生产条件，如毛坯的制造能力，现有的加工设备、工艺装备及其使用状况，专用设备、工装的制造能力及工人的技术水平等。

⑤ 有关手册、标准及指导性文件，如机械加工工艺手册、时间定额手册、机床夹具设计手册、公差技术标准，以及国内外先进工艺、生产技术发展情况等方面的资料。

2. 制定工艺规程的步骤

有了上述资料，即可开始制定工艺规程，其大致步骤如下。

① 分析产品的零件图与装配图，了解产品的工作原理和所加工零件在整个机器中的作用，分析零件图的加工要求、结构工艺性，检验图样的完整性。

② 根据零件的生产纲领确定生产类型。

③ 选择毛坯。选择毛坯的种类和制造方法时，应同时考虑机械加工成本和毛坯制造成本，以达到降低零件生产总成本的目的。

机械产品及零件常用毛坯种类有铸件、锻件、焊接件、冲压件以及粉末冶金件和工程塑料件等。在选择毛坯时，不仅需要根据生产纲领、零件结构和毛坯车间的具体条件来确定毛坯的种类，同时还要充分注意到利用新工艺、新技术、新材料的可能性。目前，在机械制造业中已广泛采用精密铸造、精密锻造、冲压、粉末冶金、型材和工程塑料，这些少切屑或无切屑加工对提高加工质量和劳动生产率、降低成本有显著效益。

在大批大量生产中，常采用精度和生产率较高的毛坯制造方法，如金属模铸造、精密铸造、模锻、冷冲压、粉末冶金等，使毛坯的形状更接近于零件的形状。因此可大量减少切削加工的劳动量，甚至不需要进行切削加工，从而提高了材料的利用率，降低了机械加工的成本。

在单件小批生产中，一般采用木模手工砂型铸造和自由锻造，因此毛坯的精度低，成本高、废品率高、切削加工劳动量大。

根据设计图上要求的零件材料、零件对材料组织和性能的要求、零件结构及外形尺寸、零件生产纲领及现有生产条件，可参考表 4-7 确定毛坯的种类及其制造方法。

表 4-7　常用毛坯种类及特点

毛坯种类	毛坯制造方法	材料	形状复杂性	公差等级(IT)	特点及适应的生产类型
型材	热轧	钢、有色金属（棒、管、板、异形）	简单	11～12	常用作轴、套类零件及焊接毛坯分件冷轧钢尺寸较小，精度高，但价格昂贵
	冷轧			9～10	
铸件	木模手工造型	铸铁、铸钢和有色金属	复杂	12～14	单件小批生产
	木模机器造型			至 12	成批生产
	金属模机器造型			至 12	大批大量生产
	离心模铸造	有色金属、部分黑色金属	回转体	12～14	成批、大批大量生产
	压力铸造	有色金属	较复杂	9～10	大批大量生产
锻件	自由锻	钢	简单	12～14	单件小批生产
	模端		较复杂	11～12	大批大量生产
	精密模锻			10～11	
冲压件	板料加压	钢、有色金属	较复杂	8～9	适用于大批大量生产
粉末冶金	粉末冶金	铁、钢、铝基材	较复杂	7～8	机械加工余量极小或无加工余量，成本高，适用于大批大量生产。不适于结构复杂、薄壁、有锐角的零件
	粉末冶金热模锻			6～7	
焊接件	普通焊接	铁、钢、铝基材	较复杂	12～13	适用于单件小批或成批生产。因其生产周期短、不需要准备模具，刚性好及省材料而常用于代替铸件，但抗振性差、容易变形、尺寸误差大
	精密焊接			10～11	
工程塑料	注射成型	工程塑料	复杂	9～10	适用于大批大量生产
	吹塑成型				
	精密模压				

（铸造毛坯可获得复杂形状，其中灰铸铁因成本低廉及耐磨性、吸振性好而广泛用作机架、箱体类零件毛坯；用于制造强度高、形状简单的零件（轴类和齿轮类））

④ 确定单个表面的加工路线，如孔加工、平面加工、外圆加工等表面的加工路线。

⑤ 选择定位基准，确定零件的加工路线，也就是制定出零件的全部机械加工的加工工序。其主要内容是：选择定位基准；确定各表面的加工方法；划分加工阶段；确定工序集中与分散程度；合理安排加工顺序、热处理工序、检验工序和辅助工序（如清洗、去毛刺、去磁、倒角等）。在拟定工艺路线时，最好提出几套可行的方案，从各方面进行分析比较，最后确定一个最佳方案。

⑥ 确定各工序所用的设备及工艺装备。加工设备如机床、夹具、刀具、量具和辅助工具，如果是通用的而本企业又没有的，则可安排生产计划或采购；如果是专用的，则要提出设计任务书，提出设计及试制计划，由本企业或请外单位进行研制。

⑦ 计算加工余量、工序尺寸及公差；通过计算各个工序的加工余量和总的加工余量，确定毛坯尺寸。通过计算各个工序的尺寸及公差，控制各工序的加工质量以保证最终的加工质量。

⑧ 确定切削用量，估算工时定额。

⑨ 评价各种工艺方案，最后选定最佳工艺路线。

⑩ 填写工艺文件。

第二节　零件的结构工艺性评价

在制定零件的机械加工工艺规程之前，对零件进行工艺性分析，以及对产品零件图提出修改意见，是制定工艺规程的一项重要工作。工艺性分析的内容除了审查零件图上视图、尺寸、公差是否齐全、正确之外，主要是审查零件的结构工艺性。

零件的结构工艺性是指所设计的零件在满足使用要求的前提下，制造的可行性与经济性。有时功能完全相同而结构工艺性不同的零件，它们的制造方法与制造成本往往相差很大。因此，为了能使所设计的零件能被多快好省地加工出来，就必须对零件的结构工艺性进行详细的分析。

关于零件在机械加工中的结构工艺性分析，主要考虑如下几个方面。

一、合理标注尺寸

① 零件图上的重要尺寸应直接标注，而且在加工时应尽量使工艺基准与设计基准重合，并符合尺寸链最短的原则，如图 4-4 所示。

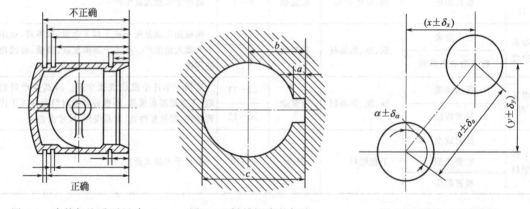

图 4-4　直接标注重要尺寸　　　　图 4-5　键槽深度的标注　　　　图 4-6　孔中心距的标注

② 零件图上标注的尺寸应便于测量，不要从轴线、中心线、假想平面等难以测量的基准标注尺寸，如图 4-5 所示。

③ 零件图上的尺寸不应标注成封闭式，以免产生矛盾。已标注了孔距 $a\pm\delta_a$ 和角度 $\alpha\pm\delta_a$，则 x、y 轴的坐标尺寸就不能随便标注。有时为了方便加工，可按尺寸链计算出来，并只标注在圆括号内，作为加工时的参考尺寸，如图 4-6 所示。

④ 零件上非配合的自由尺寸，应按加工顺序尽量从工艺基准注出，如图 4-7 所示。

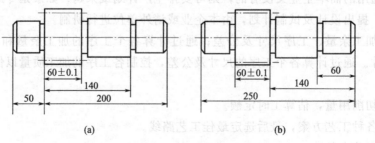

图 4-7　按加工顺序标注自由尺寸

　　⑤ 零件上各非加工表面的位置尺寸应直接标注,而非加工面与加工面之间只能有一个联系尺寸。如图 4-8(a) 中的注法不合理,只能保证一个尺寸符合图样要求,其余尺寸可能会超差。而图 4-8(b) 中标注尺寸在加工面Ⅳ时保证,其他非加工面的位置直接标注,在铸造时保证。

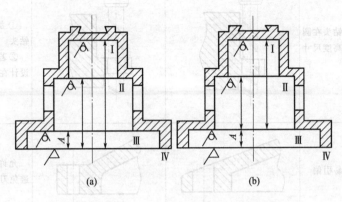

图 4-8　非加工面与加工面之间的尺寸标注

二、 有利于达到所要求的加工质量

　　① 合理确定零件的加工精度与表面质量。加工精度若定得过高会增加工序,增加制造成本,过低会影响机器的使用性能,故必须根据零件在整个机器中的作用和工作条件合理地进行选择,尽可能使零件加工方便、制造成本低。

　　② 保证位置精度的可能性。为保证零件的位置精度,最好使设计的零件能在一次安装下加工出所有相关表面,这样就能依靠机床本身的精度来达到所要求的位置精度。如图 4-9(a) 所示的结构,就不能保证 $\phi80$mm 与内孔 $\phi60$mm 的同轴度,如改成图 4-9(b) 所示的结构,就能在一次安装下加工外圆与内孔,保证它们的位置精度。

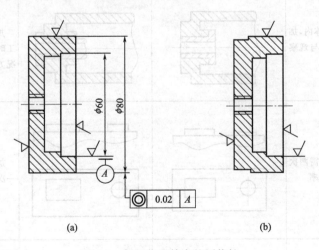

图 4-9　保证位置精度的可能性

三、 有利于减少加工劳动量和提高劳动生产率

　　表 4-8 列出了最常见的零件结构要素的工艺性实例,供分析时参考。

表 4-8　零件结构工艺性分析

序号	零件结构		
	工 艺 性 不 好	工 艺 性 好	
1	孔离箱壁太近;钻头在圆角处易引偏;箱壁高度尺寸大,钻头需加长		①加长箱耳,不用加长钻头 ②若使用许可,可将箱耳设计在某一端面,便于加工
2	斜面钻孔,钻头易引偏		允许结构可设计成平面,避免刀具损坏
3	内壁孔出口处有台阶或阶梯面,钻头易引偏或折断		内壁孔出口处改为平面,防止钻头引偏或折断
4	车螺纹根部时易打刀,且不易清根		增加退刀槽可使螺纹清根,且不易打刀
5	加工面设计在箱体内,加工时不便调整刀具与观察加工情况		加工面设计在箱体外,加工时调整刀具与观察加工情况方便
6	加工面高度不同,需两次调整刀具,影响生产率		加工面在同一高度,调整一次刀具可加工两个平面
7	两个键槽分别设计在两个方向上,需两次装夹工件		两个键槽设计在同一个方向上,一次装夹即可加工两个键槽

序号	零件结构		
	工艺性不好	工艺性好	
8	键槽底面与左边孔的母线齐平,插键槽时易划伤左边孔表面	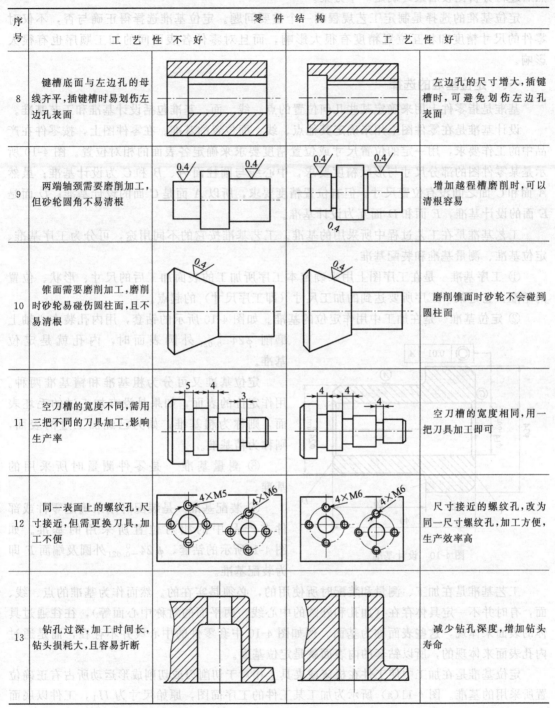	左边孔的尺寸增大,插键槽时,可避免划伤左边孔表面
9	两端轴颈需要磨削加工,但砂轮圆角不易清根		增加越程槽磨削时,可以清根容易
10	锥面需要磨削加工,磨削时砂轮易碰伤圆柱面,且不易清根		磨削锥面时砂轮不会碰到圆柱面
11	空刀槽的宽度不同,需用三把不同的刀具加工,影响生产率		空刀槽的宽度相同,用一把刀具加工即可
12	同一表面上的螺纹孔,尺寸接近,但需更换刀具,加工不便		尺寸接近的螺纹孔,改为同一尺寸螺纹孔,加工方便,生产效率高
13	钻孔过深,加工时间长,钻头损耗大,且容易折断		减少钻孔深度,增加钻头寿命

第三节　制定工艺规程要解决的几个关键问题

选择定位基准;划分加工阶段;确定工序的集中和分散程度;确定工序内容和加工顺序。这项工作与生产纲领有密切关系,是制定工艺规程的关键,常常需要先提出几个方案,然后进行分析比较后最终确定一个方案。

定位基准的选择是制定工艺规程的一个重要问题。定位基准选择得正确与否，不仅对零件的尺寸精度和相互位置精度有很大影响，而且对零件各表面间的加工顺序也有很大影响。

一、定位基准的选择

基准是指零件上用来确定某些几何位置的点、线、面。基准包括设计基准和工艺基准。

设计基准是在零件图上用来确定其他点、线、面位置的基准。在零件图上，按零件在产品中的工作要求，用一定的位置尺寸或位置精度要求来确定各表面的相对位置。图 4-10 所示是某零件图的部分尺寸与形状精度要求，中心线与圆柱面 A、B 和 C 为设计基准；虽然 A 面和 C 面之间没有位置尺寸，但有位置精度要求，所以 A 面是 C 面的设计基准；D 面是 E 面的设计基准，F 面和 D 面互为设计基准。

工艺基准是在工艺过程中所采用的基准。工艺基准按它的不同用途，可分为工序基准、定位基准、测量基准和装配基准。

① 工序基准　是在工序图上用来确定本工序所加工的表面加工后的尺寸、形状、位置的基准，它是某一工序所要达到的加工尺寸（即工序尺寸）的起点。

② 定位基准　是在加工中用作定位的基准。如图 4-10 所示的钻套，用内孔装在心轴上磨削 $\phi 24_{-0.021}^{0}$ 外圆表面时，内孔就是定位基准。

定位基准又可分为粗基准和精基准两种。用作定位的表面，如果是没有加工过的毛坯表面，则称为粗基准；如为已经加工过的表面，则称为精基准。

③ 测量基准　是零件测量时所采用的基准。

④ 装配基准　是装配时用来确定零件或部件在产品中的相对位置所采用的基准。如图 4-10 所示的钻套，$\phi 24_{-0.021}^{0}$ 外圆及端面 F 即为装配基准。

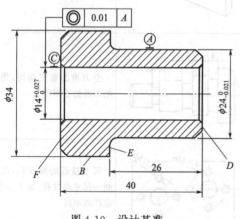

图 4-10　设计基准

工艺基准是在加工、测量和装配时所使用的，必须是实在的。然而作为基准的点、线、面，有时并不一定具体存在（如孔和外圆的中心线、两平面的对称中心面等），往往通过具体的表面来体现，这些表面称为基面。例如图 4-10 中套零件的中心线并不存在，而是通过内孔表面来体现的，所以钻套的内表面就是定位基面。

定位基准是在加工中使工件在机床或夹具上相对于切削刃或切削成形运动所占有正确位置所采用的基准。图 4-11(a) 所示为加工某工件的工序简图，原始尺寸为 H_1，工件以底面定位，在图 4-11(b) 中，原始尺寸为 H_2 和 H_3，工件以底面和圆孔（轴线）定位。

根据作为定位基准的工件表面状态不同，定位基准分为精基准和粗基准两种。用未经加工的毛坯表面作定位基准，这种基准称为粗基准；用加工过的表面作定位基准则称为精基准。由于对精基准和粗基准的加工要求和用途各不相同，所以在选择粗、精基准时所考虑问题的侧重点也不同。在选择定位基准时，要从保证工件精度要求出发，因而分析定位基准选择的顺序就应先根据工件的加工技术要求确定精基准，然后确定粗基准。

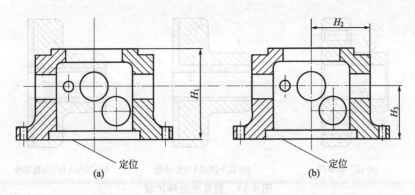

图 4-11　定位基准

1. 粗基准的选择

在机械加工工艺过程中，第一道工序所用的定位基准是粗基准。粗基准选择得好坏，对以后各加工表面加工余量的分配以及保证不加工表面与加工表面间的尺寸、相互位置均有很大影响。粗基准的选择一般按以下原则考虑。

（1）选择重要表面为粗基准　如果首先要求保证某重要表面加工余量均匀，应选择该表面作为粗基准。重要表面一般是指工件上加工精度以及表面质量要求较高的表面，如床身的导轨面、车床主轴箱的主轴孔。例如，要加工车床床身，导轨面是重要表面，不但精度要求高，而且要求材料的组织致密，金相组织均匀，以导轨面为粗基准加工底面，再以底面为基准加工导轨面，即可保证其余量均匀，否则若以底面为粗基准加工导轨面就无法满足这一要求（图 4-12）。

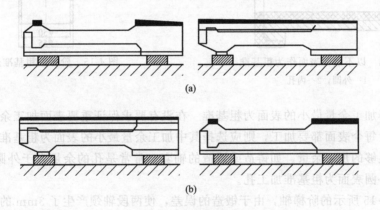

图 4-12　加工导轨面

如图 4-13(a) 所示，加工法兰盘零件时，若以不加工的外圆面 1 作粗基准定位，加工后内孔 2 与外圆面 1 同轴，可以保证零件壁厚均匀，但加工面（内孔）2 加工余量不均匀［图 4-13(b)］。若以零件毛坯孔 3 作粗基准定位（如用四爪卡盘夹外圆 1，以毛坯孔 3 直接找正），则内孔加工面 2 与毛坯孔 3 同轴，可以保证加工余量均匀，但内孔加工面 2 与不加工面外圆 1 不同轴，即壁厚不均匀［图 4-13(c)］。

（2）选择不加工表面为粗基准　如果要保证加工表面与不加工表面之间的相互位置关系，则应以不加工表面为粗基准。如工件上有多个不加工表面，则应选择其中与加工表面的

161

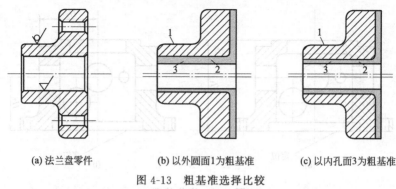

(a) 法兰盘零件　　　　　　(b) 以外圆面1为粗基准　　　　　(c) 以内孔面3为粗基准

图 4-13　粗基准选择比较

1—外圆表面（不加工）；2—内孔加工面；3—内孔毛面

相互位置要求较高的不加工表面为粗基准。若工件上既有重要表面，又要求保证不加工表面与加工表面的位置精度时，则应以不加工表面为粗基准。如图 4-14 所示零件，内孔和端面需要加工，外圆表面不需加工，铸造时内孔 2 相对外圆 1 有偏心。为了保证加工后零件的壁厚均匀，应该选择外圆表面作为粗基准。

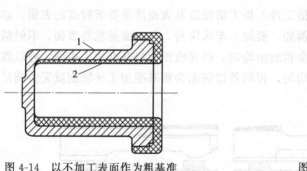

图 4-14　以不加工表面作为粗基准　　　　　　图 4-15　阶梯轴粗基准选择

1—外圆；2—内孔

（3）选择加工余量最小的表面为粗基准　　在没有要求保证重要表面加工余量均匀的情况下，若零件上每个表面都要加工，则应选择其中加工余量最小的表面为粗基准，以保证各加工表面都有足够的加工余量。如铸造或锻造的轴套，常常是孔的余量大于外圆表面的余量，故一般采用外圆表面为粗基准加工孔。

对于图 4-15 所示的阶梯轴，由于锻造的误差，使两段轴颈产生了 3mm 的偏心，此种情况下，应选择 ϕ55mm 的外圆表面作为粗基准，因其在两段轴颈中加工余量最小。若选择 ϕ108mm 的外圆表面作粗基准，加工 ϕ55mm 的轴颈时，由于偏心的原因，导致一侧的加工余量不足，从而造成工件报废。

（4）选择平整光洁、加工面积较大的表面为粗基准　　可使工件定位可靠、装夹方便，减少加工劳动量。

（5）粗基准在同一加工尺寸方向上只能使用一次　　粗基准都是毛坯面，精度低，重复使用会产生较大的定位误差。

2. 精基准的选择

选择精基准时，应重点考虑所选用的精基准有利于保证加工精度，并使加工过程操作方便，一般遵循以下主要原则。

（1）基准重合的原则　即尽量选用被加工表面的设计基准作为精基准，这样可以避免因基准不重合而引起的误差。

例如成批生产图 4-16（a）所示零件，A、B 两面已加工，现需铣平面 C。如图 4-16（b）所示，选用 A 面为定位基准，则定位基准与设计基准不重合，尺寸（20 ± 0.15）mm 的尺寸只能间接地通过控制尺寸 A 来掌握，故该尺寸的精度决定于尺寸 A 和尺寸（50 ± 0.14）mm，若选用 B 面为定位基准，如图 4-16（c）所示，即基准重合，尺寸（20 ± 0.15）mm 是直接得到的，与尺寸 A 及尺寸 50mm 的上、下偏差无关。故采用基准重合的原则，有利于保证加工精度。

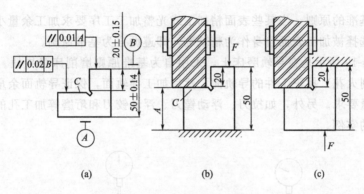

图 4-16　基准重合与不重合

（2）基准统一的原则　即尽可能选择统一的精基准来加工工件上的多个表面。例如轴类零件，常采用顶尖孔作为统一的基准，加工各外圆表面，这样可以保证各表面之间较高的同轴度；一般箱体常用一大平面和两个距离较远的孔作为精基准；盘类零件常用一端面和一短孔为精基准完成各工序的加工。

采用基准统一原则的优点是：有利于一次安装中加工多个表面，减少安装时间；有利于保证各加工表面间的相互位置精度，避免基准变换所产生的误差；可简化夹具的设计和制造，节省了时间和费用。

（3）互为基准的原则　当两个表面间相互位置精度要求很高，同时自身尺寸与形状精度要求也很高时，可以采用互为基准反复加工的原则。

如精密齿轮高频淬火后，为消除淬火后的变形以及提高齿面和支承轴孔的精度，在进行磨削加工时，常用齿面为基准磨内孔，然后再以内孔为基准来磨齿面，以保证齿面与内孔装配基面有较高的位置精度，如图 4-17 所示。

如加工卧式铣床主轴（图 4-18），前端 7∶24 锥孔（图中3）对支承轴径（图中 1、2）的同轴度要求很高，为保证这一要求，采用互为基准的原则进行加工，有关的工艺过程如下：先以精车后的前后支承轴颈 1、2 为粗基准、精车锥孔（通孔已钻出）及后端锥孔（图中 4，锥度为 1∶5，作辅助基准）；分别以 7∶24 锥孔和后端锥孔定位装前、后堵，粗、精磨支

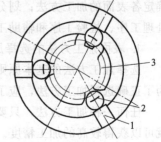

图 4-17　以齿面定位加工孔
1—卡盘；2—滚球；3—齿轮

承轴颈及各外圆面；再以支承轴颈为粗基准、精磨 7：24 锥孔。通过这样互为基准、反复加工，确保两者的同轴度误差满足设计要求。

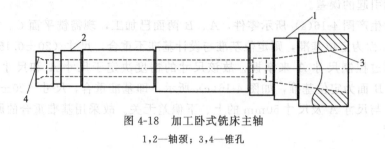

图 4-18　加工卧式铣床主轴

1,2—轴颈；3,4—锥孔

（4）自为基准的原则　当某些表面精加工或光整加工工序要求加工余量小而均匀，在加工时就应尽量选择被加工表面自身作为精基准，即遵循自为基准原则。

例如，图 4-19 所示是在导轨磨床上，采用自为基准原则磨削床身导轨。方法是用百分表（或观察磨削火花）找正工件的导轨面，然后加工导轨面，保证导轨面余量均匀，以满足对导轨面的质量要求。另外，如拉刀、浮动镗刀、浮动铰刀和珩磨等加工孔的方法，也都是自为基准原则的实例。

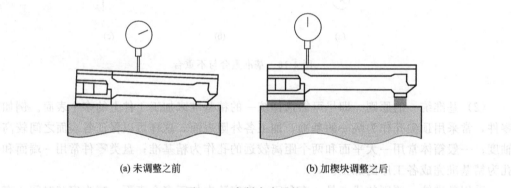

(a) 未调整之前　　　　　　　　　(b) 加楔块调整之后

图 4-19　磨削床身导轨

采用自为基准原则加工时，只能提高加工表面本身的尺寸、形状精度，而不能提高加工表面的位置精度，加工表面的位置精度应由前面的工序保证。

二、工艺路线的拟定

确定零件的加工路线，也就是制定出零件的全部机械加工的加工工序，其主要内容是：确定各表面的加工方法；划分加工阶段；确定工序集中与分散程度；合理安排加工顺序、热处理工序、检验工序和辅助工序（如清洗、去毛刺、去磁、倒角等）。

1. 表面加工方法的选择原则

选择加工方法的基本原则是既要满足零件的加工质量，同时也要兼顾生产率和经济性。为了正确选择加工方法，应了解各种加工方法的特点、加工经济精度及经济粗糙度的概念。

任何一种加工方法，只要仔细刃磨刀具、调整机床、选择合理的切削用量、精心操作，就可以获得较高的加工精度。但同时由于耗时多，降低了生产率，会使加工成本较获得同样精度的其他加工方法高，因此提出了加工经济精度的问题。

加工经济精度可定义为：在正常的加工条件下（使用符合质量标准的设备、工艺装备和标准技术等级的工人、合理的工时定额）所能达到的加工精度和表面粗糙度。

表 4-9～表 4-14 为典型表面的各种加工方法所能达到的经济精度和表面粗糙度及加工方案，可供选择时参考。

表 4-9　外圆加工中各种加工方法的加工经济精度及表面粗糙度

加工方法	加工情况	加工经济精度(IT)	表面粗糙度 $Ra/\mu m$
车	粗车	12～13	10～80
	半精车	10～11	2.5～10
	精车	7～8	1.25～5
	金刚石车（镜面车）	5～6	0.02～1.25
铣	粗铣	12～13	10～80
	半精铣	10～12	2.5～10
	精铣	8～9	1.25～5
车槽	一次行程	11～12	10～20
	二次行程	10～11	2.5～10
外磨	粗磨	8～9	1.25～10
	半精磨	7～8	0.63～2.5
	精磨	6～7	0.16～1.25
	精密磨	5～6	0.08～0.32
	镜面磨	5	0.008～0.08
抛光			0.008～1.25
研磨	粗研	5～6	0.16～0.63
	精研	5	0.04～0.32
	精密研	5	0.008～0.08
超精加工	精	5	0.08～0.32
	精密	5	0.01～0.16
砂带磨	精磨	5～6	0.02～0.16
	精密磨	5	0.01～0.04
滚压		6～7	0.16～1.25

注：加工有色金属时，表面粗糙度取小值。

表 4-10　孔加工中各种加工方法的加工经济精度及表面粗糙度

加工方法	加工情况	加工经济精度(IT)	表面粗糙度 $Ra/\mu m$
钻	$\phi 15mm$ 以下	11～13	5～80
	$\phi 15mm$ 以上	10～12	20～80
扩	粗扩	12～13	5～20
	一次扩（铸孔或冲孔）	11～13	10～40
	精扩	9～11	1.25～10
铰	半精铰	8～9	1.25～10
	精铰	6～7	0.32～5
	手铰	5	0.08～1.25
拉	粗拉	9～10	1.25～5
	一次拉（铸孔或冲孔）	10～11	0.32～2.5
	精拉	7～9	0.16～0.63
推	半精推	6～8	0.32～1.25
	精推	6	0.08～0.32

加工方法	加工情况	加工经济精度(IT)	表面粗糙度 $Ra/\mu m$
镗	粗镗	12～13	5～20
	半精镗	10～11	2.5～10
	精镗(浮动镗)	7～9	0.63～5
	金刚镗	5～7	0.16～1.25
内磨	粗磨	9～11	1.25～10
	半精磨	9～10	0.32～1.25
	精磨	7～8	0.08～0.63
	精密磨	6～7	0.04～0.16
珩磨	粗珩	5～6	0.16～1.25
	精珩	5	0.16～0.63
研磨	粗研	5～6	0.16～0.63
	精研	5	0.04～0.32
	精密研	5	0.008～0.08
挤	滚珠、滚柱扩孔器、挤压头	6～7	0.01～1.25

注：加工有色金属时，表面粗糙度取小值。

表 4-11　平面加工中各种加工方法的加工经济精度及表面粗糙度

被加工表面	加工方法	加工经济精度(IT)	表面粗糙度 $Ra/\mu m$
端面	粗　车	11～13	12.5～50
	半精车	8～11	3.2～6.3
	精　车	7～9	1.6～3.2
	粗　磨	8～11	0.8～3.2
	精　磨	6～8	0.2～0.8
	研　磨	5	0.012～0.2
	超精加工	5	0.012～0.2
	精细车(金刚车)	5～6	0.05～0.8
平面	粗刨,粗铣	11～13	12.5～50
	半精刨,半精铣	8～11	3.2～6.3
	精刨,精铣	6～8	0.8～3.2
	拉　削	7～8	0.8～1.6
	粗　磨	8～11	1.6～6.3
	精　磨	6～8	0.2～0.8
	研　磨	5～6	0.012～0.2

表 4-12　外圆表面加工方案

序号	加工方法	经济精度	表面粗糙度 $Ra/\mu m$	备　　注
1	粗车	IT11 以下	12.5～50	适用于淬火钢以外的各种金属
2	粗车—半精车	IT8～IT10	3.2～6.3	
3	粗车—半精车—精车	IT7～IT8	0.8～1.6	
4	粗车—半精车—精车—滚压(抛光)	IT7～IT8	0.025～0.2	
5	粗车—半精车—磨削	IT7～IT8	0.4～0.8	
6	粗车—半精车—粗磨—精磨	IT6～IT7	0.1～0.4	主要适用于淬火钢,也可用于未淬火钢,但不适用于加工有色金属
7	粗车—半精车—粗磨—精磨—超精磨	IT5	0.012～0.1	

序号	加工方法	经济精度	表面粗糙度 $Ra/\mu m$	备　注
8	粗车—半精车—精车—金刚车	IT6～IT7	0.025～0.4	主要用于要求较高的有色金属加工
9	粗车—半精车—粗磨—精磨—超精磨或镜面磨	IT5 以上	0.012～0.025	适用于精度要求极高和表面粗糙度值要求极低的黑色金属材料或淬火钢的加工。不适用于有色金属的加工
10	粗车—半精车—粗磨—精磨—研磨、超精加工、砂带磨、镜面磨或抛光	IT5 以上	0.025～0.1	

表 4-13　平面加工方案

序号	加工方法	经济精度	表面粗糙度 $Ra/\mu m$	备　注
1	粗车—半精车	IT11～IT13	3.2～6.3	
2	粗车—半精车—精车	IT7～IT8	0.8～1.6	端面
3	粗车—半精车—磨削	IT6～IT8	0.2～0.8	
4	粗刨（或粗铣）	IT11～IT13	6.3～25	一般不淬硬表面（端铣表面粗糙度小）
5	粗刨（或粗铣）—精刨（或精铣）	IT8～IT9	1.6～6.3	
6	粗刨（或粗铣）—精刨（或精铣）—刮研	IT6～IT7	0.1～0.8	精度较高的不淬硬平面；批量较大的宜采用宽刃精刨
7	以宽刃精刨代替上述刮研	IT7	0.2～0.8	
8	粗刨（或粗铣）—精刨（或精铣）—磨削	IT6～IT7	0.2～0.8	精度较高的淬硬平面或不淬硬表面
9	粗刨（或粗铣）—精刨（或精铣）—粗磨—精磨	IT6～IT7	0.025～0.4	
10	粗铣—拉	IT7～IT9	0.2～0.8	大量生产较小的平面
11	粗铣—精铣—磨削—刮研	IT5 以上	0.006～0.1	高精度平面

表 4-14　孔加工方案

序号	加工方法	经济精度	表面粗糙度 $Ra/\mu m$	备　注
1	钻	IT11～IT12	12.5	加工未淬火钢及铸铁，也适于加工有色金属，但孔径小于15～20mm
2	钻—扩	IT9	1.6～3.2	
3	钻—粗铰—精铰	IT7～IT8	0.8～16	
4	钻—扩	IT10～IT11	6.3～12.5	同上，但孔径大于15～20mm
5	钻—扩—铰	IT10～IT11	1.6～3.2	
6	钻—扩—粗铰—精铰	IT7	0.8～1.6	
7	钻—扩—机铰—手铰	IT6～IT7	0.1～0.4	
8	钻—扩—拉	IT7～IT9	0.1～1.6	大批量生产（精度由拉刀精度而定）
9	粗镗（扩孔）	IT11～IT12	6.3～12.5	除淬火钢以外的各种材料，毛坯上有铸出或锻出孔
10	粗镗（粗扩）—半精镗（精扩）	IT8～IT9	1.6～3.2	
11	粗镗（粗扩）—半精镗（精扩）—精镗（铰）	IT7～IT8	0.8～1.6	
12	粗镗（扩）—半精镗（精扩）—精镗（铰）—浮动镗刀精镗	IT6～IT7	0.4～0.8	

序号	加工方法	经济精度	表面粗糙度 Ra/μm	备注
13	粗镗(扩)—半精镗—磨孔	IT7～IT8	0.2～0.8	主要适用于淬火钢,也可用于未淬火钢,但不适于有色金属的加工
14	粗镗(扩)—半精镗—粗磨—精磨	IT6～IT7	0.1～0.2	
15	粗镗(扩)—半精镗—精镗—金刚镗	IT6～IT7	0.05～0.4	主要适用于精度要求较高的有色金属加工
16	钻—(扩)—粗铰—精铰—珩磨、钻—(扩)—拉—珩磨;粗镗—半精镗—精镗—珩磨	IT6～IT7	0.025～0.2	精度要求很高的孔
17	以研磨代替上述方案珩磨	IT6 以上	0.006～0.1	

2. 加工方法的选择

具有特定技术要求的表面一般只用一次加工可能无法达到图纸上的要求,对于精密零件的主要表面则更需要经过几次由粗到精的加工才能逐步达到技术要求。因此,选择各表面的加工方法时,在分析研究零件图的基础上,一般总是首先根据零件表面的技术条件,确定该表面的最终加工方法,然后再选定前面一系列准备工序的加工方法。由于要达到同样精度和表面粗糙度要求可以采用的加工方法是多种多样的,所以选择零件各表面的加工方法时,主要应从以下几个方面来考虑。

（1）加工方法的经济精度和表面粗糙度要与零件加工表面的技术要求相适应　零件上各种典型表面的加工可用许多种加工方法完成,为了满足加工质量、生产率和经济性等方面的要求,应尽可能选择经济精度和表面粗糙度符合要求的加工方法来完成对零件表面的加工。

（2）加工方法要与零件材料的切削加工性相适应　零件材料的切削加工性是指零件材料被切削的难易程度。在确定零件加工方法时,应考虑到零件材料的切削加工性能。例如,淬火钢、耐热钢由于硬度很高,车削、铣削等很难加工,一般大多采用磨削;硬度很低而韧性较大的金属材料（如有色金属）则不宜磨削,因为磨屑易堵塞砂轮,通常采用高速精密车削或金刚车或金刚镗。

（3）加工方法要与零件的结构形状相适应　零件的结构形状和尺寸大小对加工方法的选择也有很大的影响。例如,回转类零件上的内孔可采用铰孔、镗孔、拉孔或磨孔等加工方法,而箱体上的孔则一般不宜采用拉孔或磨孔,而常用镗孔（孔大时）或铰孔（孔小时）等加工方法。

（4）加工方法要与零件的生产类型相适应　大批生产应选用生产率高和质量稳定的先进加工方法。例如,平面和孔采用拉削加工。单件小批生产中一般多采用通用机床和常规加工方法,平面加工通常采用刨削、铣削,孔加工通常采用钻孔、扩孔、铰孔等。为保证质量可靠和稳定及有高的成品率,在大批大量生产中采用珩磨和超精加工工艺加工较精密零件。为了提高企业的竞争力,也应该注意采用数控机床、柔性加工系统以及成组技术等先进的工艺装备和技术。

（5）加工方法要与工厂（或车间）的现有生产条件相适应　选择加工方法时,不能脱离工厂或企业的现有设备情况和工人技术水平。既要充分利用现有设备,挖掘企业潜力,也应注意不断改进现有的加工方法和设备,采用新技术和新工艺。

3. 加工阶段的划分

对于加工精度要求很高、粗糙度值要求很低的零件，则常划分为粗加工阶段、半精加工阶段、精加工阶段和光整加工阶段。

（1）各加工阶段的主要任务

① 粗加工阶段　是加工开始阶段，其任务主要是高效率地去除各表面的大部分余量，并加工出精基准。这一阶段的关键问题是高生产率。在这个阶段中，精度要求不高，切削用量、切削力、切削功率都较大，切削热以及内应力等问题比较突出。

② 半精加工阶段　这一阶段的任务是使各主要表面消除粗加工时留下的误差，并达到一定的精度和粗糙度，为精加工做好准备。在此阶段还要完成一些次要表面的加工，使其达到图纸要求，如钻孔、攻螺纹、铣键槽等。

③ 精加工阶段　这一阶段主要是保证工件的尺寸精度、形状精度、位置精度及表面粗糙度，这是比较关键的加工阶段，大多数零件的加工，经过这一阶段都可完成，也为少数需要进行精密加工或光整加工的表面做好准备。

④ 光整加工阶段　主要解决表面质量问题，表面质量包括表面粗糙度和表面层物理力学性能。当零件的尺寸精度、形状精度要求很高，表面粗糙度值要求很低及表面层物理力学性能要求很高时，则要用光整加工。光整加工的典型方法有珩磨、研磨、超精加工及无屑加工等，这些加工方法不但能提高表面质量，而且能提高尺寸精度和形状精度，但一般都不能提高位置精度。

上述划分加工阶段并非所有工件都应如此，在应用时要灵活掌握。例如，对于那些加工质量要求不高、刚性好、毛坯精度较高、余量小的工件，就可少划分几个阶段或不划分阶段；对于有些刚性好的重型工件，由于装夹及运输很费时，也常在一次装夹下完成全部粗、精加工。为提高加工的精度，可在粗加工后松开工件，让其充分变形，再用较小的力量夹紧工件进行精加工，以保证零件的加工质量。

加工阶段的划分是对整个工艺过程而言的，因而应以工件的主要加工面来分析，不应以个别表面（或次要表面）和个别工序来判断。

（2）划分加工阶段的原因

① 保证加工质量　毛坯本身就具有内应力，且粗加工时因切削余量（或吃刀深度）最大，切削力、切削热、夹紧力也大，加工后内应力将重新分布，工件会产生较大的变形。如果不划分加工阶段，粗、精加工混杂在一起进行，则会使已经精加工表面的精度被后续的粗加工所破坏。划分加工阶段后，粗加工产生的误差和变形，可通过半精加工和精加工予以纠正，并逐步提高零件的精度和表面质量。

② 及时发现毛坯的缺陷　粗加工时去除了加工表面的大部分余量，当发现有缺陷时可及时报废或修补，可避免精加工工时的损失。

③ 合理使用设备　粗精加工分开，粗加工可安排在精度低、功率大、生产效率高的机床上进行。精加工则可安排在精度高、功率小的机床上进行，使机床各自发挥自己的效能，延长机床的使用寿命。

④ 便于组织生产　各加工阶段要求的生产条件是不同的，如精密加工要求恒温洁净的生产环境，所以划分了加工阶段就能便于组织生产。再如，对一些精密零件，粗加工后安排去除应力的时效处理，可减少内应力对精加工的影响；半精加工后安排淬火不仅容易达到零件的性能要求，而且淬火后引起的变形又可通过精加工工序予以消除，所以划分了加工阶段

就便于这些热处理工序的安排，充分发挥热处理的效能。

4. 工序的集中与分散

制定工艺路线时，选定了各表面的加工方法和划分加工阶段之后，就可将同一阶段中的各加工表面的加工组合成若干工序。在一般情况下，根据工步本身的性质（如车外圆、铣平面等）、加工阶段的划分、定位基准的选择和转换等，进行工序组合。设计工序时，有两种思路：一种是工序分散原则，另一种是工序集中原则。

（1）工序集中与工序分散的概念　工序集中就是将工件的加工集中在少数几道工序内完成，每道工序的加工内容较多，即工序数少而各工序的加工内容多。采用工序集中的原则，应尽可能在一次安装中加工许多表面，或尽可能在同一台设备上连续完成较多的加工，因而使总的工序数目减少。工序分散就是将工件的加工分散在较多的工序内进行。每道工序的加工内容很少，即工序数多而各工序的加工内容少，最少时每道工序仅一个简单工步。

（2）工序集中与工序分散的特点

① 工序集中的主要特点

a. 工件装夹次数减少，在一次安装中加工多个表面，易于保证相互位置精度。

b. 有利于采用高效的专用机床和工艺装备，可以大大提高生产率。

c. 所用机器设备的数量少，减少了生产的占地面积和操作工人数。

d. 工序数目减少，缩短了工艺路线，简化了生产计划工作，易于管理。

e. 加工时间减少，减少了运输路线，缩短了加工周期。

f. 专用机床和工艺装备成本高，机床结构通常较为复杂，其调整、维修费时费事，生产准备工作量大，转换新产品比较费时。

② 工序分散的主要特点

a. 设备及工艺装备比较简单，调整和维修方便，生产准备工作量少，也便于生产工人掌握操作技术，容易适应产品更换。

b. 有利于选择合理的切削用量，又易于平衡工序时间。

c. 设备数量多，占地面积大，工人数量也多。

d. 工序数目较多，工艺路线长，生产周期长。

（3）工序集中与工序分散的选用原则　工序集中与工序分散各有利弊，工序设计时究竟是采取工序分散的原则还是工序集中的原则，应根据生产类型、现有生产条件、产品的市场前景、工件结构特点和技术要求等进行综合分析后选用。

大批大量生产时，若使用专用机床和工艺装备组成的传统流水线、自动线生产，多采用工序分散的原则组织生产（个别工序也有相对集中的情况，如箱体类零件采用组合机床加工）。这种组织形式可以获得高的生产效率和低的生产成本，缺点是柔性差，产品转换困难。大批大量生产时，若使用多刀、多轴自动机床或半高效机床、加工中心，可采用工序集中的原则组织生产。对于多品种、中小批量生产，为便于转换和管理，多采用工序集中方式。

一般来说，单件、小批生产，若使用通用设备组织生产，适于采用工序分散的原则。现在由于数控机床、带有自动换刀装置的数控机床（如加工中心）、柔性制造单元、柔性制造系统等的发展，单件、小批生产也可以采用工序集中的原则。

零件尺寸、重量较大，不易运输和安装的，应采用工序集中的原则。

由于市场需求的多变性，对生产过程的柔性要求越来越高，工序集中将越来越成为生产的主流方式。

5. 加工顺序的安排

加工顺序的安排对保证加工质量、提高生产效率和降低成本都有重要的作用，是拟定工艺路线的关键之一。现将有关安排的一般原则分述如下。

(1) 加工工序的安排原则

① 基准先行　在每一个加工阶段选作精基准的表面应该先加工，以提高定位精度，然后再以基准面定位进行其他有关表面的加工。例如，精度要求较高的轴类零件（如机床的主轴、丝杠、汽车发动机的曲轴等），其第一道工序就是铣端面打中心孔，然后再以中心孔定位加工其他表面。中心孔若有误差（如椭圆度），该误差将反映到被加工的圆柱表面上去。因此，加工精度要求较高时，也应使工艺基准先获得较高的精度，热处理以后，中心孔容易发生损坏变形，在精加工之前必须先修磨中心孔，以提高基准的精度。对于箱体零件（如机床的主轴箱、汽车发动机的汽缸体等），也是先安排定位基准面的加工（多为一个大平面和两个销孔）。

② 先粗后精　先安排粗加工，中间安排半精加工，最后安排精加工和光整加工。这有利于加工误差和表面缺陷层的逐步消除，从而逐步提高零件的加工精度与表面质量。此外，粗加工后加工表面会产生较大的残余应力，粗、精加工分开后，其间的时间间隔用于自然时效，有利于减少这种残余应力并让其充分变形，以便在后续精加工工序中得以切除修正。先粗后精也有利于合理使用机床，粗加工时可采用功率大、精度一般的高效率机床，而精加工时则可采用功率较小但精度较高的精密机床。

③ 先面后孔　这主要是指箱体类和支架类零件的加工而言。一般这类零件既有平面，又有孔或孔系，因其平面的轮廓平整，安放和定位比较稳定可靠，若先加工好平面，就能以平面定位加工孔，保证平面和孔的位置精度。此外，在毛坯面上钻孔或镗孔，容易使钻头引偏或打刀，此时也应先加工平面，再加工孔，以避免上述情况的发生。

④ 先主后次　先安排主要表面加工，再安排次要表面加工。主要表面是指零件上一些配合面、接合面、安装面等精度要求较高的表面。它们的质量对整个零件的加工质量影响很大，对其进行加工是工艺过程的主要内容，因而在确定加工顺序时，要首先考虑加工主要表面的工序安排，以保证主要表面的加工精度。在安排好主要表面加工顺序后，常常从加工的方便与经济角度出发，安排次要表面的加工。次要表面主要是指键槽、螺孔（或螺栓用光孔）、连接螺纹及轴上无配合要求的外圆等表面。次要表面往往位于主要表面上，为保证主要表面加工时的连续性，应先加工主要表面，再加工次要表面。另外，次要表面往往与主要表面有一定的相对位置要求，如圆柱面上的键槽位置常以圆柱面作为设计基准，只有先加工好圆柱面后才能加工键槽，以确保它们之间的正确位置关系，反之则无法保证。

一般次要表面都以主要表面作为基准进行加工，因此这些表面的加工一般放在主要表面的半精加工以后，最终精加工以前一次加工完毕。

(2) 热处理工序的安排　热处理的安排主要决定于零件的材料与热处理的要求。主要有以下几种情况。

① 为了改善工件材料切削性能而进行的热处理工序（如退火、正火等），应安排在粗加工前。对于高碳钢零件用退火降低其硬度，便于切削加工；对于低碳钢零件却要用正火的办法提高硬度降低塑性，改善切削性能（不粘刀）；对锻造毛坯，因表面软硬不均不利于切削，通常也进行正火处理。因此，为了改善工件材料切削性能而进行的退火、正火等热处理工序，一般应安排在机械加工之前进行。

② 为了消除内应力而进行的热处理工序（如退火、人工时效等），最好安排在粗加工之后、精加工之前进行；有时为了减少车间之间的运输工作量，也可安排在切削加工之前进行。无论在毛坯制造还是在切削加工时都会产生残余应力，不设法消除就要引起工件变形，降低产品质量，甚至造成废品。对于尺寸大、结构复杂的铸件，需在粗加工之前进行一次自然时效处理，以消除铸造残余应力；粗加工之后、精加工之前还要安排一次人工时效处理，一方面可将铸件原有的残余应力消除一部分，另一方面又将粗加工时所产生的残余应力消除，以保证精加工时所获得的精度稳定。对一般铸件，只需在粗加工后进行一次时效处理即可，或者在铸造毛坯后安排一次时效处理。对精度要求高的铸件，在加工过程中需进行两次时效处理，第一次在粗加工之后进行，第二次在半精加工之后进行。

③ 为了改善工件材料的力学性能而进行的热处理工序（如调质、淬火、渗碳和氮化等）通常安排在粗加工后、精加工前进行。调质处理能得到组织均匀细致的回火索氏体，因此许多中碳钢和合金钢常采用这种热处理方法，一般安排在粗加工之后进行；淬火可以提高材料硬度和抗拉强度，由于工件淬火后常产生变形，因此淬火工序一般安排在精加工阶段中的磨削加工之前进行；低碳钢有时需要渗碳，由于渗碳的温度高，工件产生的变形较大，一般安排在半精加工之后、精加工之前进行，但应注意对零件上不需渗碳的部位要进行保护，或者在渗碳后安排切除多余渗碳层的工序，然后再进行渗碳后的淬火和精加工；氮化处理能提高零件表面硬度和耐蚀性，工件产生的变形较小，一般安排在该表面的最终加工之前进行。

④ 为了提高零件表面耐磨性或耐蚀性而进行的热处理工序以及以装饰为目的的热处理工序或表面处理工序（如镀铬、镀锌、氧化、发蓝、发黑等）一般都安排在机械加工完毕后进行。

（3）辅助工序的安排　辅助工序包括工件的检验、去毛刺、清洗、防锈、去磁和平衡等。辅助工序是必要的工序，若安排不当或遗漏，将会给后续工序和装配带来困难，影响产品质量，甚至使机器不能正常使用。

检验工序是重要的辅助工序，它对保证质量、防止产生废品起到重要作用。除了每个操作工人必须在操作过程中和加工完成以后进行自检外，在工艺规程中还必须在下列情况下安排检查工序：不同加工阶段的前后，如粗加工结束、精加工前和精加工后、精密加工前；重要工序前后；送往外车间加工的前后；全部加工工序完成后。

有些特殊的检验，如探伤等检查工件的内部质量，一般都安排在工艺过程的开始。密封性检验、工件的平衡和重量检验，一般都安排在工艺过程最后进行。

此外，去毛刺、倒棱边、去磁、清洗、涂防锈油等也是不可忽视的必要的辅助工序，往往是保证顺利装配、正常运行、安全生产的不可缺少的工作。例如，毛刺的存在将影响工件的定位精度、测量精度、装配精度以及工人安全，因此零件切削加工结束以后，应安排去毛刺工序。润滑油中残留的切屑，将影响机器的使用质量；在研磨、珩磨等光整加工工序之后，残余的砂粒嵌入工件表面，将加剧零件在使用中的磨损，因此进入装配前应安排清洗工序。用磁力夹紧的工件应安排去磁工序，避免带有磁性的工件进入装配线，影响装配质量。

三、机械加工工序的设计

零件的工艺过程拟定以后，就应进行工序设计。工序设计的内容是为每一道工序选择机床和工艺装备，确定加工余量、工序尺寸和公差，确定切削用量、工时定额及工人技术等级等。

1. 机床设备与工艺装备的选择

机床设备与工艺装备的选择对零件加工质量和生产效率及零件的加工经济性有着很重要的影响。

(1) 机床设备的选择 选择机床应遵循如下原则。

① 机床设备的尺寸规格应与零件的外轮廓尺寸相适应。

② 机床设备的精度应与零件在该工序的加工要求的精度相适应。

③ 机床设备的自动化程度和生产效率应与零件的生产类型相适应。

④ 与现有加工条件相适应，如设备负荷的平衡状况等。

⑤ 选用机床设备应立足于国内，优先选用国产机床设备。

如果没有现成设备供选用，经过方案的技术经济分析后，可以改装旧设备或设计专用设备，并应根据具体要求提出设计任务书，其中包括与加工工序内容有关的必要参数、所要求的生产率、保证产品质量的技术条件以及机床的总体布置形式等。

(2) 工艺装备的选择 工艺装备包括夹具、刀具和量具。工艺装备选择的合理与否，将直接影响工件的加工精度、生产效率和经济性。应根据生产类型、具体加工条件、工件结构特点和技术要求等选择工艺装备。

① 夹具的选择 单件小批生产，应尽量选用通用夹具和机床附件，如各种卡盘、虎钳和分度头等。为提高生产率有组合夹具站的，可采用组合夹具。对于中、大批和大量生产，为提高劳动生产率应采用专用高效夹具。多品种中、小批量生产应用成组技术时，可采用可调夹具和成组夹具。夹具的精度应与工件的加工精度相适应。

② 刀具的选择 主要取决于工序所采用的加工方法、加工表面的尺寸、工件材料、所要求的精度和表面粗糙度、生产率及经济性等。一般优先采用标准刀具，必要时也可采用各种高效的专用刀具、复合刀具和多刃刀具等。刀具的类型、规格和精度等级应符合加工要求。同时要合理地选择刀具几何参数。使用数控机床加工，机时费用高，为充分发挥数控机床的作用，宜选用机械夹固不重磨刀具和耐磨性特别好的刀具，如硬质合金涂层刀具、立方氮化硼刀具和人造金刚石刀具等，以减少更换刀具和预调刀具的时间。数控加工所用刀具寿命至少应保证能将一个工件加工完。

③ 量具的选择 单件小批生产应广泛采用通用量具，如游标卡尺、百分表和千分尺等；大批大量生产应采用极限量块和高效的专用检具和量仪等。量具的精度必须与加工精度相适应。

当需要设计专用刀具、量具或夹具时，应提出相应的设计任务书。

机床设备和工艺装备的选择不仅要考虑设备投资的当前效益，还要考虑产品改型及转产的可能性，应使其具有更大的柔性。

2. 加工余量

零件的加工工艺路线确定后，需要进一步确定各工序的工序尺寸。工序尺寸是在加工过程中各工序加工应达到的尺寸。工序尺寸的正确确定不仅和零件图上的设计尺寸有关，而且还与各工序的加工余量有密切关系。因此，确定工序尺寸时，首先应确定加工余量。

(1) 加工余量的基本概念 加工余量是指加工过程中，从加工表面切除的金属层厚度。加工余量可分为工序加工余量和总加工余量。

工序加工余量是指某一表面在一道工序中所切除的金属层厚度，它取决于同一表面相邻两工序的工序尺寸之差。工序余量有单边余量和双边余量之分。

零件非对称结构的非对称表面，其加工余量一般为单边余量，如图 4-20(a) 所示，可表示为：

$$Z_b = l_a - l_b \tag{4-2}$$

对于被包容表面（轴），如图 4-20(b) 所示，有：

$$2Z_b = d_a - d_b \tag{4-3}$$

对于包容表面（孔），如图 4-20(c) 所示，有：

$$2Z_b = D_b - D_a \tag{4-4}$$

式中　　　Z_b——本道工序的工序余量；

l_b、d_b、D_b——本道工序的基本尺寸；

l_a、d_a、D_a——上道工序的基本尺寸。

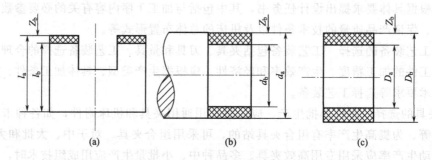

图 4-20　单边余量与双边余量

总加工余量即毛坯余量，是指毛坯尺寸与零件设计尺寸之差，也就是指零件从毛坯变为成品的整个加工过程中，某一表面所被切除的金属层的总厚度。总加工余量等于各工序加工余量之和，如图 4-21 所示，即：

$$Z_0 = Z_1 + Z_2 + \cdots + Z_n = \sum_{i=1}^{n} Z_i \tag{4-5}$$

式中　　Z_0——加工总余量（毛坯余量）；

Z_i——各工序余量；

n——工序数。

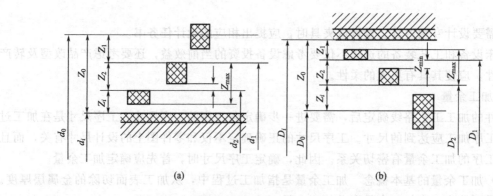

图 4-21　工序加工余量及公差与工序尺寸公差的关系

由于工序尺寸有公差，所以加工余量也必然在某一公差范围内变化。其公差大小等于本道工序的工序尺寸公差与上道工序的工序尺寸公差之和。工序余量有公称余量（简称余量）、最大余量和最小余量之分。

如图 4-22 所示，被包容面的工序最大余量、最小余量及余量公差计算如下：

$$Z_{b\max} = L_{a\max} - L_{b\min} \tag{4-6}$$

$$Z_{b\min} = L_{a\min} - L_{b\max} \tag{4-7}$$

$$T_{Z_b} = Z_{\max} - Z_{\min} = T_a + T_b \tag{4-8}$$

式中　$Z_{b\max}$、$Z_{b\min}$——本工序最大、最小加工余量；

　　　$L_{b\max}$、$L_{b\min}$——本工序最大、最小工序尺寸；

　　　$L_{a\max}$、$L_{a\min}$——前工序最大、最小工序尺寸；

　　　　　　T_{Z_b}——本工序加工余量公差；

　　　　　　T_b——本工序的工序尺寸公差；

　　　　　　T_a——前工序的工序尺寸公差。

可以看出，无论被包容面还是包容面，本工序余量公差都等于本工序尺寸公差与前工序尺寸公差之和。

（2）影响加工余量的因素　加工余量的大小，对零件的加工质量、生产率和经济性都有较大的影响。加工余量过大，不仅加大机械加工的工作量，降低生产效率，而且将增加原材料、刀具、动力等的消耗，使生产成本上升；若加工余量过小，则不能确保去除加工表面存在的各种缺陷和加工误差，无法保证零件的加工质量。因此应合理地确定加工余量。确定加工余量的基本原则是在保证加工质量的前提下，本工序的最小加工余量越小越好。若要合理地确定加工余量，必须了解影响加工余量的各种因素。影响本工序最小加工余量的因素主要有以下两方面。

① 上工序的各种表面缺陷和误差因素

a. 表面粗糙度 H_a（表面轮廓最大高度）和缺陷层 D_a　为了使工件的加工质量逐步提高，每道工序应切到待加工表面以下的正常金属组织，即本工序必须把上工序留下的表面粗糙度 H_a 全部切除，还应切除被上道工序破坏的缺陷层 D_a，如图 4-23 所示。

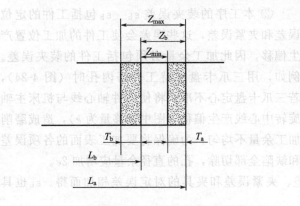

图 4-22　被包容面工序余量与公差的关系

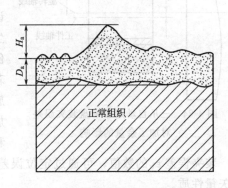

图 4-23　表面粗糙度和缺陷层的影响

b. 上工序的尺寸公差 T_a　由图 4-22 可知 $Z_b = Z_{\min} + T_a$，基本余量中包括了上工序的尺寸公差 T_a。

c. 上工序的形位误差（也称空间误差）ρ_a　上工序的形位误差是指不由尺寸公差 T_a 所

控制的形位误差。它包括轴心线的弯曲、偏移、偏心、偏斜以及平行度、垂直度等（表4-15），这类误差应在本工序中修正。一般情况下，该误差的方向并不与加工表面的垂直方向一致，故用矢量 ρ_a 表示。

表 4-15 零件各项位置误差对加工余量的影响

位置精度	简 图	加工余量	位置精度	简 图	加工余量
轴心线弯曲(y)		$2y$	轴心线偏心(e)		$2e$
中心线偏斜(θ)	$x=L\tan\theta$	$x=L\tan\theta$	平行度(a)		$y=aL$
中心线偏移(x)		$2x$	垂直度(b)		$x=bD$

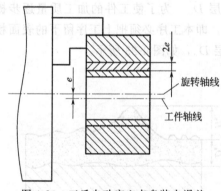

图 4-24 三爪自动定心卡盘装夹误差对加工余量的影响

ρ_a 的数值可按设计技术要求确定。若设计图样上未注要求，则按未注形位公差确定。必须注意，ρ_a 具有矢量性质。

② 本工序的装夹误差 ε_b ε_b 包括工件的定位误差和夹紧误差，这些误差会使工件的加工位置产生偏移，因此加工余量必须包括工件的装夹误差。例如，用三爪卡盘夹持工件磨内孔时（图4-24），若三爪卡盘定心不准，将使工件轴心线与机床主轴旋转中心线产生偏移（图中偏移量为 e），造成磨削加工余量不均匀，为确保将要加工表面的各项误差和缺陷全部切除，孔的直径余量应增加 $2e$。

装夹误差 ε_b 的数值，可通过定位误差、夹紧误差和夹具的对定误差相加而得。ε_b 也具有矢量性质。

综上所述，加工余量的组成可用下面公式表示：

双边余量 $\qquad\qquad\qquad Z_{b\min}=T_a/2+H_a+D_a+|\vec{\rho_a}+\vec{\varepsilon_b}|$ $\qquad\qquad$ (4-9)

单边余量 $\qquad\qquad\qquad Z_{b\min}=T_a+H_a+D_a+|\vec{\rho_a}+\vec{\varepsilon_b}|$ $\qquad\qquad$ (4-10)

对不同的零件和不同的工序，上述误差的数值与表达形式也各不相同，在决定工序加工余量时应区别对待。

(3) 加工余量的确定 有计算法、经验估计法和查表法三种方法。

① 计算法 是根据一定的试验资料和计算公式，对影响加工余量的各项因素进行分析和综合计算来确定加工余量的方法。在影响因素清楚的情况下，计算法是比较准确的。这种方法确定的加工余量最经济、最合理，但目前没有全面而可靠的试验资料，很少采用。

② 经验估计法 有经验的工程技术人员或工人根据经验确定加工余量的大小。为了防止加工余量不够而产生废品，由经验法所估计确定的加工余量往往偏大，此方法常用于单件小批生产。

在确定加工余量时，要分别确定加工总余量和工序余量。加工总余量的大小与所选择的毛坯制造精度有关。

③ 查表法 主要以工厂或企业生产实践和试验研究积累的经验所制成的表格为基础，并结合实际加工情况加以修正，确定加工余量。《机械加工工艺人员手册》等各种专业手册中，已根据工厂或企业生产实践和试验研究积累的有关数据列出各种加工余量推荐表。工艺人员可以查阅这些表格，得到参考加工余量值，然后结合工厂的实际生产情况进行适当修改。这种方法目前在实际生产中被广泛使用。

3. 工序尺寸及公差的确定

工序尺寸是加工过程中各个工序应保证的加工尺寸，其公差即为工序尺寸公差。一般情况下，工序尺寸的公差按"入体原则"标注，即对被包容尺寸（如轴的外径及实体长、宽、高等），其最大加工尺寸就是基本尺寸，上偏差为零，对包容尺寸（如孔的直径、槽的宽度等），其最小加工尺寸就是基本尺寸，下偏差为零。毛坯尺寸公差按双向对称偏差形式标注。

生产上绝大部分加工面都是在基准重合（工艺基准和设计基准重合）的情况下进行加工的。下面介绍基准重合时的工序尺寸与公差的确定。

(1) 倒推法 基本原理是根据零件图标注的设计尺寸作为最终工序的工序尺寸，然后依次加上或减去本工序的工序加工余量，作为前一工序的工序尺寸。对于被包容面，由最终工序的工序尺寸开始，依次加上本工序的工序加工余量，就是前一工序的工序尺寸。对于包容面，由最终工序的工序尺寸开始，依次减去本工序的工序加工余量，就是前一工序的工序尺寸。

例如，某轴直径尺寸为 $\phi 50_{-0.016}^{0}$ mm（精度 IT6），粗糙度为 $Ra0.8\mu m$。若采用加工方法为粗车—半精车—粗磨—精磨，则确定各加工工序的工序尺寸及公差如下。

① 查表法确定加工余量。

由工艺手册查得：精磨余量为 0.1mm，粗磨余量为 0.3mm，半精车余量为 1.1mm，粗车余量为 4.5mm。

② 计算各工序基本尺寸。

粗磨基本尺寸为 50mm，粗磨基本尺寸为 50.1mm，半精车基本尺寸为 50.4mm，粗车基本尺寸为 51.5mm，毛坯基本尺寸为 56mm。

③ 确定各工序加工精度和表面粗糙度。

查有关表格可确定：精磨精度为 IT6，$Ra0.4\mu m$；粗磨精度 IT8，$Ra1.6\mu m$；半精车精度 IT11，$Ra3.2\mu m$；粗车精度 IT13，$Ra12.5\mu m$；锻件毛坯公差为 ±2mm。

④ 根据经济加工精度查公差表，并将公差按"入体原则"标注在工序基本尺寸上。计算结果汇总于表 4-16。

表 4-16　工序尺寸及公差的确定　　　　　　　　mm

工序名称	工序加工余量	工序基本尺寸	加工经济精度(IT)	工序尺寸及公差	表面粗糙度/μm
精磨	0.1	50	6	$\phi\,50_{-0.016}^{\;\;\;0}$	$Ra\,0.4$
粗磨	0.3	50+0.1=50.1	8	$\phi\,50.1_{-0.039}^{\;\;\;0}$	$Ra\,1.6$
半精车	1.1	50.1+0.3=50.4	11	$\phi\,50.4_{-0.16}^{\;\;\;0}$	$Ra\,3.2$
粗车	4.5	50.4+1.1=51.5	13	$\phi\,51.5_{-0.39}^{\;\;\;0}$	$Ra\,12.5$
锻件	8	51.5+4.5=56	±2	$\phi\,56\pm2$	

（2）正推法　原理和倒推法的原理相反，是在已知毛坯尺寸的前提下，从毛坯尺寸开始，依次减去或加上本道工序的工序加工余量作为本道工序的工序尺寸。

四、时间定额的估算

1. 时间定额的基本概念

时间定额是在一定的技术和生产组织条件下，规定生产一件产品或完成某一道工序所需要的时间。它是安排生产计划、计算产品成本和企业经济核算的重要依据之一，也是新设计或扩建工厂或车间时决定设备和人员数量的重要资料。时间定额主要是通过查找实践积累的统计资料以及进行部分计算来确定。时间定额规定得过紧、过松都会影响生产工人的劳动积极性和创造性，并容易诱发忽视产品质量的倾向。

2. 时间定额的组成

完成某一工件的某一工序所需要的时间，称为工序单件时间或工序单件时间定额 T_p，它由以下几部分组成。

（1）基本时间 T_b　它是直接用于改变零件尺寸、形状、相互位置，以及表面状态或材料性质等的工艺过程所消耗的时间。对切削加工来说，就是切除余量所耗费的时间，包括刀具的切入和切出时间在内，又可称为机动时间，一般可用计算方法确定。

（2）辅助时间 T_a　指在各个工序中为了保证基本工艺工作所需要做的辅助动作所耗费的时间。辅助动作包括装卸工件、开停机床、改变切削用量、进退刀具、测量工件等。确定辅助时间的方法主要有两种：一是在大批量生产中，将各辅助动作分解，然后采用实测或查表的方法确定各分解动作所需消耗的时间，并进行累加；二是在中小批生产中，按基本时间的一定百分比进行估算，并在实际生产中进行修改，使其趋于合理。

基本时间和辅助时间之和称为工序操作时间 T_B。

（3）布置工作地时间 T_s　指工人在工作时间内照管工作地点及保证工作状态所耗费的时间。例如在加工过程中调整刀具、修正砂轮、润滑及擦拭机床、清理切屑、刃磨刀具等。布置工作地时间可按工序操作时间的 2%～7% 估算。

（4）休息和自然需要的时间 T_r　指在工作班时间内所允许的必要的休息和自然需要时间。可取操作时间的 2% 来估算。

（5）准备和终结时间 T_e　是指成批生产中每当加工一批零件时，进行准备和结束工作所耗费的时间。包括加工开始时需要熟悉工艺文件、领取毛坯材料、安装刀具和夹具、调整机床，加工结束时需要拆卸和归还工艺装备、发送成品等。准备和终结时间对一批零件只消耗一次。零件批量 N 越大，分摊到每个零件上的准备和终结时间 T_e/N 就越少。当 N 很大时（大量生产），T_e/N 可以忽略不计。

综上所述，单件时间 T_p 为：

$$T_p = T_b + T_a + T_s + T_r \tag{4-11}$$

成批生产时，单件计算时间定额为：

$$T_c = T_p + T_e/N = T_b + T_a + T_s + T_r + T_e/N \tag{4-12}$$

在大量生产中，每个工作地点完成固定的一个工序，不需要上述准备和终结时间，所以其单件时间定额为：

$$T_c = T_p \tag{4-13}$$

3. 时间定额的制定方法

时间定额的制定方法通常有以下三种。

① 由定额员、工艺人员和工人相结合，通过总结过去的经验，并参考有关的技术资料直接估计确定。

② 以同类产品的工件或工序的时间定额为依据，进行对比分析后推算出来。

③ 可通过对实际操作时间的测定和分析来确定。

五、 工艺方案的比较与技术经济分析

制定零件机械加工工艺规程时，在同样能满足被加工零件技术要求和同样能满足产品交货期的条件下，通常可以拟定几种不同的方案，并分别达到不同的目标，例如最大生产率或最低成本。为了选取在给定生产条件下最为经济合理的工艺方案，必须对各种不同的工艺方案进行经济分析。经济分析就是比较不同方案的生产成本的多少。生产成本最少的方案就是最经济的方案。生产成本是制造一个零件或一台产品所必需的一切费用的总和。在分析工艺方案的优劣时，只需分析与工艺过程直接有关的生产费用，这部分生产费用就是工艺成本。在进行经济分析时，还必须全面考虑改善劳动条件、提高劳动生产率以及促进生产技术发展等问题。

工艺方案的技术经济分析大致可分为两种情况：一是对不同工艺方案进行工艺成本的分析和比较；二是按某些相对技术经济指标进行比较。

1. 工艺成本的组成与计算

工艺成本由可变费用与不变费用两部分组成。

可变费用 V 与零件的年产量有关，它包括材料费（毛坯材料和制造费用）、工人工资、通用机床和通用工艺装备维护折旧费、刀具费用以及能源消耗。

不变费用 C 与零件年产量无关，它包括专用机床、专用工艺装备的维护折旧费以及与之有关的调整费等，因为专用机床、专用工艺装备是专为加工某一工件所用，它不能用来加工其他工件，而专用设备的折旧年限却是一定的，因此专用机床、专用工艺装备的费用与零件的年产量无关。

若零件的年产量为 N，则全年工艺成本 S 由式(4-14) 表示：

$$S = VN + C \tag{4-14}$$

单件工艺成本 S_t 为：

$$S_t = V + C/N \tag{4-15}$$

由以上两式可以看出，每个零件的工艺成本 S_t 与年产量 N 呈双曲线关系，全年工艺成本 S 与年产量 N 呈直线关系，如图 4-25 所示。

在图 4-25(b) 中，在 A 区当 N 略有变化，S_t 就变化很大，这种情况相当于单件小批生产；在 B 区随 N 的变化，S_t 变化很小，所以 B 区为大批、大量生产区；A、B 之间为成批

生产区。采用数控机床或加工中心等设备时，ΔS 和 ΔS_t 随年产量 N 的变化将呈减缓的趋势。

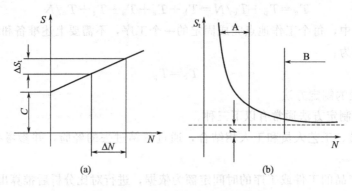

图 4-25　工艺成本与年产量的关系

2. 工艺方案的经济比较

对年产量较大的主要零件或关键工序的工艺方案，需要通过计算相应的工艺成本来评定其经济性，以便在制定工艺规程时进行正确的选择。对不同工艺方案进行经济比较时有下述两种情况。

（1）工艺方案的基本投资相近或使用相同设备时　工艺成本即可作为衡量各方案经济性的主要依据。

① 若两种工艺方案中只有少数工序不同多数工序相同时，可对这些不同工序的单件工艺成本进行分析比较。

方案 1 的单件工艺成本为：

$$S_{t1} = V_1 + C_1/N$$

方案 2 的单件工艺成本为：

$$S_{t2} = V_2 + C_2/N$$

当年产量 N 为定值时，若 $S_{t1} < S_{t2}$，则方案 1 的经济性较好。

当年产量 N 为变量时，可作出如图 4-26 所示的曲线进行比较。N_k 为方案 1 和方案 2 两曲线相交处的年产量，称为临界年产量，它表明若年产量为 N_k 时，两种方案的工艺成本相等。可知，当 $N < N_k$ 时，曲线 2 在曲线 1 下方，即 $S_{t2} < S_{t1}$，宜采用方案 2；当 $N > N_k$ 时，曲线 1 在曲线 2 下方，$S_{t1} < S_{t2}$，宜采用方案 1。其中 N_k 为：

$$N_k = (C_2 - C_1)/(V_2 - V_1) \tag{4-16}$$

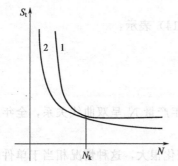

图 4-26　单件工艺成本比较

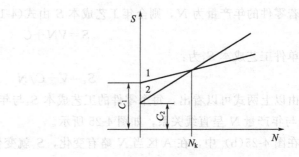

图 4-27　全年工艺成本比较

② 若两种加工方案中，多数工序不同，少数工序相同时，应对该零件的全年工艺成本进行比较。两方案的全年工艺成本分别为：

$$S_1 = V_1 N + C_1$$
$$S_2 = V_2 N + C_2$$

当年产量 N 为定值时，若计算得出 $S_1 > S_2$，则方案 2 的经济性好。

当年产量 N 为变量时，根据上述两式可作出两种工艺方案全年工艺成本与年产量的关系曲线，如图 4-27 所示。可见，当年产量 $N < N_k$ 时，$S_1 > S_2$，方案 2 的经济性好；当 $N > N_k$ 时，$S_1 < S_2$，方案 1 的经济性好。所以在批量较小时，应采用不变费用较小的方案；在批量较大时，应采用不变费用较大的方案。

（2）两种工艺方案的基本投资相差较大时 假如方案 1 采用价格较贵的高效机床及工艺装备，显然其基本投资（K_1）大，工艺成本（S_1）较高，但生产准备周期短，产品上市快；方案 2 采用价格较便宜但生产率较低的机床及工艺装备，其基本投资（K_2）小，工艺成本（S_2）较低，但生产准备周期长，产品上市慢。显然，单独比较工艺成本不能全面评价工艺方案的经济性，这时在考虑工艺成本的同时还必须考虑不同工艺方案基本投资差额的回收期限。

投资差额回收期限是指一种方案比另一种方案多耗费的投资需要多长时间才能由工艺成本的降低而收回。回收期限的计算公式为：

$$\tau = (K_1 - K_2)/(S_2 - S_1) = \Delta K / \Delta S \tag{4-17}$$

式中　τ——回收期限，年；

　ΔK——两种方案的基本投资差额，元；

　ΔS——两种方案的全年工艺成本差额，元/年。

考虑投资回收期的临界年产量 N_{kc}：

$$N_{kc} = N_k = (C_2 - C_1 + \Delta S)/(V_2 - V_1) \tag{4-18}$$

回收期限愈短，经济效益愈好。回收期限一般应满足下列要求。

① 回收期限应小于所用设备或工艺装备的使用年限。

② 回收期限应小于该产品的市场需求年限。

③ 回收期限应小于国家所规定的标准回收期，采用专用工艺装备的标准回收期为 2～3 年，采用专用机床的标准回收期为 4～6 年。

在决定工艺方案的取舍时，强调一定要进行经济分析，但算经济账不能只算投资账。如某一工艺方案虽然投资较大，工件的单件工艺成本也许相对较高，但若能使产品上市快，工厂可以从中取得较大的经济收益，从工厂整体经济效益分析，选取该工艺方案仍是可行的。

六、 成组机械加工工艺规程设计

如何摆脱传统的小批量生产中由于品种多、产量小所造成的困境，而使之获得接近大批量生产的经济效益是一个很值得重视的技术经济问题。成组技术就是针对这种情况发展起来的一项卓有成效的新技术。成组技术的核心是成组工艺，它是把结构、材料、工艺相似的零件组成一个零件族（组），按零件族制定工艺进行加工，从而扩大了批量、减少了品种、便于采用高效方法、提高了劳动生产率。

在机械产品生产中，成组技术的运用是指：识别相似零件并将它们组合在一起形成零件族（组），每个零件族都具有相似的设计和加工特点，以便在设计和制造中充分利用它们的相似性。通过对相似零件的修改来完成零件设计和工艺规程制定，根据给定零件族具有的相似工艺过程将生产设备分成加工组或加工单元，从而提高产品设计和制造的运行效率。

成组工艺是在零件分类成组的基础上进行的，当零件分为若干个零件族（组）后，即可按零件族（组）设计成组工艺。

第四节　工艺尺寸链

在机械加工工艺过程中，将相互关联的尺寸从零件或部件中抽出来，按一定的顺序构成封闭的尺寸图形，称为尺寸链。为保证加工、装配和使用的质量，针对一些相互关联的尺寸、公差和技术要求进行分析和计算，即为尺寸链原理。尺寸链原理是分析和计算工序尺寸的有效工具，在制定机械加工工艺规程和保证装配精度中有很大的作用。

图 4-28 是工艺尺寸链的一个示例。工件上尺寸 A_1 已加工好，现以底面 A 定位，用调整法加工台阶面 B，直接保证尺寸 A_2。显然，尺寸 A_1 和 A_2 确定以后，在加工中未予直接保证的尺寸 A_0 也就随之确定。尺寸 A_0、A_1 和 A_2 构成了一个尺寸封闭图形，即工艺尺寸链。

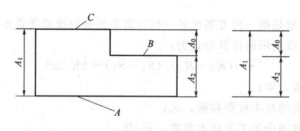

图 4-28　工艺尺寸链示例

一、　工艺尺寸链的组成

组成尺寸链的每一个尺寸，称为尺寸链的环。根据各环的性质，可分为封闭环和组成环。凡在零件加工过程中间接获得的尺寸称为封闭环，如图 4-28 中的 A_0。封闭环不具有独立性，随加工过程或其他尺寸的变化而变化。尺寸链中除封闭环以外的，对封闭环有影响的各环，称为组成环，如图 4-28 中的 A_1 和 A_2，组成环一般是加工中直接得到的。

组成环按其对封闭环的影响又可分为增环和减环。凡该环变动（增大或减小）引起封闭环同向变动（增大或减小）的环，称为增环，为明确起见，可加标一个自左向右的正向箭头，如用 $\overrightarrow{A_1}$ 表示。如果该环的变动（增大或减小）引起封闭环反向变动（减小或增大）的环，称为减环，可加标一个逆向的箭头，如用 $\overleftarrow{A_2}$ 表示。

1. 封闭环的确定

在工艺尺寸链的建立中，首先要正确确定封闭环。封闭环是在加工过程中间接得到的，当工艺方案发生变化时，封闭环会随之变化。

2. 组成环的查找

组成环的特点是加工过程中直接获得且对封闭环有影响的工序尺寸。组成环的查找方法是：从封闭环的两端面开始，分别向前查找该表面最近一次加工的尺寸，之后再进一步向前查找，直到两条路线最后得到的加工尺寸的工序基准重合（即两者的工序基准为同一表面），至此上述尺寸系统即形成封闭轮廓，从而构成了工艺尺寸链。

如图 4-28 所示，A_0 是间接获得的，为封闭环。从构成封闭环的两界面 B 面和 C 面开始查找组成环。C 面的工序尺寸是 A_1，B 面的工序尺寸是 A_2，显然 A_1 和 A_2 的变化会引起封闭环 A_0 的变化，是组成环。各组成环和封闭环尺寸封闭，完成组成环的查找。

3. 尺寸链的分类

(1) 按尺寸链的应用范围分

① 工艺尺寸链　在加工过程中，工件上各相关的工艺尺寸所组成的尺寸链。

② 装配尺寸链　在机器设计中和装配过程中，各相关的零部件间相互联系的尺寸所组成的尺寸链。

(2) 按尺寸链中各组成环所在的空间位置分

① 线性尺寸链　尺寸链中各环位于同一平面内且彼此平行。

② 平面尺寸链　尺寸链中各环位于同一平面或彼此平行的平面内，各环之间可以不平行。

③ 空间尺寸链　组成环位于几个不平行平面内的尺寸链，称为空间尺寸链。空间尺寸链在空间机构运动分析和精度分析中，以及具有空间角度关系的零部件设计和加工中会遇到。

二、 工艺尺寸链的计算公式

根据结构或工艺上的要求，确定尺寸链中各环的基本尺寸及公差或偏差。一般有两种计算方法：一种是极值法，其思想是以各组成环的最大值和最小值为基础，求出封闭环的最大值和最小值；另一种是概率法，以概率理论为基础来解算尺寸链。

1. 极值法

(1) 封闭环的基本尺寸计算

$$A_0 = \sum_{i=1}^{m} \overrightarrow{A_i} - \sum_{i=m+1}^{n-1} \overleftarrow{A_i} \tag{4-19}$$

式中　n——包括封闭环在内的尺寸链总环数；

　　　m——增环环数；

　$n-1$——组成环的总数目；

　$\overrightarrow{A_i}$——增环尺寸；

　$\overleftarrow{A_i}$——减环尺寸。

(2) 封闭环的最大和最小尺寸计算　封闭环的最大极限尺寸 $A_{0\max}$ 和最小极限尺寸 $A_{0\min}$ 分别为：

$$A_{0\max} = \sum_{i=1}^{m} \overrightarrow{A}_{i\max} - \sum_{i=m+1}^{n-1} \overleftarrow{A}_{i\min} \tag{4-20}$$

$$A_{0\min} = \sum_{i=1}^{m} \overrightarrow{A}_{i\min} - \sum_{i=m+1}^{n-1} \overleftarrow{A}_{i\max} \tag{4-21}$$

(3) 封闭环上、下偏差计算　封闭环的上偏差 $ES(A_0)$ 和下偏差 $EI(A_0)$ 分别为：

$$ES(A_0) = \sum_{i=1}^{m} ES(\overrightarrow{A_i}) - \sum_{i=m+1}^{n-1} EI(\overleftarrow{A_i}) \tag{4-22}$$

$$EI(A_0) = \sum_{i=1}^{m} EI(\overrightarrow{A_i}) - \sum_{i=m+1}^{n-1} ES(\overleftarrow{A_i}) \tag{4-23}$$

(4) 封闭环公差计算　封闭环的公差 T_0 等于所有组成环的公差之和：

$$T_0 = \mathrm{ES}(A_0) - \mathrm{EI}(A_0) = \sum_{i=1}^{n-1} T_i \tag{4-24}$$

(5) 各组成环平均尺寸计算　各组成环平均尺寸按下式计算：

$$A_{im} = \frac{A_{i\max} + A_{i\min}}{2} \tag{4-25}$$

直线尺寸链平均尺寸为：

$$A_{0m} = \sum_{i=1}^{m} \overrightarrow{A}_{im} - \sum_{i=m+1}^{n-1} \overleftarrow{A}_{im} \tag{4-26}$$

组成环的中间偏差为：

$$\Delta_i = \frac{\mathrm{ES}_i + \mathrm{EI}_i}{2} \tag{4-27}$$

封闭环的中间偏差为：

$$\Delta_0 = \sum_{i=1}^{m} \overrightarrow{\Delta}_i - \sum_{i=m+1}^{n-1} \overleftarrow{\Delta}_i \tag{4-28}$$

2. 概率法

依据概率法，将各组成环看作随机变量，则封闭环也为随机变量，并且有封闭环的平均值等于各组成环的平均值的代数和，封闭环的方差（标准差的平方）等于各组成环方差之和，即：

$$\sigma_0^2 = \sum_{i=1}^{n-1} \sigma_i^2 \tag{4-29}$$

式中　σ_0——封闭环的标准差；

σ_i——第 i 个组成环的标准差。

(1) 组成环接近正态分布的情况　若各组成环的尺寸分布均接近正态分布，则封闭环尺寸分布也近似为正态分布。假设尺寸链各环尺寸的分散范围与尺寸公差相一致，则有：尺寸链各尺寸环的平均尺寸等于各尺寸环尺寸的平均值，各尺寸环的尺寸公差等于各环尺寸标准差的 6 倍，即：

$$T_0 = 6\sigma_0, T_i = 6\sigma_i \tag{4-30}$$

由此可以引出以下两个概率法基本公式。

① 封闭环平均尺寸计算公式

$$A_{0m} = \sum_{j=1}^{m} \overrightarrow{A}_{jm} - \sum_{k=m+1}^{n-1} \overleftarrow{A}_{km} \tag{4-31}$$

式(4-31)表明在组成环尺寸接近正态分布的情况下，尺寸链封闭环的平均尺寸等于各组成环的平均尺寸的代数和，显然，此式与式(4-26)相同。

② 封闭环公差计算公式

$$T_0 = \sqrt{\sum_{i=1}^{n-1} T_i^2} \tag{4-32}$$

式(4-32)表明在组成环尺寸接近正态分布的情况下，封闭环的公差等于各组成环公差的平方和的平方根。式中 T_0 称为平方公差。

(2) 组成环偏离正态分布的情况　当尺寸链中各组成环偏离正态分布时，只要尺寸链组成环数目足够多，且不存在尺寸分散带较其余各组成环大许多又偏离正态分布很远的组成环，则无论组成环分布情况如何，封闭环的尺寸分布总是接近正态分布，为便于计算，引入分布系数 k 和分布不对称系数 α（图 4-29）。

分布系数 k 的定义如下：

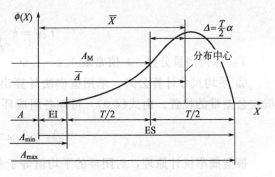

图 4-29 分布系数与分布不对称系数

$$k = \frac{6\sigma}{T} \qquad (4\text{-}33)$$

分布不对称系数 α 的定义如下：

$$\alpha = \frac{2\Delta}{T} \qquad (4\text{-}34)$$

式中 Δ——分布中心的偏移量（参考图 4-29）。

几种常见的误差分布曲线的分布系数 k 和分布不对称系数 α 的数值列于表 4-17 中。

表 4-17 分布系数与分布不对称系数

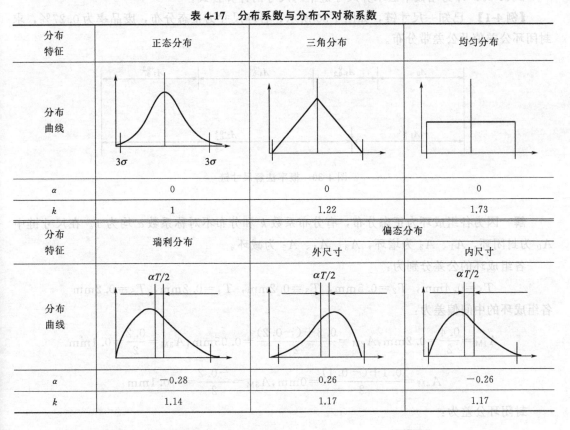

分布特征	正态分布	三角分布	均匀分布
分布曲线			
α	0	0	0
k	1	1.22	1.73

分布特征	瑞利分布	偏态分布	
		外尺寸	内尺寸
分布曲线			
α	-0.28	0.26	-0.26
k	1.14	1.17	1.17

① 公差计算公式 仿照推导过程可得到：

$$T_{0s} = \sqrt{\sum_{i=1}^{n-1} k_i^2 T_i^2} \qquad (4\text{-}35)$$

式（4-35）即为一般情况下概率法公差计算公式，T_{0s} 称为统计公差，k_i 为组成环 A 的分布系数，在实际问题中分布系数往往难以准确获得，为计算方便，可作如下近似处理。

令 $k_1 = k_2 = \cdots = k_{n-1} = k$，于是得到近似概率法公差计算公式：

$$T_{0E} = k\sqrt{\sum_{i=1}^{n-1} T_i^2} \tag{4-36}$$

T_{0E} 称为当量公差，k 值常取 $1.2\sim1.6$。

② 平均尺寸计算公式　采用概率法计算出封闭环的公差后，需通过计算尺寸平均值来确定公差带的位置。由式(4-37)可知各组成环尺寸平均值与平均尺寸 A_{iM} 之间的关系为：

$$\overline{A}_i = A_{iM} + \frac{1}{2}\alpha_i T_i \tag{4-37}$$

根据概率统计原理，封闭环的平均值等于各组成环的平均值的代数和，即：

$$\overline{A}_0 = \sum_{j=1}^{m} \overline{A}_j - \sum_{k=m+1}^{n-1} \overline{A}_k \tag{4-38}$$

将式(4-37)代入式(4-38)，并考虑到封闭环总是接近正态分布，即 $\alpha_0=0$，于是有：

$$A_{0M} = \sum_{j=1}^{m}\left(A_{jM} + \frac{1}{2}\alpha_j T_j\right) - \sum_{k=m+1}^{n-1}\left(A_{kM} + \frac{1}{2}\alpha_k T_k\right) \tag{4-39}$$

式(4-39)即为用概率法求算尺寸链平均尺寸的计算公式。

【例 4-1】 已知一尺寸链，如图 4-30 所示，各环尺寸为正态分布，废品率为 0.27%，求封闭环公差值及公差带分布。

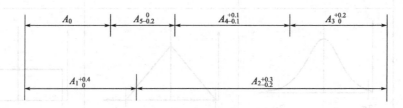

图 4-30　概率法解尺寸链

解　因为各组成环为正态分布，有分布系数 k 和分布不对称系数 α 均为 1。在尺寸链中 A_0 为封闭环，A_1、A_2 为增环，A_3、A_4、A_5 为减环。

各组成环的公差分别为：

$T_1=0.4\text{mm}$，$T_2=0.5\text{mm}$，$T_3=0.2\text{mm}$，$T_4=0.2\text{mm}$，$T_5=0.2\text{mm}$

各组成环的中间偏差为：

$$A_{1M} = \frac{0.4}{2} = 0.2\text{mm}, A_{2M} = \frac{0.3+(-0.2)}{2} = 0.05\text{mm}, A_{3M} = \frac{0.2}{2} = 0.1\text{mm}$$

$$A_{4M} = \frac{0.1+(-0.1)}{2} = 0\text{mm}, A_{5M} = \frac{-0.2}{2} = -0.1\text{mm}$$

封闭环公差为：

$$T_0 = \sqrt{\sum_{i=1}^{n-1} T_i^2} = \sqrt{0.4^2+0.5^2+0.2^2+0.2^2+0.2^2} = 0.73\text{mm}$$

封闭环的平均尺寸为：

$$A_{0M} = \sum_{j=1}^{m} A_{jM} - \sum_{k=m+1}^{n-1} A_{kM} = 0.2+0.05-(0.1-0-0.1) = 0.25\text{mm}$$

封闭环的公差带分布为：

$$ES(A_0) = 0.25 + \frac{0.73}{2} = 0.615\text{mm}$$

$$EI(A_0) = 0.25 - \frac{0.73}{2} = -0.115\text{mm}$$

三、 工艺尺寸链的应用

1. 测量基准和设计基准不重合时尺寸的换算

在零件加工中，有时会遇到一些表面加工之后，按设计尺寸不便或无法直接测量的情况。因此，需要另选一个易于测量的表面作测量基准，间接保证设计尺寸要求。此时，需要通过尺寸链进行换算。

【例 4-2】　如图 4-31(a) 所示轴承座，当以 B 面定位车削内孔端面 C 时，图样中的设计尺寸 $A_0 = 30_{-0.2}^{\ 0}$ mm 不便测量。改为先以 B 面定位 $A_1 = 10_{-0.1}^{\ 0}$ mm 车出 A 面，然后以 A 面为测量基准按尺寸 X 镗孔，则设计尺寸 A_0 即可间接获得。试确定镗孔工序尺寸 X 及其公差。

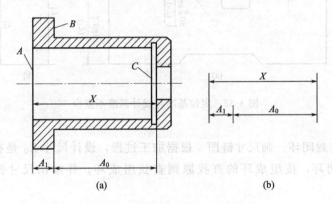

图 4-31　测量基准与设计基准不重合

解　(1) 确定封闭环、画尺寸链图　根据加工过程可知，A_0 为间接获得，是封闭环，画出尺寸链图如图 4-31(b) 所示。

(2) 确定各环的性质　A_0 是间接得到的，是封闭环；X 和 A_1 是直接测量得到的，是组成环。

(3) 计算车内孔端面 C 的尺寸 X 及其公差　由式(4-19) 得 $30 = X - 10$ 即 $X = 40$mm，由式(4-22) 得 $0 = ES(X) - (-0.1)$ 即 $ES(X) = -0.1$mm，由式(4-23) 得 $-0.2 = EI(X) - 0$ 即 $EI(X) = -0.2$mm，最后求得 $X = 40_{-0.2}^{-0.1}$ mm。

通过尺寸换算来间接保证封闭环的要求，必须提高组成环的加工精度。当封闭环的公差较大时（如第一组设计尺寸），仅需要提高本工序（车端面 C）的加工精度，当封闭环的公差等于其至小于一个组成环的公差时，则不仅要提高本工序尺寸 X 的加工精度，而且要提高前工序（或工步）的工序尺寸 A_1 的加工精度。因此，工艺上应尽量避免尺寸的换算。

按换算后的工序尺寸进行加工以间接保证原设计尺寸要求时，还存在一个"假废品"的问题。例如，当按图 4-31 所示的尺寸链所解算的尺寸 $X = 40_{-0.2}^{-0.1}$ mm 进行加工时，如某一零件加工后实际尺寸 $X = 39.95$mm，即较工序尺寸的上限还差 0.05mm。从工序上看，此件应该报废。但如将该零件的 A_1 实际尺寸再测量一下，如果 $A_1=10$ mm，则封闭环尺寸 $A_0=39.95-10=29.95$ mm，仍符合设计尺寸 $30_{-0.2}^{\ 0}$ mm 的要求。这就是工序上报废而产品仍合格的"假废品"问题。为了避免"假废品"的出现，对换算后工序尺寸超差的零件，应按设计尺寸再进行复量和换算，以免将实际尺寸合格的零件报废而造成浪费。

2. 定位基准和设计基准不重合时尺寸的换算

【例 4-3】 如图 4-32(a) 所示零件，镗孔前，表面 A、B、C 已经加工。镗孔时，为使工件装夹方便，选 A 面为定位基准，并按尺寸 L_3 进行加工。试求镗孔工序尺寸 L_3 及其公差。

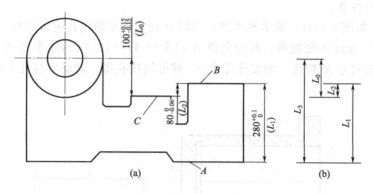

图 4-32　定位基准与设计基准不重合

解 （1）确定封闭环、画尺寸链图　根据加工过程，设计尺寸 L_0 是在本工序镗孔时间接获得的，是封闭环，按组成环的查找原则查找组成环，并画出尺寸链图如图 4-32(b) 所示。

（2）确定各环的性质　根据组成环对封闭环的影响情况判断，L_2 与 L_3 为增环，L_1 为减环。

（3）计算　本工序镗孔的工序尺寸 L_3 可按下列各公式计算：由式(4-21) 得 $100=L_3+80-280$ 即 $L_3=300$ mm，由式(4-22) 得 $0.15=0+\mathrm{ES}(L_3)-0$ 即 $\mathrm{ES}(L_3)=0.15$ mm，由式(4-23) 得 $-0.15=-0.06+\mathrm{EI}(L_3)-0.1$ 即 $\mathrm{EI}(L_3)=0.01$ mm，最后求得镗孔工序尺寸为 $L_3=300_{+0.01}^{+0.15}$ mm。

3. 多尺寸同时保证工艺尺寸链的计算

在零件加工中，有些加工表面的测量基面或定位基面是一些尚需继续加工的表面。当加工这些表面时，不仅要保证本工序对该加工基面的一些精度要求，而且同时还要保证原加工表面的要求，即一次加工后要同时保证两个尺寸的要求。此时需要进行工艺上的尺寸换算。

【例 4-4】 一带有键槽的内孔要淬火及磨削，其设计尺寸如图 4-33(a) 所示，内孔及键槽的加工顺序是：镗内孔至 $\phi 39.6_{\ 0}^{+0.1}$ mm；插键槽至尺寸 A；淬火；磨内孔，同时保证内孔直径 $\phi 40_{\ 0}^{+0.05}$ mm 和键槽深度 $43.6_{\ 0}^{+0.34}$ mm 两个设计尺寸的要求。试确定工艺过程中的工序尺寸 A 及其偏差。

解 要确定工艺过程中的工序尺寸 A 及其偏差，可以作出两种不同的尺寸链图。图 4-33(b)表示了 A 与三个尺寸的关系，其中 $43.6_{\ 0}^{+0.34}$ mm 是封闭环，不能明确表示工序余量和尺寸链的关系。图 4-33(c) 将图 4-33(b) 分解成两个三环尺寸链，引进半径余量 $Z/2$，

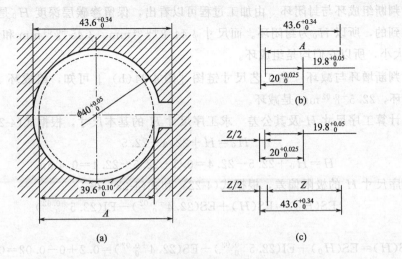

图 4-33 内孔及键槽的工序尺寸链

在图 4-33(c) 的上图中，$Z/2$ 是封闭环，下图中 $43.6^{+0.34}_{0}$ 是封闭环，$Z/2$ 是组成环。由此可见，为保证 $43.6^{+0.34}_{0}$ mm，需控制工序余量 Z 的变化，而要控制余量 Z 的变化，需控制组成环 $19.8^{+0.05}_{0}$ mm 和 $20^{+0.025}_{0}$ mm 的变化。经以上分析，工序尺寸 A 可以由图 4-33(b) 求解得到，也可以由图 4-33(c) 得到。

如按图 4-33(b) 的尺寸链求解，A、$20^{+0.025}_{0}$ mm 是增环，$19.8^{+0.05}_{0}$ mm 是减环，可得：

$$A=43.6-20+19.8=43.4mm$$

$$ES(A)=0.34-0.025+0=0.315mm$$

$$EI(A)=0-0+0.05=0.05mm$$

按"人体原则"标注尺寸，可得工序尺寸 $A=43.45^{+0.27}_{0}$ mm。

4. 保证渗氮、渗碳层深度的工序尺寸计算

有些零件的表面需进行渗氮或渗碳处理，并且要求精加工后要保持一定的渗层深度。为此，必须确定渗前加工的工序尺寸和热处理时的渗层深度。

【例 4-5】 如图 4-34(a) 所示某零件内孔，孔径为 $\phi 45^{+0.04}_{0}$ mm 内孔表面需要渗碳，渗碳层深度为 $0.3 \sim 0.5$ mm。其加工过程为：磨内孔至 $\phi 44.8^{+0.04}_{0}$ mm；渗碳深度 H；磨内孔至 $\phi 45^{+0.04}_{0}$ mm，并保留渗碳层深度 $H_0 = 0.3 \sim 0.5$ mm。试确定 H 的数值。

解 (1) 正确绘制尺寸链图 从图中分析，H_0 是磨内孔至 $\phi 45^{+0.04}_{0}$ mm 后间接保证的，首先应查明与该尺寸有联系的各尺寸，可以看出该尺寸与 $\phi 45^{+0.04}_{0}$ mm、$\phi 44.8^{+0.04}_{0}$ mm 和 H 尺寸有直接关系。因此，从 H_0 两端面开始依次寻找相关联的各尺寸，相会合形成如图 4-34(b) 所示的工艺尺寸链。

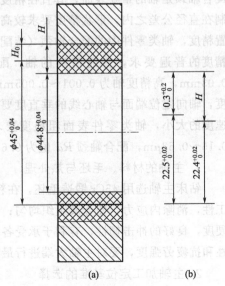

图 4-34 渗碳层深度的工序尺寸计算

（2）判断组成环与封闭环　由加工过程可以看出，保留渗碳层深度 H_0 是通过最后磨内孔间接得到的，所以 H_0 为封闭环。而尺寸 $\phi 44.8^{+0.04}_{0}$ mm、$\phi 45^{+0.04}_{0}$ mm 和 H 的变化均影响 H_0 的大小，所以它们均是组成环。

（3）判断增环与减环　由工艺尺寸链图［图 4-34（b）］可知，组成环 H 和 $22.4^{+0.02}_{0}$ mm 是增环，$22.5^{+0.02}_{0}$ mm 是减环。

（4）计算工序尺寸 H 及其公差　求工序尺寸 H 的基本尺寸，根据式（4-20）得：

因
$$H_0 = H + 22.4 - 22.5$$

故
$$H = H_0 + 22.5 - 22.4 = 0.3 + 22.5 - 22.4 = 0.4 \text{mm}$$

求工序尺寸 H 的极限偏差，根据式（4-22）和式（4-23）得：

因
$$ES(H_0) = ES(H) + ES(22.4^{+0.02}_{0}) - EI(22.5^{+0.02}_{0})$$

故

$$ES(H) = ES(H_0) + EI(22.5^{+0.02}_{0}) - ES(22.4^{+0.02}_{0}) = 0.2 + 0 - 0.02 = 0.18 \text{mm}$$

因
$$EI(H_0) = EI(H) + EI(22.4^{+0.02}_{0}) - ES(22.5^{+0.02}_{0})$$

故

$$EI(H) = EI(H_0) + ES(22.5^{+0.02}_{0}) - EI(22.4^{+0.02}_{0}) = 0 + 0.02 - 0 = 0.02 \text{mm}$$

因此 $H = 0.4^{+0.18}_{+0.02}$ mm，所以渗碳深度应为 $H = 0.42 \sim 0.58$ mm。

第五节　典型零件的加工工艺分析

一、轴的加工工艺分析

轴类零件属于回转体，是机器中的常见零件，其主要功用是用于支承传动轴上的零件（如齿轮、带轮等），并传递转矩。轴的基本结构是由回转体组成，其主要加工表面有内圆柱面、外圆柱面、圆锥面及螺纹、花键、横向孔、沟槽等。

轴类零件的技术要求主要有以下几个方面：直径精度和几何形状精度，轴上支承轴颈和配合轴颈是轴的重要表面，其直径精度通常为 IT5～IT9 级，形状精度（圆度、圆柱度）控制在直径公差之内，形状精度要求较高时，应在零件图样上另行规定其允许的公差；相互位置精度，轴类零件中的配合轴颈（装配传动件的轴颈）对于支承轴颈的同轴度是其相互位置精度的普遍要求，普通精度的轴，配合轴颈对支承轴颈的径向圆跳动一般为 0.01～0.03mm，高精度轴为 0.001～0.005mm，此外，相互位置精度还有内、外圆柱面间的同轴度，轴向定位端面与轴心线的垂直度要求等；表面粗糙度，根据机器精密程度的高低，运转速度的大小，轴类零件表面粗糙度要求也不相同。支承轴颈的表面粗糙度 Ra 值一般为 0.16～0.63μm，配合轴颈 Ra 值为 0.63～2.5μm。

1. 主轴的材料、毛坯与热处理

钻床主轴选用 45Cr 锻造毛坯，在粗加工前进行毛坯的预备热处理，改善毛坯的切削加工性，消除内应力，使金属组织均匀；粗加工后，进行调质处理，使主轴具备一定的强度和硬度，良好的冲击韧性，有利于承受各种负荷；为了使主轴表面有足够的硬度及较高的耐磨性和抗疲劳强度，要对主轴大端进行最终淬火热处理。

2. 主轴加工定位基准的选择

钻床主轴加工中，为了保证各主要表面的相互位置精度，在选择定位基准时，应遵循

"基准重合"和"基准统一"的原则，并能在一次装夹中把许多外圆表面及其端面加工出来，有利于保证加工面间的位置精度。为了保证支承轴颈与莫氏锥孔的跳动公差的要求，应按"互为基准"的原则选择基准面。磨削莫氏 4 号内锥孔时，利用支承轴颈 A 作为支承部位，用轴颈 B 找正工件，从而保证锥孔与基准轴颈的同轴度。

　　3. 主轴主要加工表面加工工序的安排

　　图 4-35 所示的钻床主轴，主要加工表面是 $\phi40k5$、$\phi40j5$ 支承轴颈、花键和莫氏锥孔。它们的加工公差等级分别为 IT5、IT6 和 IT8，表面粗糙度 Ra 为 $1.6\sim0.8\mu m$。要达到这样高的精度要求，应该划分加工阶段，并插入相应的热处理工序，因此各主要表面的一般加工路线是：正火—粗车—调质—半精车—淬火—粗磨—精磨。

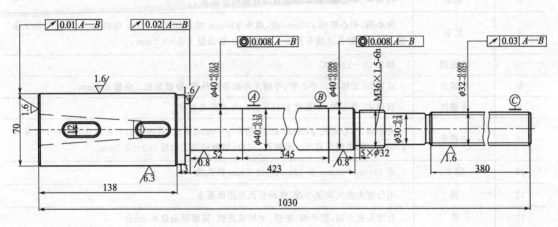

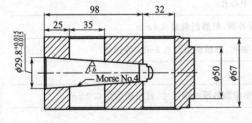

技术要求
1. 锥孔涂色检查接触面大于75%。
2. 未注倒角1.5×45°。
3. 调质处理28～32HRC。
4. 材料：45Cr。

图 4-35　钻床主轴零件图

　　当主要表面加工顺序确定后，需要合理地插入非主要表面的加工工序。钻床主轴的非主要面是螺纹、光轴和孔等，这些表面的加工一般不易出现废品，所以尽量安排在后边进行，主要加工表面一旦出现了废品，非主要表面就不需加工了，这样可以避免工时的浪费。但是也不能放在主要表面精加工后，以防在加工非主要表面过程中损伤已精加工过的主要表面。凡是需要在淬硬表面上加工孔等，都应安排在淬火前加工完毕，否则表面淬硬后就不易加工。

　　检验工序的合理安排是保证产品质量的重要措施。一般在粗加工结束后安排检验工序以检查主轴是否出现气孔、裂纹等毛坯缺陷。对重要工序前后安排检验工序，以便及时发现废品。在主轴从一个车间转到另一个车间时要安排检验工序，使后续车间内生产的废品不致误认为是前车间生产的。在主轴全部加工之后要全面检验方可入库。

　　主轴加工工艺过程见表 4-18。

191

表 4-18　主轴加工工艺过程

工序号	工序名称	工 序 内 容
1	锻造	自由锻
2	热处理	正火
3	粗车	小端插入主轴孔,夹小端,粗车大端面、大外圆 $\phi 75$mm,钻中心孔 A6.3;调头车 $\phi 32^{-0.009}_{-0.025}$mm 处尺寸至 $\phi 40^{\ 0}_{-0.3}$mm
4	粗车	夹大端,中心架托 $\phi 40$mm 处,车小端面,钻中心孔 A6.3,总长留加工余量 17mm,粗车小端外圆各部,留加工余量 5mm。调头车大端 $\phi 70$mm 长 138mm,留加工余量 2mm
5	粗车	双顶尖、中心架,粗车小端各部外圆和留余量 1.5mm
6	粗车	夹小端,中心架托 $\phi 40$mm 处,粗车 $\phi 70$mm 端面和外圆,总长 1045mm。外圆留加工余量 1.5mm,钻孔及精车莫氏 4 号圆锥孔,留余量 1.5~2.5mm
7	热处理	调质 28~32HRC
8	半精车	双顶尖(加锥堵)、中心架,半精车小端各段外圆,留磨削加工余量 0.8mm
9	车螺纹	双顶尖、中心架,车螺纹 M36×1.5-6h 至图纸要求
10	半精车	夹小端,中心架托 $\phi 40$mm 处,半精车 $\phi 70$mm,倒角,留磨削加工余量 0.8mm;中心架托 $\phi 70$mm 处,半精车莫氏 4 号锥孔,倒角,留磨削加工余量 0.3~0.5mm
11	钳工	划 35mm×12mm 及 32mm×12.2mm 长孔线
12	铣	用分度头夹大端顶小端,铣两长孔至图纸要求
13	铣	分度头夹大端,顶小端,粗铣、半精铣花键,留磨削余量 0.3mm
14	热处理	$\phi 70$mm、$\phi 40$mm、$\phi 32$mm 处局部淬火至 42~48HRC
15	钳工	夹大端,中心架托 $\phi 32$mm 处,修研中心孔
16	粗磨	夹小端,顶大端(活顶尖),粗磨各段外圆,留磨削余量 0.4mm
17	粗磨	夹小端,中心架托 $\phi 70$mm 处,粗磨锥孔,留精磨余量 0.3mm,装锥堵
18	热处理	时效处理(消除内应力)
19	半精磨	修研两端中心孔,双顶尖、中心架,半精磨各段外圆尺寸,留精磨余量 0.2mm
20	精磨	精磨花键至图纸要求
21	精磨	用两中心孔定位,精磨各段外圆尺寸至图纸要求
22	钳工	取出左端锥堵
23	精磨	夹小端,用中心架托 $\phi 40^{+0.013}_{+0.002}$mm 外圆处,以 $\phi 40^{+0.006}_{+0.005}$mm 外圆找正,精磨莫氏 4 号孔及端面至图纸要求
24	切除	夹大端,托小端 $\phi 30^{-0.2}_{-0.4}$mm 轴颈,切掉小端工艺凸台,保证总长 1030mm
25	检验	检验各部尺寸及精度

二、 圆柱齿轮的加工工艺

1. 圆柱齿轮的技术要求及齿坯

齿轮的技术要求主要包括四个方面:齿轮精度及齿侧间隙;齿坯主要表面的尺寸精度及表面位置精度;表面粗糙度;热处理要求。

圆柱齿轮按精度要求的不同,通常分为四类:超精密、精密、普通精度和低精度齿轮。

按照 GB 10095—88《渐开线圆柱齿轮精度》的规定，圆柱齿轮及其齿轮副有 12 个精度等级，按精度高低依次为 1，2，…，12 级。其中 8 级以下为低精度级，7～8 级为普通级，5～6 级为精密级，3～4 级为超精密级。7 级是用滚、插、剃、珩等常用切齿工艺方法能达到的基础级。

齿轮及齿轮副主要的误差项目有 15 项，可查阅相关的工艺手册。按照齿轮公差对其传动性能的影响，将 15 项公差分为三个公差组：第 I 组为齿轮传动准确性项目，有切向综合公差 F_i'、齿距累积公差 F_p、k 个齿距累积公差 F_{pk}、径向综合公差 F_i''、齿圈径向跳动公差 F_r 与公法线长度变动公差 F_w；第 II 组为齿轮传递运动的平衡性、噪声振动的项目，包括齿切向综合公差 f_i'、齿径向综合公差 f_i''、齿形公差 f_f、齿距极限偏差 $\pm f_{pt}$、基节极限偏差 $\pm f_{pb}$ 与螺旋线波度公差 $f_{f\beta}$；第 III 组为齿轮传动载荷分布均匀性项目，有齿向公差 F_β、接触线公差 F_b 和轴向齿距偏差 $\pm F_{px}$。

根据齿轮副使用时的精度等级要求和生产规模，在各公差级组中选定 1～2 项，作为齿轮加工时控制与验收齿轮的检验组。因此，制定圆柱齿轮工艺规程的关键在于如何采用合理的渐开线齿形的加工方法，达到上述所需的公差项目。

齿轮的材料应根据其工作性能要求而选定。齿轮材料的不同对齿轮的加工方法和热处理工序的安排均有很大影响。常用的齿轮材料有铸铁、45 钢、40Cr、18CrMnTi 和 38CrMoAlA 等。45 钢经正火或调质后，可改善金相组织及加工性；再经高频淬火便可提高齿面硬度。40Cr 晶粒细，比 45 钢淬透性强，淬火变形较小。18CrMnTi 采用渗碳淬火处理，齿面硬度较高，而心部有较好的韧性和抗弯强度。38CrMoAlA 经氮化后，具有高的耐磨性和耐蚀性，多用于制造高速齿轮。

齿轮毛坯以锻件为主，锻造常用模锻法。锻造后齿轮毛坯需经过正火处理，以消除锻造内应力。大直径齿轮常用铸造齿坯。

2. 圆柱齿轮加工工艺

圆柱齿轮的加工工艺过程，是根据齿轮精度要求、结构形式、产量多少、材料及各工厂设备条件而定的，大致的路线如下：毛坯制造—热处理—齿坯加工—轮齿加工—轮齿热处理—定位基面精加工—轮齿精加工。图 4-36 所示为双联齿轮零件图，材料为 40Cr，小齿轮精度为 7 级、齿数为 60、模数为 3mm、齿形角为 20°，大齿轮为 6 级、齿数为 80、模数为 3mm、齿形角为 20°。双联齿轮的齿面硬度为 52HRC，零件图上未注明倒角为 1×45°，生产批量为中批生产。表 4-19 列出了其加工工艺过程。

齿轮加工的定位基准应尽可能与设计基准相重合；而且，在加工齿形的各工序中尽可能应用相同的定位基准。对于小直径的轴齿轮，定位基准采用两端中心孔；大直径的轴齿轮通常用轴颈及较大的端面支承来定位；带孔（或花键孔）齿轮则以孔和一端面来定位。

必须注意：当齿面经淬火后，在齿面精加工前，必须对基准孔进行修正，如表 4-19 中的工序 14，以修正淬火变形。内孔的修正通常采用在内圆磨床上磨孔的工序，或用推刀在压床上推孔的工序。

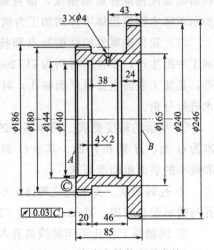

图 4-36 车床主轴箱双联齿轮

表 4-19　双联齿轮加工工艺过程

序号	工序内容	定位基准
1	锻:锻坯	
2	粗车:粗车内外圆留余量 3mm	B 面和外圆
3	热处理:正火	
4	精车:夹 B 端,车 $\phi\,246_{-0.3}^{\ 0}$(h11)、$\phi186_{-0.3}^{\ 0}$(h11)及 $\phi165$mm 至尺寸;车 $\phi140$mm 孔至 $\phi138_{+0}^{+0.04}$(H7)合塞规,光平面、倒角、不切槽;调头,光 B 面留磨量 0.5mm,倒角 1.5×45°	B 面和外圆,A 面和外圆
5	平磨:平磨 B 面(85±0.15)mm	A 面
6	划线:划 3×ϕ8 油孔位置线	
7	钻:钻 3×ϕ8 油孔,孔口倒角至图纸要求	B 面和内孔
8	钳:修内孔和毛刺	
9	滚齿:滚齿 $z=80$,$W=78.841_{-0.21}^{-0.16}$mm(即留余量 0.2mm),$n=9$	B 面和内孔
10	插齿:插齿 $z=60$,$W=60.088_{-0.11}^{-0.08}$mm,$n=7$	B 面和内孔
11	齿倒角:齿倒圆角,去齿部毛刺	B 面和内孔
12	剃齿:剃齿 $z=60$,$W=60.088_{-0.17}^{-0.14}$mm,$n=7$	B 面和内孔
13	热处理:齿部高频淬火,50~55HRC	
14	精车:精车 $\phi\,140_{-0.010}^{+0.014}$(J6)合塞规,切槽至要求	B 面和分圆
15	珩齿:珩齿 $z=60$,$W=60.088_{-0.205}^{-0.150}$mm,$n=7$;珩齿 $z=80$,$W=78.641_{-0.21}^{-0.16}$mm,$n=9$	B 面和内孔
16	检验	
17	入库	

三、 非回转体的加工工艺分析

1. 箱体类零件的加工工艺

箱体零件是机器或部件的基础零件,轴、轴承、齿轮等有关零件按规定的技术要求装配到箱体上,连接成部件或机器,使其按规定的要求工作,因此箱体零件的加工质量不仅影响机器的装配精度和运动精度,而且影响机器的工作精度、使用性能和寿命。下面以图 4-37 所示车床主轴箱箱体零件的加工为例讨论箱体类零件的工艺过程。

(1) 箱体类零件的结构特点和技术要求　图 4-37 所示零件为某车床主轴箱箱体零件,属于中批生产,零件的材料为 HT200 铸铁。一般来说,箱体零件的结构较复杂,内部呈腔形,其加工表面主要是平面和孔。对箱体类零件的技术要求分析,应针对平面和孔的技术要求进行分析。

① 平面的精度要求。箱体零件的设计基准一般为平面,本箱体各孔系和平面的设计基准为 G 面、H 面和 P 面,其中 G 面和 H 面还是箱体的装配基准,因此它有较高的平面度和较小的表面粗糙度要求。

② 孔的精度。支承孔是箱体上的重要表面,为保证轴的回转精度和支承刚度,应提高孔与轴承配合精度,其尺寸公差为 IT6~IT7,形状误差不应超过孔径尺寸公差的一半。

③ 同轴线上各孔不同轴线或孔与端面不垂直,装配后会使轴歪斜,造成轴回转时的径向圆跳动和轴向窜动,加剧轴承的磨损。同轴线上支承孔的同轴度一般为 $\phi0.01$~0.03mm。

各平行孔之间轴线的不平行会影响齿轮的啮合质量。支承孔之间的平行度为 0.03～0.06mm，中心距公差一般为 0.02～0.08mm。

④ 孔与平面间的位置精度。箱体上主要孔与箱体安装基面之间应规定平行度要求。本箱体零件主轴孔中心线对装配基面（G、H 面）的平行度误差为 0.04mm。

⑤ 表面粗糙度。重要孔和主要表面的粗糙度会影响连接面的配合性质或接触刚度，一般要求主要轴孔的表面粗糙度为 $Ra0.8～0.4\mu m$，装配基面或定位基面为 $Ra3.2～0.8\mu m$，其余各表面为 $Ra12.5～1.6\mu m$。本箱体零件主要孔表面粗糙度为 $0.8\mu m$，装配基面表面粗糙度为 $1.6\mu m$。

（2）箱体类零件的材料及毛坯 箱体零件的材料常用铸铁，这是因为铸铁容易成形，切削性能好，价格低，吸振性和耐磨性较好。根据需要可选用 HT150～HT350，常用 HT200。在单件小批生产的情况下，为缩短生产周期，可采用钢板焊接结构。某些大负荷的箱体有时采用铸钢件。在特定条件下，可采用铝镁合金或其他铝合金材料。

铸铁毛坯在单件小批生产时，一般采用木模手工造型，毛坯精度较低，余量大；在大批量生产时，通常采用金属模机器造型，毛坯精度较高，加工余量可适当减小。单件小批生产直径大于 50mm、成批生产大于 30mm 的孔，一般都铸出预制孔，以减少加工余量。铝合金箱体常用压铸制造，毛坯精度很高，余量很小，一些表面不必经切削加工即可使用。

（3）箱体类零件的加工工艺过程 箱体零件的主要加工表面是孔系和装配基面。如何保证这些表面的加工精度和表面粗糙度，孔系之间及孔与装配基面之间的尺寸精度和相互位置精度，是箱体零件加工的主要工艺问题。

箱体零件的典型加工路线为：平面加工—孔系加工—次要面（紧固孔等）加工。图 4-37 所示的某车床主轴箱箱体零件，其生产类型为中小批生产；材料为 HT200；毛坯为铸件。该箱体的加工工艺路线见表 4-20。

表 4-20 车床主轴箱箱体零件的加工工艺过程

序号	工序内容	定位基准
1	铸造	
2	时效	
3	清砂,涂底漆	
4	划各孔各面加工线,考虑Ⅰ、Ⅱ孔加工余量并照顾内壁和外形	
5	按线找正,粗刨 M 面、斜面、精刨 M 面	
6	按线找正,粗、精刨 G、H、N 面	M 面
7	按线找正,粗、精刨 P 面	G 面、H 面
8	粗镗纵向各孔	G 面、H 面、P 面
9	铣底面 Q 处开口沉槽	M 面、P 面
10	刮研 G、H 面达 8～10 点/25mm²	
11	半精镗、精镗纵向各孔及 R 面主轴孔法兰面	G 面、H 面、P 面
12	钻镗 N 面上横向钻孔	G 面、H 面、P 面
13	钻 G、N 上各次要孔、螺纹底孔	M 面、P 面
14	攻螺纹	
15	钻 M、P、R 面上各螺纹底孔	G 面、H 面、P 面
16	攻螺纹	
17	检验	

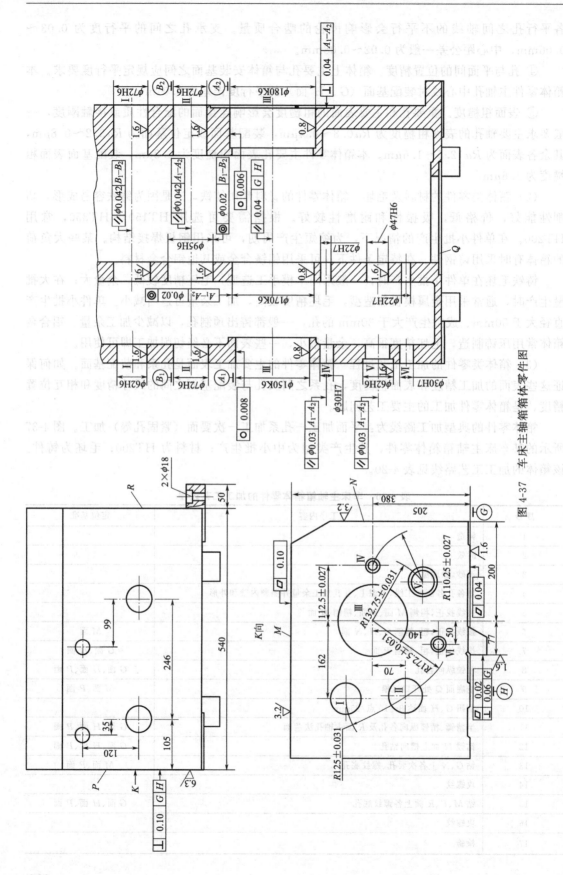

图 4-37 车床主轴箱箱体零件图

① 主要表面的加工方法选择　箱体的主要加工表面有平面和轴承支承孔。箱体平面的粗加工和半精加工主要采用刨削和铣削，也可采用车削。当生产批量较大时，可采用各种组合铣床对箱体各平面进行多刀、多面同时铣削；尺寸较大的箱体，也可在多轴龙门铣床上进行组合铣削，可有效提高箱体平面加工的生产率。箱体平面的精加工，单件小批量生产时，除一些高精度的箱体仍需手工刮研外，一般多用精刨代替传统的手工刮研；当生产批量大而精度又较高时，多采用磨削。为提高生产效率和平面间的位置精度，可采用专用磨床进行组合磨削等。

箱体上公差等级为 IT7 级精度的轴承支承孔，一般需要经过 3～4 次加工。可采用扩—粗铰—精铰，或采用粗镗—半精镗—精镗的工艺方案进行加工（若未铸出预孔应先钻孔）。以上两种工艺方案，表面粗糙度值可达 $Ra0.8～1.6\mu m$。铰的方案用于加工直径较小的孔，镗的方案用于加工直径较大的孔。当孔的加工精度超过 IT6 级，表面粗糙度值 Ra 小于 $0.4\mu m$ 时，还应增加一道精密加工工序，常用的方法有精细镗、滚压、珩磨、浮动镗等。

② 箱体加工定位基准的选择

a. 粗基准的选择　对零件主要有两个方面影响，即影响零件上加工表面与不加工表面的位置和加工表面的余量分配。为了满足上述要求，一般宜选箱体的重要孔的毛坯孔作粗基准。本箱体零件就是以主轴孔Ⅲ和距主轴孔较远的轴孔Ⅱ作为粗基准。本箱体不加工面中，内壁面与加工面（轴孔）间位置关系重要，因为箱体中的大齿轮与不加工内壁间隙很小，若是加工出的轴承孔与内壁有较大的位置误差，会使大齿轮与内壁相碰。从这一点出发，应选择内壁为粗基准，但是夹具的定位结构不易实现以内壁定位。由于铸造时内壁和轴孔是同一个型心浇铸的，以轴孔为粗基准可同时满足上述两方面的要求，因此实际生产中，一般以轴孔为粗基准。

b. 精基准的选择　选择精基准主要是应能保证加工精度，所以一般优先考虑基准重合原则和基准统一原则，本零件的各孔系和平面的设计基准和装配基准为 G、H 和 P 面，因此可采用 G、H 和 P 三面作精基准定位。

(4) 箱体加工顺序的安排

① 先面后孔的原则　箱体加工顺序的一般规律是先加工平面，后加工孔。先加工平面，可以为孔加工提供可靠的定位基准，再以平面为精基准定位加工孔。平面的面积大，以平面定位加工孔的夹具结构简单、可靠，反之则夹具结构复杂、定位也不可靠。由于箱体上的孔分布在平面上，先加工平面可以去除铸件毛坯表面的凹凸不平、夹砂等缺陷，对孔加工有利，如可减小钻头的歪斜、防止刀具崩刃，同时对刀调整也方便。

② 先主后次的原则　箱体上用于紧固的螺孔、小孔等可视为次要表面，因为这些次要孔往往需要依据主要表面（轴孔）定位，所以这些孔的加工应在轴孔加工后进行。对于次要孔与主要孔相交的孔系，必须先完成主要孔的精加工，再加工次要孔，否则会使主要孔的精加工产生断续切削、振动，影响主要孔的加工质量。

③ 孔系的数控加工　由于箱体零件具有加工表面多、加工孔系的精度高、加工量大的特点，生产中常使用高效自动化的加工方法。数控加工技术，如加工中心、柔性制造系统等已逐步应用于各种不同批量的生产中。车床主轴箱箱体的孔系也可选择在卧式加工中心上加工，加工中心的自动换刀系统，使一次装夹可完成钻、扩、铰、镗、铣、攻螺纹等加工，减少了装夹次数，实行工序集中的原则，提高了生产率。

2. 拨动杆零件的加工工艺

（1）零件的工艺分析　　图 4-38 所示零件是某机床变速箱箱体中操纵机构上的拨动杆，用作把转动变为拨动，实现操纵机构的变速功能。生产类型为中批生产。下面对该零件进行精度分析。对于形状和尺寸（包括形状公差、位置公差）较复杂的零件，一般采取化整体为部分的分析方法，即把一个零件看作由若干组表面及相应的若干组尺寸组成的，然后分别分析每组表面的结构及其尺寸、精度要求，最后再分析这几组表面之间的位置关系。

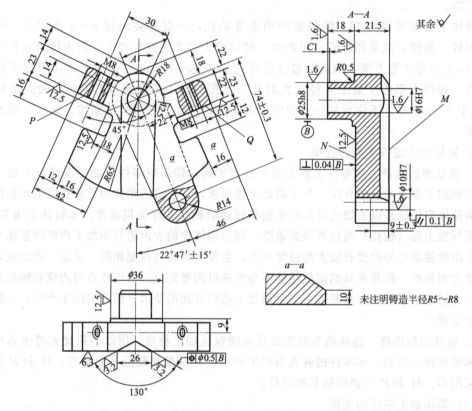

图 4-38　拨动杆零件图

由零件图可以看出，该零件上有三组加工表面，这三组加工表面之间有相互位置要求，具体分析如下：第一组，以 $\phi16H7$ 孔为主的加工表面，包括 $\phi25h8$ 外圆、端面及与之相距（74 ± 0.3）mm 的孔 $\phi10H7$，其中 $\phi16H7$ 孔中心与 $\phi10H7$ 孔中心的连线，是确定其他各表面方位的设计基准，以下简称为两孔中心连线；第二组，粗糙度 $Ra6.3\mu m$ 平面 M 以及平面 M 上的角度为 130° 的槽；第三组，P、Q 两平面及相应的 $2\times M8$ 螺纹孔。

对这三组加工表面之间主要的相互位置要求如下。

第一组和第二组为零件上的主要表面。第一组加工表面垂直于第二组加工表面，平面 M 是设计基准。第二组面上的槽的位置度公差 $\phi0.5mm$，即槽的位置（槽的中心线）与 B 面轴线垂直且相交，偏离误差不大于 $\phi0.5mm$。槽的方向与两孔中心连线的夹角为 $22°47'\pm15'$。第三组及螺孔为次要表面。第三组上的 P、Q 两平面与第一组的 M 面垂直，P 面上螺孔 M8 的轴线与两孔中心连线的夹角为 45°。Q 面上的螺孔 M8 的轴线与两孔中心连线平行。

平面 P、Q 分别与 M8 的轴线垂直，P、Q 两平面的位置也就确定了。

（2）毛坯的选择　此拨动杆形状复杂，其材料为铸铁，因此选用铸件毛坯。

（3）定位基准的选择

① 精基准的选择　选择基准的思路是，首先考虑以什么表面为精基准定位加工工件的主要表面，然后考虑以什么面为粗基准定位加工出精基准表面，即先确定精基准，然后选出粗基准。由零件的工艺分析可知，此零件的设计基准是 M 平面和 $\phi16$mm 和 $\phi10$mm 两孔中心的连线，根据基准重合原则，应选设计基准为精基准，即以 M 平面和两孔为精基准。由于多数工序的定位基准都是一面两孔，也符合基准统一原则。

② 粗基准的选择　根据粗基准选择应合理分配加工余量的原则，应选 $\phi25$mm 外圆的毛坯面为粗基准（限制四个自由度），以保证其加工余量均匀；选平面 N 为粗基准（限制一个自由度），以保证其有足够的余量；根据要保证零件上加工表面与不加工表面相互位置的原则，应选 $R14$mm 圆弧面为粗基准（限制一个自由度），以保证 $\phi10$mm 孔轴线在 $R14$mm 圆心上，使 $R14$mm 处壁厚均匀。

（4）工艺路线的选择

① 各表面加工方法的选择　根据典型表面加工路线，M 平面的粗糙度 $Ra6.3\mu$m，采用面铣刀铣削；130°槽采用"粗刨—精刨"加工；平面 P、Q 用三面刃铣刀铣削；孔 $\phi16$H7、$\phi10$H7 可采用"钻—扩—铰"加工；$\phi25$mm 外圆采用"粗车—半精车—精车"，N 面也采用车端面的方法加工；螺孔采用"钻底孔—攻螺纹"加工。

② 加工顺序的确定　虽然零件某些表面需要粗加工、半精加工、精加工，由于零件的刚度较好，不必划分加工阶段。根据基准先行、先面后孔的原则，以及先加工主要表面（M 平面与 $\phi25$mm 外圆和 $\phi16$mm 孔），后加工次要表面（P、Q 平面和各螺孔）的原则，安排机械加工路线如下所示。

a. 以 N 面和 $\phi25$mm 毛坯面为粗基准，铣 M 平面。

b. 以 M 平面定位，同时按 $\phi25$mm 毛坯外圆面找正，"粗车—半精车—精车"$\phi25$mm 外圆到设计尺寸，"钻—扩—铰"$\phi16$mm 孔到设计尺寸，车端平面 N 到设计尺寸。

c. 以 M 面（三个自由度）、$\phi16$mm（两个自由度）和 $R14$mm（一个自由度）为定位基准，"钻—扩—铰"$\phi10$mm 孔到设计尺寸。

d. 以 N 平面和 $\phi16$mm、$\phi10$mm 两孔为基准，"粗刨—精刨"130°槽。

e. 铣 P、Q 平面（一面两孔定位）。

f. "钻—攻螺纹"加工螺孔（一面两孔定位）。

机械加工工艺过程卡片见表 4-21。

表 4-21　机械加工工艺过程卡片

（厂名）	机械加工工艺过程卡片		产品型号产品名称		零件图号零件名称			共　页	第　页
材料牌号	毛坯种类		毛坯外形尺寸		每毛坯可制件数		每台件数	备注	
工序号	工序名称	工序内容		车间	工段	设备	工艺装备	工　时	
								准终	单件
10	铣	铣 M 平面		机加		X62	V口虎钳、面铣刀		

续表

工序号	工序名称	工序内容	车间	工段	设备	工艺装备	工　时	
							准终	单件
20	车	车 $\phi25$mm 外圆成，钻—扩—铰 $\phi16$H7 孔成，车 N 面，倒角	机加		C6140	车夹具、锥柄钻头等		
30	钻	钻—扩—铰 $\phi10$H7 孔成	机加		Z35	钻夹具、钻头等		
40	刨	粗刨—精刨 130°槽	机加		B665	刨夹具、成形刨刀		
50	铣	铣 P、Q 面	机加		X62	铣夹具，三面刃铣刀		
60	钻	钻 2×M8 底孔 2×$\phi6.5$mm	机加			回转钻模、钻头		
70	钻	攻螺纹 2×M8	机加			回转钻模、M8 丝锥		
标记	处数	更改文件号	签字	日期	标记	处数	更改文件号	签字
						设计	审核	标准化

思考与练习

4-1　图 4-39 所示为柱塞杆零件，如何选择其粗基准？（提示：ϕA 部分余量较 ϕB 部分大）

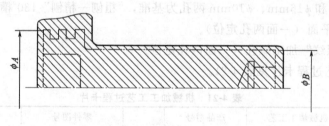

图 4-39　题 4-1 图

4-2　选择图 4-40 所示的摇杆零件的定位基准。零件材料为 HT200，毛坯为铸件，生产批量 5000 件。

4-3　某机床主轴箱体的主轴孔设计尺寸要求为 $\phi100^{+0.035}_{0}$ mm，粗糙度为 $Ra0.8\mu$m，若采用倒推法为：粗镗—半精镗—精镗—浮动镗刀块镗。试确定各加工工序的加工余量、工序尺寸及其公差。

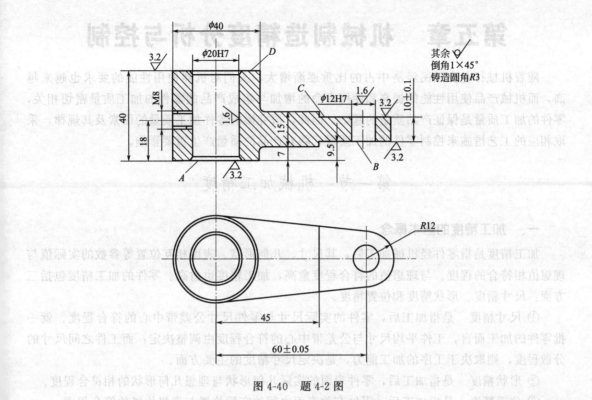

其余 ▽

倒角1×45°

铸造圆角R3

图 4-40　题 4-2 图

第五章　机械制造精度分析与控制

随着机械行业在国民经济中占的比重逐渐增大，人们对机器使用性能的要求也越来越高，而机械产品使用性能的提高和使用寿命的增加与组成产品的零件的加工质量密切相关，零件的加工质量是保证产品质量的基础。因此，研究影响零件加工质量的因素及其规律，采取相应的工艺措施来控制零件的加工质量，将对产品的质量产生重要影响。

第一节　机械加工精度

一、加工精度的基本概念

加工精度是指零件经机械加工后，其尺寸、几何形状、表面相互位置等参数的实际值与理想值相符合的程度。与理想值的符合程度愈高，加工精度也愈高。零件的加工精度包括三方面：尺寸精度、形状精度和位置精度。

① 尺寸精度　是指加工后，零件的实际尺寸与零件尺寸公差带中心的符合程度。就一批零件的加工而言，工件平均尺寸与公差带中心的符合程度由调整决定；而工件之间尺寸的分散程度，则取决于工序的加工能力，是决定尺寸精度的主要方面。

② 形状精度　是指加工后，零件表面的实际几何形状与理想几何形状的相符合程度。

③ 位置精度　是指加工后，零件有关表面之间的实际位置与理想位置的符合程度。

要想保证零件的加工精度，就要尽量控制和降低其与理想值的偏离程度。把零件加工后的实际几何参数与理想值之间的偏离程度称为加工误差。加工误差的大小可用来评价加工精度的高低。加工误差小，表明零件的加工精度高；反之则为加工精度低。加工误差也可具体分为尺寸误差、形状误差和位置误差三类。

从机器的使用性能上来看，没有必要将零件的尺寸、形状及位置关系做得绝对准确。从机械加工的经济性要求看，只需满足零件设计图样上所规定的允许的误差范围（即公差）即可。研究机械加工精度的目的，是要弄清各种因素对加工精度的影响规律，找出提高加工精度的途径，从而保证零件的加工质量。

二、获得加工精度的方法

1. 获得尺寸精度的方法

（1）试切法　通过试切、测量、调整、再试切，反复进行直到被加工尺寸达到要求为止的加工方法。这种方法的效率低，对操作者的技术水平要求高，主要适用于单件、小批生产。

（2）调整法　加工前调整好刀具和工件在机床上的相对位置，并在一批零件的加工过程中保持这个位置不变，以保证被加工尺寸的方法。调整法广泛用于各类半自动、自动机床和自动线上，适用于成批、大量生产。

（3）定尺寸刀具法　用刀具的相应尺寸来保证工件被加工部位尺寸的方法，如钻孔、拉孔和攻螺纹等。这种方法的加工精度主要取决于刀具的制造精度。其优点是生产率较高，但刀具制造较复杂，常用于孔、螺纹和成形表面的加工。

（4）自动控制法　这种方法是用测量装置、进给机构和控制系统构成加工过程的自动控制，即自动完成加工中的切削、测量、补偿调整等一系列的工作，当工件达到要求的尺寸时，机床自动退刀，停止加工。

2. 获得形状精度的方法

（1）轨迹法 是依靠刀具与工件的相对运动轨迹来获得工件形状的方法。轨迹法的加工精度与机床的精度关系密切。例如，车削圆柱类零件时，其圆度、圆柱度等形状精度，主要决定于主轴的回转精度、导轨精度以及主轴回转轴线与导轨之间的相互位置精度。

（2）成形刀具法 是采用成形刀具加工工件的成形表面，以达到所要求的形状精度的方法。成形刀具法的加工精度主要取决于刀刃的形状精度。该方法可以简化机床结构，提高生产效率。

（3）展成法 利用刀具与工件作展成切削运动，其包络线形成工件形状。展成法常用于各种齿形加工，其形状精度与刀具精度以及机床传动精度有关。

3. 获得相互位置精度的方法

零件的相互位置精度的获得，有直接找正法、划线找正法和夹具定位法。其精度主要由机床精度、夹具精度和工件的装夹精度来保证。

第二节　加工精度的影响因素与控制方法

一、影响加工精度的单因素及其分析

机械加工中，由机床、夹具、刀具和工件等组成的系统，称为工艺系统。在不同的加工条件下，系统中的种种误差，会以不同的程度作用到工件上，从而影响工件的加工精度。把工艺系统中凡是能直接引起加工误差的因素都称为原始误差。在完成任何一个加工过程时，由于工艺系统中各种原始误差的存在，使工件和刀具之间正确的位置关系遭到破坏而产生加工误差。这些原始误差包括：加工原理误差，如采用近似成形方法进行加工而存在的误差；工艺系统的几何误差，如机床、夹具、刀具的制造误差，工件因定位和夹紧而产生的装夹误差，这一部分误差与工艺系统的初始状态有关；工艺系统的动态误差，如在加工过程中产生的切削力、切削热和摩擦，它们将引起工艺系统的受力变形、受热变形和磨损，影响调整后获得的工件与刀具之间的相对位置，造成加工误差，这一部分误差与加工过程有关，也称为加工过程误差。

1. 工艺系统的几何误差

（1）机床的几何误差 在正常加工条件下，机床本身的精度是影响工件加工精度最重要的一个因素。刀具相对工件的成形运动，通常都是通过机床完成的。机床本身存在着制造误差，而且在长期生产使用中逐渐扩大，从而使被加工零件的精度降低。对工件加工精度影响较大的机床误差有主轴回转误差、导轨误差和传动链误差。机床的制造误差、安装误差和使用过程中的磨损是机床误差的根源。

① 机床主轴的回转误差 机床主轴是安装工件或刀具的基准，并传递切削运动和动力给工件或刀具，其回转精度是评价机床精度的一项极为重要的指标，对零件加工表面的几何形状精度、位置精度和表面粗糙度都有影响。机床主轴回转时，理论上其回转轴线在回转过程中应保持稳定不变，但由于在主轴部件中存在着主轴轴径的圆度误差、前后轴径的同轴度误差、主轴轴承本身的各种误差、轴承孔之间的同轴度误差、主轴挠度及支承端面对轴颈轴线的垂直度误差等原因，导致主轴在每一瞬间回转轴线的空间位置实际上是变动的，即存在着回转误差。

主轴的回转运动误差，是指主轴的实际回转轴线对其理想回转轴线（各瞬时回转轴线的平均位置）的变动量。变动量越大，回转精度越低；变动量越小，回转精度越高。实际上，主轴的理想回转轴线虽然客观存在，但很难确定其位置，所以通常用平均回转轴线（即主轴各瞬时回转轴线的平均位置）来代替它。

主轴的回转运动误差表现为轴向窜动、径向跳动、角度摆动三种基本形式，如图5-1所示。

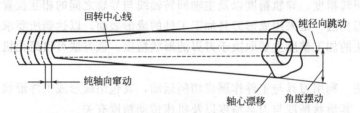

图 5-1　主轴回转误差的基本形式

轴向窜动：主轴实际回转轴线沿平均回转轴线的方向作轴向窜动，如图5-1所示。它对内、外圆柱面车削影响不大。主要是在车端面时它使工件端面产生垂直度、平面度误差和轴向尺寸精度误差，在车螺纹时它使螺距产生误差。

径向跳动：主轴实际回转轴线相对于平均回转轴线在径向方向的变动量，如图5-1所示。车削外圆时它影响被加工工件圆柱面的圆度和圆柱度误差。

角度摆动：主轴实际回转轴线相对于平均回转轴线成倾斜一个角度作摆动，如图5-1所示。它影响被加工工件圆柱度与端面的形状误差。

主轴回转运动误差实际上是上述三种运动的合成，因此主轴不同横截面上轴线的运动轨迹既不相同，也不相似，造成主轴的实际回转轴线对其平均回转轴线的"漂移"。影响主轴回转运动误差的因素主要有主轴支承轴颈的误差、轴承的误差、轴承的间隙、箱体支承孔的误差、与轴承相配合零件的误差及主轴刚度和热变形等。

不同的加工方法，主轴回转误差所引起的加工误差也不同。例如，对于工件回转类机床（如车床），因切削力的方向不变，主轴回转时作用在支承上的作用力方向也不变化，主轴的轴颈被压向轴承内孔某一固定部位，此时，主轴支承轴颈的圆度误差影响较大，而轴承孔圆度误差影响较小，如图5-2(a) 所示；对于刀具回转类机床（如镗床），切削力方向随主轴旋转而变化，主轴轴颈总是以某一固定部位与轴承孔内表面不同部位接触，此时，主轴支承轴颈的圆度误差影响较小，而轴承孔的圆度误差影响较大，如图5-2(b) 所示。

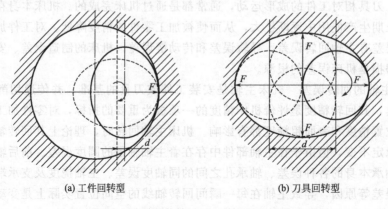

(a) 工件回转型　　　　　　　　　(b) 刀具回转型

图 5-2　采用滑动轴承时主轴的径向圆跳动

提高机床主轴的回转精度的途径有：适当提高主轴轴颈、箱体支承孔及与轴承相配合零件有关表面的加工精度和装配精度，选用高精度轴承，对高速主轴部件进行动平衡，对滚动轴承进行预紧等。

② 机床导轨误差　机床导轨副是机床中确定各主要部件位置关系的基准，是实现直线运动的主要部件，其制造和装配精度是影响机床直线运动的主要因素，影响机床的成形运动之间的相互位置，直接影响工件的加工精度。机床导轨的精度要求主要有以下三个方面。

a. 导轨在水平面内的直线度误差 Δ_1（图 5-3）和导轨在垂直面内的直线度误差 Δ_2（图5-3）　机床导轨的直线度误差对加工精度的影响，对于不同机床其影响也不同。这主要取决于刀具与工件的相对位置。若导轨误差引起切削刃与工件的相对位移产生在工件已加工表面的法线方向，则对加工精度有直接影响；若产生在切线方向，则可忽略不计。如龙门刨床和龙门铣床，导轨在垂直面内的直线度误差将 1:1 地反映在工件上。

b. 前、后导轨的平行度误差（扭曲度）Δ_3（图 5-4）　由于两导轨在垂直平面内的平行度误差（扭曲度），会使车床的溜板（或磨床的工作台等）沿床身移动时发生偏斜，从而使刀尖（或砂轮）相对工件产生偏移，进而影响零件的加工精度。

c. 导轨与主轴回转轴线平行度误差　当床身导轨与主轴的中心线在水平面内不平行时。车出的内、外圆柱面就会有锥度，镗出的孔会产生椭圆。如在垂直平面内两者不平行，则会车出双曲线回转体表面。

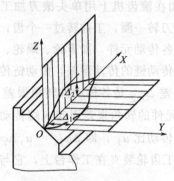

图 5-3　导轨的直线度误差

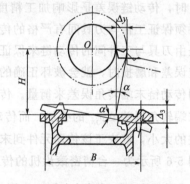

图 5-4　卧式车床前、后导轨的扭曲度误差对加工精度的影响

分析导轨导向误差对加工精度的影响时，主要考虑刀具与工件在误差敏感方向上的相对位移。以卧式车床车削外圆为例，如果床身导轨在水平面内弯曲 Δ_1，那么在刀具纵向走刀的过程中，刀具的运动路径将产生误差，导致加工工件产生径向尺寸误差 Δ_1，卧式车床在水平面内的直线度误差直接反映在加工工件法线方向上（加工误差的敏感方向上）；如果床身导轨在垂直面内弯曲 Δ_2，那么在刀具纵向走刀的过程中，刀具的运动路径也将产生误差，但是由于它发生在被加工表面的切线方向，反映到加工表面的形状误差很小。因此，卧式车床导轨在垂直面内的直线度误差 Δ_2 对加工精度的影响要比 Δ_1 小得多。如图 5-5 所示，因为 Δ_2 而使刀尖由 a 下降到 b，可求得半径 R 方向的变化量 $\Delta R \approx \Delta_2^2/D$，假设 $\Delta_2 = 0.1\text{mm}$，$D = 50\text{mm}$，则 $\Delta R = 0.0002\text{mm}$。由此可知，卧式车床导轨在垂直面内的直线度误差对工件加工精度的影响很小，可忽略不计。当前后导轨存在平行度误差时，将会使刀具相对于工件在水平和垂直两个方向上产生偏移。如图 5-4 所示，当前、后导轨有了扭曲误差 Δ_3 之后，

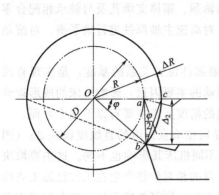

图 5-5　卧式车床导轨垂直
面内直线度引起的误差

由几何关系可求得 $\Delta y \approx (H/B)\Delta_3$。一般车床的 $H/B \approx 2/3$，车床前、后导轨的扭曲误差对于加工精度的影响很大。

影响导轨精度的重要因素有机床的制造误差、机床的装配误差和机床的磨损等。其中机床的安装所引起的装配误差，往往远大于导轨零件的制造误差，尤其是刚性较差的长床身，在自重的作用下容易产生变形。因此，若安装不正确或地基不牢固，都将使床身导轨产生变形。导轨磨损是造成导轨误差的另一重要原因。由于使用程度不同及受力不均，导轨沿全长上各段的磨损量不等，就引起导轨在水平面和垂直面内产生直线度误差。

提高导轨的导向精度、降低导轨的导向误差的措施有：提高机床导轨、溜板的制造精度及安装精度；采用耐磨合金铸铁、镶钢导轨、贴塑导轨、滚动导轨、静压导轨、导轨表面淬火等措施提高导轨的耐磨性；正确安装机床和定期检修等。

③ 机床传动链误差　传动链误差是指机床内联系的传动链中首末两端传动元件之间相对运动的误差，直接影响着刀具运动的正确性。在按展成法原理加工工件（如齿轮、蜗轮等零件）时，传动链误差是影响加工精度的主要因素。如在滚齿机上用单头滚刀加工直齿轮时，必须保证工件与刀具间有严格的传动关系，要求滚刀转一圈，工件转过一个齿，此运动关系是由刀具与工件间的传动链来保证的。传动链中的各传动元件，如齿轮、蜗轮、蜗杆等有制造误差和磨损时，就会破坏正确的运动关系，出现传动链的传动误差。传动链传动误差一般用传动链末端转角误差来衡量。传动链的总转角误差 $\Delta\varphi_\Sigma$ 是各传动件转角误差 $\Delta\varphi_j$ 所引起末端转角误差 $\Delta\varphi_{jn}$ 的叠加，而传动链中某个传动元件的转角误差引起末端传动元件转角误差的大小，取决于该传动元件到末端元件之间的总传动比 u_j，即 $\Delta\varphi_{jn} = u_j\Delta\varphi_j$。

图 5-6 所示为一台精密滚齿机的传动系统图。被加工齿轮装夹在工作台上，它与蜗轮同

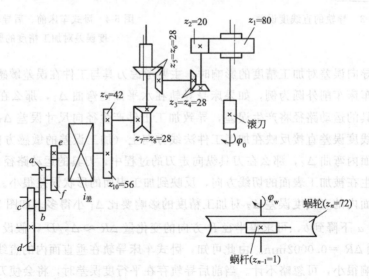

图 5-6　滚齿机传动系统图

轴回转。由于传动链中各传动件不可能制造及安装得绝对准确，每个传动件的误差都将通过传动链影响被切齿轮的加工精度。由于各传动件在传动链中所处的位置不同，它们对工件加工精度的影响也是不同的。设滚刀轴均匀旋转，若齿轮 z_1 有转角误差 $\Delta\varphi_1$，而假设其他各传动件无误差，则由 $\Delta\varphi_1$ 产生的工件转角误差 $\Delta\varphi_{1n}$ 为：

$$\Delta\varphi_{1n} = \Delta\varphi_1 \times \frac{80}{20} \times \frac{28}{28} \times \frac{28}{28} \times \frac{28}{28} \times \frac{42}{56} \times i_{差} \times \frac{e}{f} \times \frac{a}{b} \times \frac{c}{d} \times \frac{1}{72} = K_1\Delta\varphi_1$$

式中　K_1——z_1 到工作台的传动比，反映了齿轮 z_1 的转角误差对末端传动元件转角误差的影响程度，称为误差传递系数。

同理，第 j 个传动元件有转角误差 $\Delta\varphi_j$，则该转角误差通过相应的传动链传递到工作台的转角误差为：

$$\Delta\varphi_{jn} = K_j\Delta\varphi_j$$

式中　K_j——第 j 个传动件的误差传递系数。

由于所有的传动件都有可能存在误差，因此各传动件对工件精度影响的和 $\Delta\varphi_\Sigma$ 为各传动元件所引起的末端元件转角误差的叠加：

$$\Delta\varphi_\Sigma = \sum_{j=1}^{n}\Delta\varphi_{jn} = \sum_{j=1}^{n}K_j\Delta\varphi_j$$

式中　K_j——第 j 个传动件的误差传递系数；

$\Delta\varphi_j$——第 j 个传动件的转角误差。

考虑到各传动件转角误差的随机性，则传动链末端元件的总转角误差可用概率法进行估算：

$$\Delta\varphi_\Sigma = \sqrt{\sum_{j=1}^{n}K_j^2\Delta\varphi_j^2} \tag{5-1}$$

各传动副的传动比决定了误差传递系数的大小，而误差传递系数反映了各传动件的转角误差对传动链误差影响的程度，误差传递系数 K_j 越小，末端传动件转角误差就越小，对加工精度的影响也就越小。

提高传动链的传动精度，减小传动链传动误差的措施如下。

a. 减少传动环节，缩短传动链，以减少误差来源。

b. 提高传动元件，特别是提高末端传动元件（如车床丝杠螺母副、滚齿机分度蜗轮）的制造精度和装配精度。

c. 传动链中按降速比递增的原则分配各传动副的传动比。传动链末端传动副的降速传动比越大，则传动链中其余各传动元件误差对传动精度的影响就越小。如齿轮加工时，蜗轮的齿数一般比被加工齿轮的齿数多，目的就是为了得到很大的降速传动比。

d. 采用误差校正机构。其实质是测出传动误差，在原传动链中人为地加入一个误差，其大小与传动链本身的误差相等且方向相反，从而使之相互抵消。

（2）刀具与夹具的误差　刀具误差是由于刀具制造误差和刀具磨损所引起的。机械加工中常用的刀具有一般刀具、定尺寸刀具、展成刀具和成形刀具。一般刀具（如普通车刀等）的制造误差，对加工精度没有直接影响；定尺寸刀具（如钻头、铰刀、拉刀等）的尺寸误差直接影响被加工工件的尺寸精度；成形刀具和展成刀具（如成形车刀、齿轮刀具等）的制造误差，直接影响被加工工件表面的形状精度。另外，刀具在安装使用中不当，也将影响加工精度。

刀具的磨损，除了对切削性能、加工表面质量有不良影响外，也直接影响加工精度。例如，用成形刀具加工时，刀具刃口的不均匀磨损将直接复映在工件上，造成形状误差；在加工较大表面（一次走刀需较长时间）时，刀具的尺寸磨损会严重影响工件的形状精度；车削细长轴时，刀具的逐渐磨损使工件产生锥形的圆柱度误差；用调整法加工一批工件时，刀具的磨损会扩大工件尺寸的分散范围。

夹具的作用是使工件相对于刀具和机床具有正确的位置，夹具误差主要是指夹具的定位元件、导向元件及夹具体等零件的加工与装配误差，它将直接影响到工件加工表面的位置精度或尺寸精度，对被加工工件的位置精度影响最大。在设计夹具时，凡影响工件精度的有关技术要求必须给出严格的公差。粗加工用夹具一般取工件相应尺寸公差的 $1/5 \sim 1/10$。精加工用夹具一般取工件相应尺寸公差的 $1/2 \sim 1/3$。

夹具磨损将使夹具的误差增大，从而使工件的加工误差也相应增大。为了保证工件的加工精度，除了严格保证夹具的制造精度外，必须注意提高夹具易磨损件的耐磨性，当磨损到一定限度后，必须及时予以更换。

（3）工件的定位误差　定位误差是指一批工件采用调整法加工时因定位不准确而引起的加工误差。定位误差对加工精度的影响相关内容见第三章。

（4）调整误差　在机械加工的每一道工序中，总要进行一些调整工作，如安装夹具、调整刀具尺寸等，由于调整不可能绝对准确，必然会带来一些误差，即调整误差。引起调整误差的因素很多，如调整所用的刻度盘、定程机构（行程挡铁凸轮、靠模等）的精度和与它们配合使用的离合器、电器开关、控制阀等元件的灵敏度；测量用的仪表、量具本身的误差和使用误差；以及在调整时只测量有限几个试件，不足以判断全部零件的尺寸分布而造成的误差等。

在正常情况下，机床调整后，其调整误差对每一零件的影响程度是不变的。但由于刀具磨损后的小调整或更换刀具的重新调整，不可能使每次调整所得到的位置完全相同。因此，对全部零件来说，调整误差也属于偶然性质的误差，有一定的分散范围。

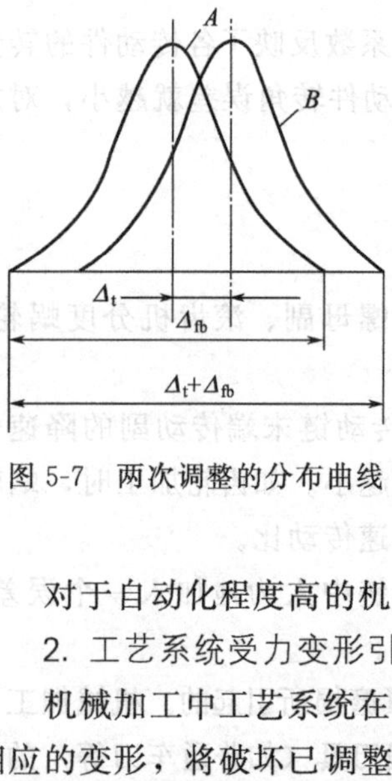

图 5-7　两次调整的分布曲线

对在一次调整下加工出来的零件可画出尺寸分布曲线，每次机床调整改变时，分布曲线的中心将发生偏移。机床的调整误差可理解为分布曲线中心的最大可能偏移量。如图 5-7 所示，加工中不产生废品的条件为：

$$\delta \geqslant \Delta_{\text{fb}} + \Delta_{\text{t}}$$

式中　δ —— 零件公差；

Δ_{fb} —— 尺寸分布范围；

Δ_{t} —— 调整误差。

对于自动化程度高的机床，可采用光测或电测来提高调整精度。

2. 工艺系统受力变形引起的误差

机械加工中工艺系统在切削力、传动力、惯性力、夹紧力以及重力等的作用下，将产生相应的变形，将破坏已调整好的刀具和工件之间正确的位置关系，从而产生加工误差。例如，车削细长轴时，工件在切削力作用下弯曲变形，加工后会产生腰鼓形的圆柱度误差，如图 5-8(a) 所示；在内圆磨床上进行切入式磨孔时，由于磨头主轴受力弯曲变形，磨出的孔会产生带有锥度的圆柱度误差，如图 5-8(b) 所示。

（1）工艺系统的刚度　工艺系统在外力作用下产生变形的大小，不仅取决于外力的大

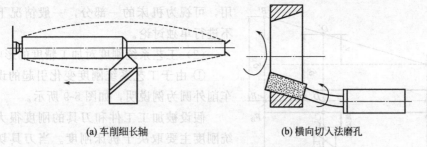

(a) 车削细长轴　　　　　　　(b) 横向切入法磨孔

图 5-8　工艺系统受力变形引起的加工误差

小，而且和工艺系统抵抗外力使其变形的能力，即工艺系统的刚度有关。工艺系统在各种外力作用下，将在各个受力方向上产生相应的变形，这里主要研究误差敏感方向上的变形。因此，工艺系统刚度 k 定义为：加工表面法向切削力 F_p 与工艺系统的法向变形 δ 的比值。

$$k = \frac{F_p}{\delta} \tag{5-2}$$

由于工艺系统各个环节在外力作用下都会产生变形，故工艺系统的总变形量应是：

$$\delta_{\text{系}} = \delta_{\text{机床}} + \delta_{\text{刀具}} + \delta_{\text{夹具}} + \delta_{\text{工件}} \tag{5-3}$$

而根据刚度的定义，则有：

$$k_{\text{机床}} = \frac{F_p}{\delta_{\text{机床}}} , \ k_{\text{刀具}} = \frac{F_p}{\delta_{\text{刀具}}} , \ k_{\text{夹具}} = \frac{F_p}{\delta_{\text{夹具}}} , \ k_{\text{工件}} = \frac{F_p}{\delta_{\text{工件}}}$$

式中　$\delta_{\text{机床}}$ 、$\delta_{\text{刀具}}$ 、$\delta_{\text{夹具}}$ 、$\delta_{\text{工件}}$ ——机床、刀具、夹具、工件的变形量，mm；

　　　$k_{\text{机床}}$ 、$k_{\text{刀具}}$ 、$k_{\text{夹具}}$ 、$k_{\text{工件}}$ ——机床、刀具、夹具、工件的刚度，N/mm。

所以，工艺系统刚度计算的一般式为：

$$\frac{1}{k_{\text{系}}} = \frac{1}{k_{\text{机床}}} + \frac{1}{k_{\text{刀具}}} + \frac{1}{k_{\text{夹具}}} + \frac{1}{k_{\text{工件}}} \tag{5-4}$$

即工艺系统刚度的倒数等于系统各组成环节刚度的倒数之和。因此，当已知工艺系统的各个组成部分的刚度，即可求出工艺系统刚度。用刚度一般式求解系统刚度时，应针对具体情况进行具体分析。例如，车削外圆时，车刀本身在切削力作用下的沿切向（误差非敏感方向）的变形对加工误差的影响很小。

① 工件、刀具的刚度　当工件、刀具的形状比较简单时，其刚度可用材料力学的有关公式进行近似计算。结果与实际相差无几。例如，装夹在卡盘中的棒料以及压紧在车床刀架上的车刀刚度，可按悬臂梁受力变形的公式计算：

$$\delta = \frac{F_p L^3}{3EI} \tag{5-5}$$

$$k = \frac{F_p}{\delta} = \frac{3EI}{L^3} \tag{5-6}$$

式中　L ——工件、刀具长度，mm；

　　　E ——材料的弹性模量，MPa；

　　　I ——工件、刀具的截面惯性矩，mm⁴。

② 机床部件、夹具的刚度　对于由若干个零件组成的机床部件及夹具，结构复杂，其受力变形与各零件间的接触刚度和部件刚度有关，很难用公式表达，其刚度目前主要用试验方法测定。测定方法有单向静载测定法和三向静载测定法。因夹具一般总是固定在机床上使

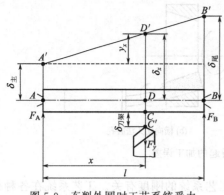

图 5-9　车削外圆时工艺系统受力
变形对加工精度的影响

用，可视为机床的一部分，一般情况下它的刚度不进行单独讨论。

（2）工艺系统刚度对加工精度的影响

① 由于工艺系统刚度变化引起的误差　现以车削外圆为例说明，如图 5-9 所示。

假设被加工工件和刀具的刚度很大，工艺系统刚度主要取决于机床刚度。当刀具切削刃在工件的任意位置 C 点时，工艺系统的总变形为：

$$\delta_{\text{系}} = \delta_x + \delta_{\text{刀架}} \qquad (5\text{-}7)$$

设作用在主轴箱和尾座上的切削分力为 F_A、F_B，不难求得：

$$F_A = \frac{l-x}{l} F_y \ , \ F_B = \frac{x}{l} F_y \qquad (5\text{-}8)$$

由图 5-9 可知，由主轴箱和尾座变形导致在切削力作用点 C 点的位移 δ_x 为：

$$\delta_x = y_x + \delta_{\text{主}} \qquad (5\text{-}9)$$

由三角函数关系可知

$$y_x = \frac{x}{l}(\delta_{\text{尾}} - \delta_{\text{主}}) \qquad (5\text{-}10)$$

将式（5-8）～式（5-10）代入到式（5-7）中，可以求得：

$$\delta_{\text{系}} = \delta_x + \delta_{\text{刀架}} = F_y \left[\frac{1}{k_{\text{主}}}\left(\frac{l-x}{l}\right)^2 + \frac{1}{k_{\text{尾}}}\left(\frac{x}{l}\right)^2 + \frac{1}{k_{\text{刀架}}} \right] \qquad (5\text{-}11)$$

$$k_{\text{系}} = \frac{F_y}{\delta_{\text{系}}} = \frac{1}{\dfrac{1}{k_{\text{主}}}\left(\dfrac{l-x}{l}\right)^2 + \dfrac{1}{k_{\text{尾}}}\left(\dfrac{x}{l}\right)^2 + \dfrac{1}{k_{\text{刀架}}}} \qquad (5\text{-}12)$$

若主轴箱刚度、尾座刚度、刀架刚度已知，则通过式（5-12）可算得刀具在任意位置处工艺系统的刚度。如果要知道最小变形量 $\delta_{\text{系min}}$ 发生在何处，只需将式（5-11）中的 $\delta_{\text{系}}$ 对 x 求导，令其为零，即可求得。为了计算方便，令 $\alpha = k_{\text{主}}/k_{\text{尾}}$，代入式（5-11），对 x 求导，令其为零，求得 $x = l/(1+\alpha)$，即当 $x = l/(1+\alpha)$ 时，工艺系统的最小变形量为：

$$\delta_{\text{系min}} = F_y \left[\frac{1}{k_{\text{刀架}}} + \left(\frac{\alpha}{1+\alpha}\right)\frac{1}{k_{\text{主}}} \right]$$

【例 5-1】 经测试某车床的 $k_{\text{主}} = 300000\text{N/mm}$，$k_{\text{尾}} = 56600\text{N/mm}$，$k_{\text{刀架}} = 30000\text{N/mm}$，在加工长度为 l 的刚性轴时，径向切削分力 $F_y = 400\text{N}$，计算该轴加工后的圆柱度误差。

解 由式（5-11）计算 $x=0$、$x=l$、$x=l/2$、$x=l/(1+\alpha)$ 时，工艺系统变形大小（表 5-1）。

表 5-1　数据计算

x	0	l	$l/2$	$l/(1+\alpha)$
δ/mm	0.0147	0.0204	0.0154	0.0144

由于变形大的地方，从工件上切去的金属层薄，变形小的地方，切去的金属层厚，因此因机床受力变形而使加工出来的工件产生两端粗、中间细的马鞍形圆柱度误差，误差大小为：

$$\Delta = \delta_{\text{系max}} - \delta_{\text{系min}} = 0.0204 - 0.0144 = 0.006\text{mm}$$

可以证明，当主轴箱刚度与尾座刚度相等时，工艺系统刚度在工件全长上的差别最小，工件在轴截面内几何形状误差最小。

如果考虑工件刚度，则工件本身的变形在工艺系统的总变形中就不能忽略了，此时式(5-11)应写为：

$$\delta_{\text{系}} = \delta_x + \delta_{\text{刀架}} + \delta_{\text{工件}} = F_P \left[\frac{1}{k_{\text{主}}} \left(\frac{l-x}{l} \right)^2 + \frac{1}{k_{\text{尾}}} \left(\frac{x}{l} \right)^2 + \frac{1}{k_{\text{刀架}}} + \frac{(l-x)^2 x^2}{3EIL} \right]$$

$$(5-13)$$

如果加工细长轴时，工件的刚性较差，工件形状变形与式(5-13)不同。

② 由于切削力变化引起的加工误差（误差的复映规律）　在切削加工中，毛坯余量和材料硬度的不均匀，会引起切削力大小的变化。工艺系统由于受力大小的不同，变形的大小也相应发生变化，从而产生加工误差。

若毛坯有椭圆形误差，如图 5-10 所示，让刀具调整到图上双点画线位置，由图可知，在毛坯椭圆长轴方向上的背吃刀量为 a_{p1}，短轴方向上的背吃刀量为 a_{p2}，由此造成的原始误差 $\Delta_{\text{毛}} = a_{p1} - a_{p2}$。由于背吃刀量不同，切削力也不同，工艺系统产生的让刀变形也不同，对应于 a_{p1} 产生的让刀为 y_1，对应于 a_{p2} 产生的让刀为 y_2，因而引起了工件的圆度误差 $\Delta_{\text{工}} = y_1 - y_2$，且 $\Delta_{\text{毛}}$ 越大，$\Delta_{\text{工}}$ 也越大。这种现象称为加工过程中的毛坯误差复映现象。$\Delta_{\text{工}}$ 与 $\Delta_{\text{毛}}$ 的比值 ε，称为误差复映系数，它是对误差复映的度量。

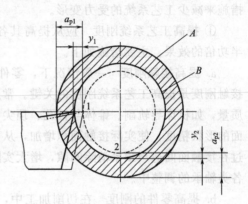

图 5-10　毛坯形状误差的复映

尺寸误差和形位误差都存在误差复映现象。如果知道了某加工工序的复映系数，就可以通过测量毛坯的误差值来估算加工后工件的误差值。

由工艺系统刚度的定义可知：

$$\Delta_{\text{工}} = y_1 - y_2 = \frac{F_{y1} - F_{y2}}{k_{\text{系}}} \tag{5-14}$$

$$\varepsilon = \frac{\Delta_{\text{工}}}{\Delta_{\text{毛}}} = \frac{y_1 - y_2}{a_{p1} - a_{p2}} = \frac{F_{y1} - F_{y2}}{k_{\text{系}}(a_{p1} - a_{p2})} \tag{5-15}$$

$$F_y = C_y f^y a_p^x \text{HBS}^n$$

式中　C_y——与刀具前角等切削条件有关的系数；

　　f——进给量；

　　a_p——背吃刀量；

　HBS——工件材料的硬度；

x、y、n——指数。

在一次走刀加工中，工件材料硬度、进给量及其他切削条件假设不变，则：

$$C_y f^y \text{HBS}^n = C \tag{5-16}$$

C 为常数，在车削加工中，$x \approx 1$，所以有：

$$F_y = Ca_p^x \approx Ca_p \tag{5-17}$$

即：

$$F_{y1} = C(a_{p1} - y_1), \quad F_{y2} = C(a_{p2} - y_2)$$

因为 y_1、y_2 相对于 a_{p1}、a_{p2} 而言数值很小，可忽略不计，则有：

$$F_{y1} = Ca_{p1}, \quad F_{y2} = Ca_{p2}$$

所以：

$$\varepsilon = \frac{C(a_{p1} - a_{p2})}{k_系 (a_{p1} - a_{p2})} = \frac{C}{k_系} \tag{5-18}$$

由式(5-18)可知，$k_系$ 愈大，ε 就愈小，毛坯误差复映到工件上的部分就愈小。

一般来说，ε 是一个小于 1 的数，这表明该工序对误差具有修正能力。工件经多道工序或多次走刀加工之后，工件的误差就会减小到工件公差所许可的范围内。

(3) 减少工艺系统受力变形的措施 针对工艺系统刚度对加工精度的影响可采取相应的措施来减少工艺系统的受力变形。

① 提高工艺系统刚度 应从提高其各组成部分薄弱环节的刚度入手，这样才能取得事半功倍的效果。主要措施如下。

a. 提高接触刚度 一般情况下，零件的接触刚度都低于零件实体的刚度。所以，提高接触刚度是提高工艺系统刚度的关键。常用的方法是改善工艺系统中主要零件接触面的配合质量，如机床导轨副、锥体与锥孔、顶尖与中心孔等配合面采用刮研与研磨，以提高配合表面的形状精度，使实际接触面积增加，从而有效地提高接触刚度。对于相配合零件，可以通过在接触面间适当预紧消除间隙，增大实际接触面积，减少受力后的变形量，该措施常用在各类轴承的调整中。

b. 提高零件的刚度 在切削加工中，由于零件本身的刚度较低，特别是叉架类、细长轴等零件，容易变形。在这种情况下，提高零件的刚度是提高加工精度的关键。其主要措施是缩小切削力的作用点到支承之间的距离，以增大零件在切削时的刚度。如在车削细长轴时，利用中心架，使支撑间的距离可缩短一半，进而可提高八倍的工件刚度。

c. 提高机床部件的刚度 在切削加工中，有时由于机床部件刚度低而产生变形和振动，影响加工精度和生产率的提高，所以加工时常采用增加辅助装置，减少悬伸量，以及增大刀杆直径等措施来提高机床部件的刚度。

d. 合理的装夹方式和加工方法 改变夹紧力的方向、使夹紧力均匀分布等都是减少夹紧变形的有效措施。

② 减小切削力及其变化 改善毛坯制造工艺、合理选择刀具的几何参数、增大前角和主偏角、合理选择刀具材料、对工件材料进行适当的热处理以改善材料的加工性能，都可使切削力减小。例如，为控制和减小切削力的变化幅度，应尽量使一批工件的材料性能和加工余量保持均匀。

3. 工艺系统受热变形引起的误差

在机械加工过程，工艺系统会受到各种热的影响而产生变形，破坏了刀具与工件的相对位置关系，造成工件的加工误差。特别是在精密加工和大件加工中，热变形所引起的加工误差通常会占到工件加工总误差的 40%～70%。不仅严重影响了机床的加工精度而且降低了机床的工作效率。为减少系统受热变形的影响，通常需要预热机床以获得热平衡；或降低切削用量以减少切削热和摩擦热；或粗加工完毕停机，待热量散发后再进行精加工；或增加工序（使粗、精加工分开）等。目前，随着高精度、高效率及自动化加工技术的进一步发展，工艺系统热变形问题日益突出。

在机械加工中，引起工艺系统变形的热源可分为内部热源和外部热源两大类。内部热源包括三种：切削热；机械动力源（如电动机、电气箱、液压泵、活塞副等）的能量损耗转化成热量的电气热；由传动部分（如轴承副、齿轮副、离合器、导轨副等）摩擦产生的摩擦热。它们产生于工艺系统内部，其热量主要是以传导的形式传递。外部热源包括环境热和辐射热，主要是指工艺系统外部的，以对流传热为主要形式的环境热（它与气温变化、通风、空气对流和周围环境等有关）和各种辐射热（包括阳光、照明、暖气设备等发出的辐射热）。

（1）工艺系统的热变形对加工精度的影响

① 机床热变形对加工精度的影响　机床在工作过程中，由于机床结构的复杂性，受到内、外热源的影响，各部分的温度将逐渐升高且因各部件的热源不同，分布不均匀，故不仅各部件的温升不同，而且同一部件不同位置的温升也不相同，形成不均匀的温度场，使机床各部件之间的相互位置发生变化，破坏了机床原有的几何精度而造成加工误差。

由于各类机床的结构和工作条件相差很大，不同类型的机床，其主要热源各不相同，热变形对加工精度的影响也不相同，所以机床热变形的形式也各不相同。龙门刨床、导轨磨床等大型机床的长床身部件，导轨面与底面的温差会产生较大的弯曲变形，故床身热变形是影响加工精度的主要因素。

机床运转一段时间后，各部件传入的热量和散失的热量基本相等而达到热平衡状态，变形趋于稳定。在机床达到热平衡状态之前，机床几何精度变化不定，对加工精度的影响也变化不定，因此精密加工应在机床处于热平衡之后进行。一般机床，如车床、磨床，其空运转的热平衡时间为 $4\sim6h$，中小型精密机床为 $1\sim2h$，大型精密机床往往要超过 $12h$。

② 刀具热变形对加工精度的影响　机械加工中，大部分的切削热会被切屑带走，只有一小部分的热量传给刀具。但因刀具的体积小，热惯性小，所以还是有相当高的温升和热变形，表现为刀杆的伸长，变形量有时可达到 0.05mm 左右。加工大型零件，刀具热变形往往造成几何形状误差。如车削长轴时，可能由于刀具热伸长而产生锥度（尾座处的直径比主轴箱附近的直径大）。

为了减小刀具的热变形，应合理选择切削用量和刀具几何参数，并给以充分冷却和润滑，以减少切削热，降低切削温度。

③ 工件热变形对加工精度的影响　工件产生热变形主要是由切削热引起的。切削热是切削加工中最主要的热源，它对工件加工精度的影响最为直接。在切削（磨削）过程中，消耗于切削层的弹、塑性变形能及刀具与工件和切屑之间摩擦的机械能，绝大部分都转变成了切削热。切削热产生的多少与被加工材料的性质、切削用量及刀具的几何参数等有关，同样，切削热传导的多少也随切削条件不同而不同。对于精密零件，周围环境温度变化和日光、取暖设备等外部热源对工艺系统的局部辐射等也不容忽视。不同的材料、不同的形状及尺寸、不同的加工方法，工件的受热变形也不相同。如加工铜、铝等有色金属零件时，由于线胀系数大，其热变形尤为显著。

工件的热变形有两种情况：一种是均匀受热，如车、镗、外圆磨等加工方法，它主要影响尺寸精度；另一种是不均匀受热，如平面的刨、铣、磨等工序，工件单面受热，上、下表面之间形成温差而产生弯曲变形，这时主要影响几何形状精度。

a. 以车削或磨削轴类零件为例，如果零件处在相对比较稳定的温度场，零件可近似看成是均匀受热。工件均匀受热影响工件的尺寸精度，其热变形可以按物理学计算热膨胀的公式求出。

$$\Delta L = \alpha L \Delta t \tag{5-19}$$

式中　L——工件变形方向的长度（或直径），mm；

　　　α——工件材料的线胀系数，℃$^{-1}$，钢的线胀系数为 1.17×10^{-5}℃$^{-1}$，黄铜为 1.7×10^{-5}℃$^{-1}$；

　　　Δt——工件的平均温升，℃。

精密丝杠磨削时，工件的受热伸长会引起螺距累积误差。若丝杠长度为 2m，每一次走刀磨削温度升高约 3℃，则丝杠的伸长量 $\Delta L = \alpha L \Delta t = 1.17 \times 10^{-5} \times 2000 \times 3 = 0.07$mm，而 6 级丝杠的螺距累积误差在全长上不允许超过 0.02mm，由此可见热变形的严重性。

b. 平面在刨削、铣削、磨削加工时，如图 5-11(a) 所示，此为工件不均匀受热情况。

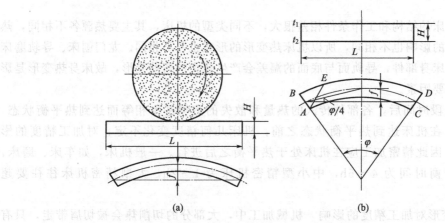

图 5-11　平面加工时热变形的估算

加工时，由于切削热的作用工件上表面温度要比下表面温度高，上、下表面间产生温差而引起热变形，导致工件向上凸起，加工过程中，凸起部分被工具切去，加工完毕冷却后，加工表面就产生了中凹，造成了几何形状误差。

如图 5-11(b) 所示，工件凸起量 f 大小可以按照下式计算：

$$f = \frac{L}{2} \tan \frac{\varphi}{4}$$

因为 φ 很小，所以：

$$f \approx \frac{L}{8} \varphi$$

根据式(5-19)，有 $\alpha L \Delta t = \overset{\frown}{BD} - \overset{\frown}{AC} = AB\varphi = H\varphi$，由此式可求得：

$$\varphi = \frac{\alpha L \Delta t}{H}$$

所以：

$$f \approx \frac{\alpha L^2 \Delta t}{8H} \tag{5-20}$$

式中　L——工件长度，mm；

　　　H——工件厚度，mm。

分析式(5-20)可知，工件凸起量随工件长度的增加而急剧增加，且工件厚度越小，工件的凸起量就越大。对于某一具体工件而言，L、H、α 均为定值，如欲减小热变形误差，就必须设法控制上、下表面的温差。

工件的热变形对粗加工的加工精度的影响一般可不必考虑，但在流水线、自动线以及工序集中的场合下，应给予足够的重视，否则粗加工的热变形将影响到精加工。为了避免工件热变形对加工精度的影响，在安排工艺过程时应尽可能把粗、精加工分开，以使工件粗加工后有足够的冷却时间。

(2) 减少工艺系统受热变形的措施

① 减少发热和隔热　尽量将热源从机床内部分离出去，如电动机、变速箱等产生热源的部件，通常应该把它们从主机中分离出去。对于不能分离的热源，一方面从结构上采取措施，改善摩擦条件，减少热量的产生，如采用空气轴承，采用低黏度的润滑油等，另一方面也可采取隔热措施，例如，为了解决某单立柱坐标镗床立柱热变形问题，工厂采用隔热罩，将电动机、变速箱与立柱隔开，使变速箱及电动机产生的热量，通过风扇从立柱的排风口排出，如图 5-12 所示。

② 强制冷却，改善散热条件，均衡温度场　采用风扇、散热片、循环润滑冷却系统等散热措施，可将大量热量排放到工艺系统以外，以减小热变形误差。也可对加工中心等贵重、精密机床，采用冷冻机对冷却润滑液进行强制冷却，效果明显。

如图 5-13 所示的端面磨床，立柱前壁因靠近主轴箱而温升较高，采用风扇将主轴箱内的热空气经软管通过立柱后壁空间排出，使立柱前、后壁的温度大致相等，减小了立柱的弯曲变形。

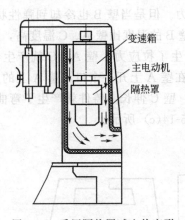

变速箱

主电动机

隔热罩

图 5-12　采用隔热罩减少热变形

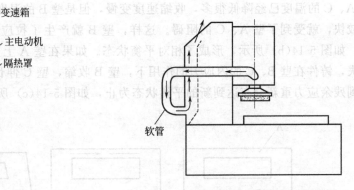

软管

图 5-13　均衡立柱前、后壁的温度场

为了尽快使机床进入热平衡状态，可在加工工件前使机床进行高速空运转，当机床在较短的时间内达到热平衡之后，再将机床迅速转换成工作速度进行加工。还可以在机床的适当部位设置附加的"控制热源"，在机床开动初期的预热阶段，人为地利用附加的控制热源给机床供热，促使其更快地达到热平衡状态。

③ 控制环境温度　精密加工机床应尽量减小外部热源的影响，避免日光照射，布置取暖设备时，要避免使机床受热不均。精密加工、精密计量和精密装配都应在恒温条件下进

215

行，恒温基数在春、秋两季可取为 20℃，夏季可取为 23℃，冬季可取为 17℃。恒温精度一般级为±1℃，精密级为±0.5℃，超精密级为±0.1℃。

④ 从结构设计上采取措施以减少热变形

a. 采用"热对称结构"。如为防止零、部件由于受热发生弯曲变形，可改单立柱为龙门式结构，以防止立柱局部热变形而造成强烈的弯曲位移。

b. 使零件的热变形尽量发生于不影响加工精度的方向上。如机床主轴采用前端轴向定位，后端浮动结构，使主轴热变形向主轴后端移动。又如定位丝杠的螺母尽量靠近丝杠的定位端，以减少产生热变形的有效长度。

4. 残余应力引起的误差

残余应力是指当外部载荷去掉以后，仍残存在工件内部的应力。存在残余应力的工件处于一种不稳定的状态中，其内部组织在逐渐变化而使残余应力减小，即使在常温下也会发生这种变化。在残余应力的变化过程中，会使工件发生变形，使原有的加工精度丧失，严重影响工件的精度。

(1) 残余应力的产生原因

① 铸、锻、焊等毛坯制造过程中及热处理时，由于工件各部分热胀冷缩不均匀以及金相组织变化时发生体积变化使工件毛坯产生很大的残余应力；毛坯的结构越复杂、壁厚越不均匀，散热的条件差别越大，毛坯内部产生的内应力也越大。具有内应力的毛坯，内应力暂时处于相对平衡状态，变形是缓慢的，但当条件变化后，就会打破这种平衡，内应力重新分布，工件就明显地出现变形。

如图 5-14(a) 所示，该铸件内、外壁厚相差较大，浇铸完毕后，逐渐冷却到室温，由于壁 A、C 比较薄，散热快，所以冷却速度快，而壁 B 较厚，冷却速度慢。当壁 A、C 从塑性状态冷却到弹性状态的时候，壁 B 的温度仍然比较高，尚处在塑性状态，所以壁 A、C 收缩时，壁 B 不起阻挡变形的作用，铸件内部不产生内应力。但是当壁 B 也冷却到弹性状态时，壁 A、C 的温度已经降低很多，收缩速度变慢，但是壁 B 的温度比壁 A、C 温度高，所以收缩较快，就受到了壁 A、C 的阻碍。这样，壁 B 就产生了拉应力，壁 A、C 就产生了压应力，如图 5-14(b) 所示，形成了相对平衡状态。如果在壁 A 上开一个口，壁 A 上的压应力消失，铸件在壁 B、C 的内应力的作用下，壁 B 收缩，壁 C 伸长，铸件就产生了弯曲变形，直到残余应力重新分布达到新的平衡状态为止，如图 5-14(c) 所示。

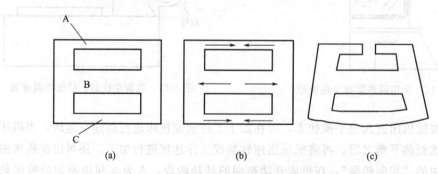

图 5-14　铸件因残余应力引起的变形

推广到一般情况，各种铸件都难免产生冷却不均匀而产生残余应力。如铸造后的机床床身，其导轨面和冷却快的地方都会出现残余压应力。带有压应力的导轨表面在粗加工中被切去一层后，残余应力就重新分布，结果使导轨中部下凹。

② 切削加工中由于切削力和切削热的作用，使工件表面产生冷热塑性变形和金相组织的变化，从而使工件表面产生残余应力。这种残余应力的分布情况由加工时的工艺因素决定。

在大多数情况下，切削热的作用大于切削力的作用。故工件表层常呈现"表层受拉、里层受压"的状态。特别是高速切削、强力切削、磨削时，切削热的作用占主要地位。在磨削加工中，表层拉应力严重时会产生裂纹。

实践证明，内部有残余应力的工件在切去表面的一层金属后，残余应力要重新分布，从而引起工件的变形。为此，在拟定工艺规程时，要将加工划分为粗、精等不同阶段进行，以便把粗加工后残余应力重新分布所产生的变形在精加工阶段去除。

③ 工件在冷校直时产生残余应力。

一些刚度较差容易变形的轴类零件，如丝杠，在加工以后，棒料在轧制中产生的内应力要重新分布，产生弯曲，那么实际工作现场，常采用冷校直方法使之变直。校直的方法是在室温状态下，将有弯曲变形的轴放在两个支点上，使凸起部位朝上，在弯曲的反方向加外力 F，使工件反方向弯曲，产生塑性变形，以达到校直的目的，如图 5-15(a) 所示，在外力 F 的作用下，工件内部残余应力的分布如图 5-15(b) 所示，在轴线以上产生压应力（用负号表示），在轴线以下产生拉应力（用正号表示）。在轴线和两条虚线之间是弹性变形区域，在两条虚线之外是塑性变形区域。

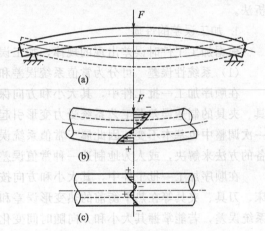

图 5-15　工件冷校直时残余应力的产生过程

当外力 F 去除后，内部弹性变形部分本来可以完全恢复而消失，但外层的塑性变形区域阻止内部弹性变形的恢复，使残余应力重新分布，如图 5-15(c) 所示。这时，冷校直虽能减小了弯曲，但工件却处于不稳定状态，如再次加工，工件还会朝原来的弯曲方向变回去，产生新的变形。

（2）减少或消除残余应力的措施

① 合理设计零件结构　在机器零件的结构设计中，应尽量简化结构，使壁厚均匀、结构对称，以减少内应力的产生。

② 合理安排热处理和时效处理　对铸、锻、焊接件进行退火、回火及时效处理，对精密零件，如丝杠、精密主轴等，应多次安排时效处理。常用的时效处理方法有自然时效、人工时效及振动时效。

a. 自然时效　是把毛坯或经粗加工后的工件置于露天下，利用温度的自然变化，经过多次热胀冷缩，使工件的内应力逐渐消除。这种方法效果好，但所需时间长，影响产品的制造周期，所以除特别精密件外，一般较少采用。

b. 人工时效　是将工件放在炉内加热到一定温度，再随炉冷却以消除内应力。人工时效分高温时效和低温时效。前者一般在毛坯制造或粗加工以后进行，后者多在半精加工后进行。低温时效效果好，但时间长。人工时效对大型零件则需要较大的设备，其投资和能源消耗都比较大。

c. 振动时效　让工件受到激振器或振动台的振动，或装入滚筒在滚筒旋转时相互撞击。这种方法节省能源、简便高效。

③ 合理安排工艺过程　粗、精加工宜分阶段进行，使粗加工后有一定时间让内应力重新分布，以减少对精加工的影响。对重量和体积均很大的笨重零件，即使在同一台重型机床上进行粗、精加工也应在粗加工后将被夹紧的工件松开，使之有充足时间重新分布残余应力，在使其充分变形后，重新用较小的力夹紧进行精加工。

二、 加工精度的多因素综合分析

在实际生产中，影响加工精度的因素错综复杂，加工误差往往是多种因素综合影响的结果，而且其中的不少因素对加工影响是带有随机性的。因此，在很多情况下仅靠单因素分析方法来分析加工误差是不够的，还必须运用数理统计的方法对加工误差数据进行处理和分析，从中发现误差形成规律，找出影响加工误差的主要因素，这就是加工误差的统计分析法。

1. 加工误差的性质

根据加工工件时误差出现的规律，加工误差可分为系统性误差和随机性误差两大类。

（1）系统性误差　可分为常值系统误差和变值系统误差两种。

在顺序加工一批工件中，其大小和方向保持不变的误差，称为常值系统误差。机床、刀具、夹具的制造误差及工艺系统受力变形引起的加工误差，均与时间无关，其大小和方向在一次调整中也基本不变，因此属于常值系统误差。常值系统误差可以通过调整或检修工艺装备的方法来解决，或人为地制造一种常值误差来补偿原来的常值误差。

在顺序加工一批工件中，其大小和方向按一定规律变化的误差，称为变值系统误差。机床、刀具、夹具等在热平衡前的热变形误差和刀具的磨损等，属于变值系统误差。对于变值系统误差，若能掌握其大小和方向随时间变化规律，可以通过采取自动连续、周期性补偿等措施来加以控制。

（2）随机性误差　在顺序加工一批工件中，其加工误差的大小和方向的变化是随机性的，称为随机性误差。毛坯误差（余量不均、硬度不均等）的复映、夹紧误差、残余应力引起的误差、多次调整的误差等，都属于随机性误差。

随机性误差是不可避免的，只能缩小其变动范围，而不可能完全消除。由概率论与数理统计学可知，随机性误差的统计规律可用它的概率分布表示，如果掌握了工艺过程中各种随机误差的概率分布，又知道了变值系统性误差的分布规律，就可以从工艺上采取措施来控制其影响，如提高工艺系统刚度、提高毛坯加工精度（使余量均匀）、对毛坯热处理（使硬度均匀）、时效处理（消除内应力）等。

2. 机械制造中常见的误差分布规律

（1）正态分布［图 5-16（a）］　在机械加工中，若同时满足下列三个条件——无变值系统性误差（或有而不显著）、各随机性误差是相互独立的、在各随机性误差中没有一个是起主导作用的，则工件的误差就服从正态分布。在上述三个条件中，若有一个条件不满足，则工件误差就不服从正态分布。

（2）平顶分布［图 5-16（b）］　在影响机械加工的诸多误差因素中，如果刀具线性磨损的影响显著，则工件的尺寸误差将呈现平顶分布。平顶误差分布曲线可以看成是随着时间而平移的众多正态误差分布曲线组合的结果。

（3）双峰分布［图 5-16（c）］　同一工序的加工内容，由两台机床来同时完成，由于这两台机床的调整尺寸不尽相同，两台机床的精度状态也有差异，若将这两台机床所加工的工件混在一起，则工件的尺寸误差就呈双峰分布。

（4）偏态分布［图 5-16（d）］　在用试切法车削轴或孔时，由于操作者为了尽量避免产生不可修复的废品，主观地（而不是随机地）使轴径加工得宁大勿小，使孔径加工得宁小勿大，则它们的尺寸误差就呈偏态分布。

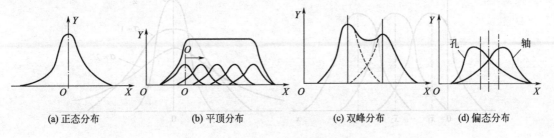

|(a) 正态分布|(b) 平顶分布|(c) 双峰分布|(d) 偏态分布|

图 5-16　机械加工中常见的误差分布规律

3. 加工误差的统计分析

根据机械制造中常见的误差分布规律，采用不同的统计分析法。

（1）分布曲线法

① 正态分布　机械加工中，工件的尺寸误差是由很多相互独立的随机性误差综合作用的结果，如果其中没有一个随机性误差是起决定作用的，则加工后工件的尺寸将呈正态分布，如图 5-17 所示，其概率密度方程为：

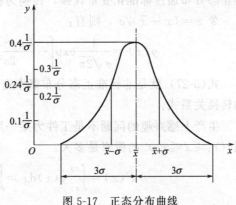

$$y(x) = \frac{1}{\sigma \sqrt{2\pi}} \exp\left[-\frac{(x - \overline{x})^2}{2\sigma^2}\right]$$

$$(-\infty < x < +\infty, \sigma > 0) \quad (5\text{-}21)$$

该方程有两个特征参数，一个是算术平均值 $\overline{x}$，另一个是均方根偏差（标准差）σ。

$$\overline{x} = \frac{1}{n} \sum_{i=1}^{n} x_i \quad (5\text{-}22)$$

$$\sigma = \sqrt{\frac{1}{n} \sum_{i=1}^{n} (x_i - \overline{x})^2} \quad (5\text{-}23)$$

图 5-17　正态分布曲线

式中　x_i——工件尺寸；

n——工件总数。

$\overline{x}$ 只影响曲线的位置，而不影响曲线的形状；σ 只影响曲线的形状，而不影响曲线的位置，σ 越大，曲线越平坦，尺寸就越分散，精度就越差，如图 5-18 所示。因此，σ 的大小反映了机床加工精度的高低，$\overline{x}$ 的大小反映了机床调整位置的不同。

概率密度函数在 $\overline{x}$ 处有最大值：

$$y_{\max} = \frac{1}{\sigma \sqrt{2\pi}} = 0.4 \frac{1}{\sigma} \quad (5\text{-}24)$$

令式(5-21) 的二次导数为零，既可求得正态分布曲线 $x = \overline{x} \pm \sigma$ 处的拐点的纵坐标值为：

$$y_\sigma = \frac{1}{\sigma\sqrt{2\pi}}\exp\left[-\frac{1}{2}\right] = 0.24\frac{1}{\sigma} \tag{5-25}$$

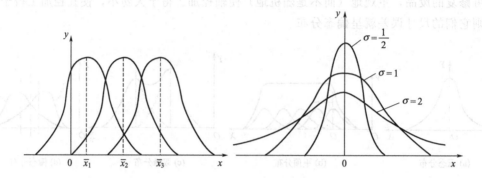

图 5-18 $\overline{x}$、σ 对正态分布曲线的影响

当 $\overline{x} = 0$、$\sigma = 1$ 时的正态分布称为标准正态分布，其概率密度可写为：

$$y(x) = \frac{1}{\sqrt{2\pi}}\exp\left[-\frac{x^2}{2}\right] \tag{5-26}$$

在生产实际中，经常是 $\overline{x}$ 既不等于零，σ 也不等于 1，为了查表计算方便，需要将非标准正态分布通过标准化变量代换，转换为标准正态分布。

令 $z = (x - \overline{x})/\sigma$，则有：

$$y(x) = \frac{1}{\sigma\sqrt{2\pi}}\exp\left[-\frac{(x-\overline{x})^2}{2\sigma^2}\right] = \frac{1}{\sigma\sqrt{2\pi}}\exp\left[\frac{-z^2}{2}\right] = \frac{1}{\sigma}y(z) \tag{5-27}$$

式(5-27) 就是非标准正态分布概率密度函数 $y(x)$ 与标准正态分布概率密度函数 $y(z)$ 的转换关系式。

生产上感兴趣的问题不是工件为某一尺寸的概率是多大，而是加工工件尺寸落在某一区间 $(x_1 \leqslant x \leqslant x_2)$ 的概率是多大。

$$F(x) = \int_{x_1}^{x_2} y(x)\mathrm{d}x = \int_{x_1}^{x_2} \frac{1}{\sigma\sqrt{2\pi}}\exp\left[-\frac{(x-\overline{x})^2}{2\sigma^2}\right]\mathrm{d}x$$

令 $z = (x - \overline{x})/\sigma$，$\mathrm{d}x = \sigma\mathrm{d}z$，则：

$$F(x) = \varphi(z) = \int_0^z \frac{1}{\sigma\sqrt{2\pi}}\exp\left[\frac{-z^2}{2}\right]\sigma\mathrm{d}z = \frac{1}{\sqrt{2\pi}}\int_0^z \exp\left[-\frac{z^2}{z}\right]\mathrm{d}z \tag{5-28}$$

从上面分析可知，非标准正态分布概率密度函数的积分，经标准化变化后，可用标准正态分布概率密度函数的积分表示。为了计算方便，可制作一个标准正态分布概率密度函数的积分表（表5-2）。

当 $z = (x - \overline{x})/\sigma = \pm 1$ 时，$2\varphi(1) = 2 \times 0.3413 = 68.26\%$；当 $z = (x - \overline{x})/\sigma = \pm 2$ 时，$2\varphi(2) = 2 \times 0.4772 = 95.44\%$；当 $z = (x - \overline{x})/\sigma = \pm 3$ 时，$2\varphi(3) = 2 \times 0.49865 = 99.73\%$。计算结果表明，工件尺寸落在 $\overline{x} \pm 3\sigma$ 范围内的概率为 99.73%，而落在该范围以外的概率只占 0.27%，可忽略不计。因此可以认为，正态分布的分散范围为 $\overline{x} \pm 3\sigma$，这就是工程上常用的 $\pm 3\sigma$ 原则，或称 6σ 原则。

表 5-2　标准正态分布概率密度函数积分表

z	$\varphi(z)$	z	$\varphi(z)$	z	$\varphi(z)$	z	$\varphi(z)$
0.01	0.0040	0.29	0.1141	0.64	0.2389	1.50	0.4332
0.02	0.0080	0.30	0.1179	0.66	0.2454	1.55	0.4394
0.03	0.0120	0.31	0.1217	0.68	0.2517	1.60	0.4452
0.04	0.0160	0.32	0.1255	0.70	0.2580	1.65	0.4502
0.05	0.0199	0.33	0.1293	0.72	0.2642	1.70	0.4554
0.06	0.0239	0.34	0.1331	0.74	0.2703	1.75	0.4599
0.07	0.0279	0.35	0.1368	0.76	0.2764	1.80	0.4641
0.08	0.0319	0.36	0.1406	0.78	0.2823	1.85	0.4678
0.09	0.0359	0.37	0.1443	0.80	0.2881	1.90	0.4713
0.10	0.0398	0.38	0.1480	0.82	0.2939	1.95	0.4744
0.11	0.0438	0.39	0.1517	0.84	0.2995	2.00	0.4772
0.12	0.0478	0.40	0.1554	0.86	0.3051	2.10	0.4821
0.13	0.0517	0.41	0.1591	0.88	0.3106	2.20	0.4861
0.14	0.0557	0.42	0.1628	0.90	0.3159	2.30	0.4893
0.15	0.0596	0.43	0.1641	0.92	0.3212	2.40	0.4918
0.16	0.0636	0.44	0.1700	0.94	0.3264	2.50	0.4938
0.17	0.0675	0.45	0.1736	0.96	0.3315	2.60	0.4953
0.18	0.0714	0.46	0.1772	0.98	0.3365	2.70	0.4965
0.19	0.0753	0.47	0.1808	1.00	0.3413	2.80	0.4974
0.20	0.0793	0.48	0.1844	1.05	0.3531	2.90	0.4981
0.21	0.0832	0.49	0.1879	1.10	0.3634	3.00	0.49865
0.22	0.0871	0.50	0.1915	1.15	0.3749	3.20	0.49931
0.23	0.0910	0.52	0.1985	1.20	0.3849	3.40	0.49966
0.24	0.0948	0.54	0.2054	1.25	0.3944	3.60	0.499841
0.25	0.0987	0.56	0.2123	1.30	0.4032	3.80	0.499928
0.26	0.1023	0.58	0.2190	1.35	0.4115	4.00	0.499968
0.27	0.1064	0.60	0.2257	1.40	0.4192	4.50	0.499997
0.28	0.1103	0.62	0.2324	1.45	0.4265	5.00	0.49999997

【例 5-2】　在车床上车削一批轴。图纸要求为 $\phi\,10^{+0.08}_{-0.07}$ 。已知轴径尺寸误差按正态分布，$\bar{x}=9.99\text{mm}$，$\sigma=0.03\text{mm}$，这批加工工件的合格品率是多少？不合格品率是多少？废品率是多少？

解　作图进行标准化变换，如图 5-19 所示。

$$z=(x-\bar{x})/\sigma=(10.08-9.99)/0.03=3$$

查表 5-2 得：

$$\varphi(z)=\varphi(3)=0.49865$$

偏大不合格品率为：

$$0.5-\varphi(3)=0.5-0.49865=0.00135=0.135\%$$

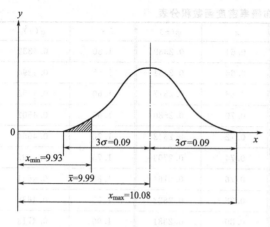

图 5-19 计算图

这些不合格品可修复。

$$z = (x - \overline{x})/\sigma = (9.99 - 9.93)/0.03 = 2$$

查表 5-2 得：

$$\varphi(z) = \varphi(2) = 0.4772$$

偏小不合格品率为：

$$0.5 - \varphi(2) = 0.5 - 0.4772 = 0.0228 = 2.28\%$$

这些不合格品不可修复，属于废品。

不合格品率为 $2.28\% + 0.135\% = 2.415\%$；合格品率为 $1 - 2.415\% = 97.585\%$；废品率为 2.28%。

② 分布图分析 工艺过程的稳定性是指工艺过程在时间历程上保持工件均值和标准差稳定不变的性能。一般情况下，在不是非常长的加工时间内，分布特征参数标准差的变化是非常小的，因此工艺过程的稳定性主要取决于变值系统性误差是否显著。在正常加工条件下，变值系统性误差并不显著，可以认为工艺过程是稳定的，也就是说工艺过程处于控制状态下。

采用调整法加工一批零件时，随机抽取足够数量的工件，其件数 n 称为样本容量。进行加工尺寸的测量，由于加工误差的存在，所测量零件的加工尺寸或偏差总是在一定范围内变动，用 x 表示。按尺寸大小把零件分成若干组，同一尺寸间隔内的零件数量称为频数，用 m_j 表示；频数与样本总数之比称为频率，用 f_j 表示；频率与组距（尺寸间隔用 d 表示）之比称为频率密度。以零件尺寸为横坐标，以频率或频率密度为纵坐标，可绘出直方图。连接各直方块的顶部中点得到一条折线，即实际分布曲线，这就是实际分布图的绘制过程。

此处以在无心磨床上加工一批外径为 $\phi 9.65_{-0.04}^{\ 0}$ mm 的销子为例，具体介绍工艺过程分布图分析的内容及步骤。

a. 样本容量的确定 在从总体中抽取样本时，样本容量的确定是很重要的。如果样本容量太小，样本不能准确地反应总体的实际分布，失去了取样的本来目的；如果样本容量太大，虽能代表总体，但又增加了分析计算的工作量。一般生产条件下，样本容量取 $n = 50 \sim 200$，就能有足够的估计精度，本例取 $n = 100$。

b. 样本数据的测量 测量使用的仪器精度，应将被测尺寸的公差乘以 $(0.1 \sim 0.15)$ 的测量精度系数，作为选用量具量仪的依据。测量尺寸时，应按加工顺序逐个测量并记录于测量数据表中（表 5-3）。

c. 异常数据的剔除 在所实测的数据中，有时会混入异常测量数据和异常加工数据，从而歪曲了数据的统计性质，使分析结果不可信，因此，异常数据应予剔除。异常数据通常具有偶然性和它与数学期望的差值的绝对值很大的特点。

当工件测量数据服从正态分布时，测量数据落在 $\overline{x} \pm 3\sigma$ 范围内的概率为 99.73%，而落在 $\overline{x} \pm 3\sigma$ 范围之外的概率为 0.27%。由于出现落在范围以外的事件的概率很小，可视为不可能事件，一旦发生，则可被认为是异常数据而予以剔除。即若

$$| x_k - \overline{x} | > 3\sigma \tag{5-29}$$

则 x_k 为异常数据。σ 为总体标准差，可用它的无偏估计量 $\hat{\sigma} = S$ 来代替。

$$\hat{\sigma} = S = \sqrt{\frac{1}{n-1} \sum_{i=1}^{1} (x_i - \overline{x})^2} \tag{5-30}$$

经计算，本例 $\overline{x} \approx 9.632\text{mm}$ ， $S \approx 0.007\text{mm}$ 。按式(5-29) 分别计算可知， $x_{k7} = 9.658\text{mm}$ 、 $x_{k8} = 9.657\text{mm}$ 、 $x_{k9} = 9.658\text{mm}$ 分别为异常数据，应予以剔除。此时 $n = 100 - 3 = 97$ 。

表 5-3 测量数据
mm

序号	尺寸	序号	尺寸	序号	尺寸	序号	尺寸	序号	尺寸
1	9.616	21	9.631	41	9.635	61	9.635	81	9.627
2	9.629	22	9.636	42	9.638	62	9.630	82	9.630
3	9.621	23	9.642	43	9.626	63	9.630	83	9.628
4	9.636	24	9.644	44	9.624	64	9.620	84	9.630
5	9.640	25	9.636	45	9.634	65	9.627	85	9.644
6	9.644	26	9.632	46	9.632	66	9.932	86	9.632
7	9.658	27	9.638	47	9.633	67	9.628	87	9.620
8	9.657	28	9.631	48	9.622	68	9.633	88	9.630
9	9.658	29	9.628	49	9.637	69	9.924	89	9.627
10	9.647	30	9.643	50	9.625	70	9.633	90	9.621
11	9.628	31	9.636	51	9.635	71	9.924	91	9.630
12	9.644	32	9.632	52	9.626	72	9.626	92	9.634
13	9.639	33	9.639	53	9.626	73	9.636	93	9.626
14	9.646	34	9.623	54	9.627	74	9.637	94	9.630
15	6.647	35	9.633	55	9.638	75	9.632	95	9.620
16	9.631	36	9.634	56	9.637	76	9.617	96	9.634
17	9.636	37	9.641	57	9.624	77	9.634	97	9.623
18	9.641	38	9.628	58	9.634	78	9.628	98	9.626
19	9.624	39	9.637	59	9.636	79	9.626	99	9.628
20	9.634	40	9.624	60	9.618	80	9.634	100	9.639

d. 实际分布图的绘制

ⅰ. 确定尺寸间隔 尺寸间隔数 j 不能随意确定。若尺寸分组数太多，组距太小，在狭窄的区域内频数太少，实际分布图就会出现许多锯齿形，实际分布图就会被频数的随机波动所歪曲；若分组数太少，组距太大，分布图就会被展平，掩盖了尺寸分布图的固有形状。尺寸间隔选取可参考表 5-4。

表 5-4 尺寸间隔数 j 与样本容量 n 的关系

n	24~40	40~60	60~100	100	100~160	160~250	250~400	400~630	630~1000
j	6	7	8	10	11	12	13	14	15

本例中 $n = 97$，可取 8 或者 10，此处初选 $j = 10$。

ⅱ. 确定尺寸间隔大小（区间宽度）Δx 只要找到样本中个体的最大值和最小值，即可算得 Δx 的大小：

$$\Delta x = \frac{x_{\max} - x_{\min}}{j} = \frac{9.647 - 9.616}{10} = 0.0031\text{mm}$$

将 Δx 圆整为 $\Delta x = 0.003$。有了 Δx 值后，就可以对样本的尺寸分散范围进行分段了。分段时应注意使样本中 $x_{\max}$ 和 $x_{\min}$ 的均落在尺寸间隔内。因此，本例的实际尺寸间隔数 $j = 10 + 1 = 11$。

ⅲ．画实际分布图　列出测量数据的计算表格，如表 5-5 所示，根据表格中的数据即可画出实际分布折线。画图时，频数值对应尺寸区间中点的纵坐标。

表 5-5　计算表

组　号	尺寸间隔 Δx/mm	尺寸间隔中值 x_j/mm	实际频数 f_j
1	9.615～＜9.618	9.6165	2
2	9.618～＜9.621	9.6195	4
3	9.621～＜9.624	9.6225	6
4	9.624～＜9.627	9.6255	13
5	9.627～＜9.630	9.6285	12
6	9.630～＜9.633	9.6315	16
7	9.633～＜9.636	9.6345	15
8	9.636～＜9.639	9.6375	14
9	9.639～＜9.642	9.6405	7
10	9.642～＜9.645	9.6435	5
11	9.645～＜9.648	9.6465	3
			$\Sigma = 97$

e. 理论分布图的绘制　工艺过程质量指标的理论分布规律可根据理论公式和工艺过程的实际工作条件分析推断。但是因为实际分布图是以频数为纵坐标的，因此尚需将以概率密度为纵坐标的理论分布图，转换成以频数为纵坐标的理论分布图。

$$y \approx \frac{频率}{\Delta x} = \frac{f'}{n \Delta x}$$

式中　y——频率密度；

　　　Δx——尺寸间隔；

　　　f'——理论频数；

　　　n——工件总数。

则最大频率密度为：

$$y_{\max} = \frac{f'_{\max}}{n \Delta x} \tag{5-31}$$

拐点处频率密度为：

$$y_\sigma = \frac{f'_\sigma}{n \Delta x} \tag{5-32}$$

本例中正态分布曲线的理论频数曲线最大值和拐点处的理论频数值分别为：

$$f'_{\max} = y_{\max} \Delta x n = 0.4 \frac{1}{\sigma} \Delta x n = 0.4 \times \frac{1}{0.007} \times 0.003 \times 97 \approx 17$$

$$f'_\sigma = y_\sigma \Delta x n = 0.24 \frac{1}{\sigma} \Delta x n = 0.24 \times \frac{1}{0.007} \times 0.003 \times 97 \approx 10$$

理论频数曲线最大值的横坐标为 $\overline{x} = 9.632\text{mm}$；两个拐点的横坐标位 $\overline{x} + \sigma = 9.632 +$

$0.007=9.639$mm 和 $\overline{x}-\sigma=9.632-0.007=9.625$mm；分散范围为 $\overline{x}\pm3\sigma=(9.632-3\times0.007)\sim(9.632+3\times0.007)=9.611\sim9.653$mm。

有了以上数据，就可作出以频数为纵坐标的理论分布曲线，如图 5-20 所示。

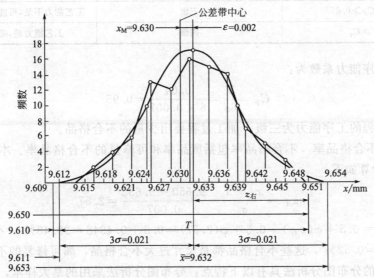

图 5-20　实际分布图与理论分布图

f. 工艺过程的分布图分析

ⅰ. 判断加工误差的性质　如果通过评定确认样本是服从正态分布的，就可以认为工艺过程中变值系统性误差很小（或不显著），被加工工件质量指标分散的原因主要由随机性误差引起，工艺过程处于控制状态中。如果评定结果表明样本不服从正态分布，就要进一步分析，是哪种变值系统性误差在显著地影响着工艺过程，或者工件质量指标不服从正态分布，可能服从其他分布。本例评定结果表明，样本服从正态分布，工艺过程处于控制状态中。

如果工件尺寸误差的实际分布中心 $\overline{x}$ 与公差带中心有偏移 ε，这表明工艺过程中有常值系统性误差存在。只有在确认实际分布曲线与理论正态分布曲线相符的条件下，才能应用正态分布规律进行以下各项分析。

ⅱ. 确定工序能力及其等级　工序能力就是工序处于稳定状态时，加工误差正常波动的范围，通常用 6σ 表示。工序能力系数就是工序能力满足加工精度要求的程度。当工序处于稳定状态时，工序能力系数按下式计算：

$$C_{\mathrm{p}}=\frac{T}{6\sigma} \tag{5-33}$$

若工件公差 T 为定值，σ 越小，C_{p} 就越大，就有可能允许工件尺寸误差的分散范围在公差带内适当地窜动或波动。

根据工序能力系数的大小，可将工序能力的等级分为五级，见表 5-6。一般情况下，工序能力等级不应低于二级，即 C_{p} 值应大于 1。

表 5-6　工序能力等级

工序能力系数	工序能力等级	说　明
$C_{\mathrm{p}}>1.67$	特级	工艺能力过高,可以允许有异常波动
$1.67\geqslant C_{\mathrm{p}}>1.33$	一级	工艺能力足够,可以有一定的异常波动

续表

工序能力系数	工序能力等级	说　明
$1.33 \geqslant C_p > 1.00$	二级	工艺能力勉强,必须密切注意
$1.00 \geqslant C_p > 0.67$	三级	工艺能力不足,可能出少量不合格品
$0.67 \geqslant C_p$	四级	工艺能力差,必须加以改进

本例的工序能力系数为：

$$C_p = \frac{T}{6\sigma} = \frac{0.04}{6 \times 0.007} = 0.95$$

该工艺过程的工序能力为三级,加工过程要出少量的不合格品。

ⅲ. 确定不合格品率　不合格品率包括废品率和可修复的不合格品率。本例的不合格品率由图 5-20 计算如下：

$$z_右 = \frac{x_i - \bar{x}}{\sigma} = \frac{9.650 - 9.632}{0.007} = 2.57$$

合格品率 $= 0.5 + \varphi(z_右) = 0.5 + \varphi(2.57) = 0.5 + 0.4948 = 99.48\%$,不合格品率 $q = 0.5 - 0.4948 = 0.52\%$,这些不合格品都是尺寸过大不合格品,属可修复的不合格品。

工艺过程的分布图分析法具有以下特点：分布图分析法采用的是大样本,因而能比较接近实际地反映工艺过程总体；能把工艺过程中存在的常值系统性误差从误差中区分开来,但不能把变值系统性误差从误差中区分开来；只有等到一批工件加工完成后才能绘制分布图,因此不能在工艺过程进行中及时提供控制工艺过程精度的信息；计算较为复杂；只适用于工艺过程稳定的场合。

(2) 点图法　因分布曲线法属于事后分析,不能把规律性变化的系统误差从随机误差中分离出来,也不能在加工过程中提供控制工艺过程的资料,故采用点图法来弥补这些缺点。由于点图分析法能够反映质量指标随时间变化的情况,因此它是进行统计质量控制的有效方法。这种方法既能用于稳定的工艺过程,也可用于不稳定的工艺过程。

下面介绍稳定工艺过程的点图分析方法。

① 点图的基本形式　点图法的要点就是按加工的先后顺序作出工件尺寸的变化图,以暴露整个加工过程中的误差变化。其具体作法就是按加工的顺序定期测量工件以获得小样本,即每隔一定时间抽取样本容量 $n = 5 \sim 10$ 的一个小样本,计算出各小样本的算术平均值 $\bar{x}$ 和极差 R ,它们由下式计算：

$$\bar{x} = \frac{1}{n} \sum_{i=1}^{n} x_i$$

$$R = x_{\max} - x_{\min} \tag{5-34}$$

$x_{\max}$ 和 $x_{\min}$ 分别为某样本中个体的最大值与最小值。

点图的基本形式是由小样本均值 $\bar{x}$ 的点图和小样本极差 R 的点图联合组成的 $\bar{x}$-R 图,如图 5-21 所示。$\bar{x}$-R 点图的横坐标是按时间先后采集的小样本的组序号,纵坐标分别为小样本的均值 $\bar{x}$ 和极差 R 。在 $\bar{x}$ 点图上有五根控制线,$\bar{\bar{x}}$ 是样本平均值的均值线。ES、EI 是加工工件公差带的上、下限,UCL、LCL 是样本均值 $\bar{x}$ 的上、下控制限；在 R 点图上有三根控制线,$\bar{R}$ 是样本极差 R 的均值线,UCL、LCL 是样本极差的上、下控制限。

一个稳定的工艺过程,必须同时具有均值变化不显著和标准差变化不显著两个方面的特征。$\bar{x}$ 点图是控制工艺过程质量指标分布中心的变化,R 点图是控制工艺过程质量指标分散范围的变化，因此这两个点图必须联合使用，才能控制整个工艺过程。

使用 $\bar{x}$-R 点图的目的就是力图使一个满足工件加工质量指标的稳定工艺过程不要向不稳定工艺过程方面转化，一旦发现了稳定工艺过程有向不稳定方面转化的趋势，应及时采取措施，防患于未然。为了能及时地发现工艺过程的转化趋势，对 $\bar{x}$-R 点图而言，就必须确定出上、下控制限。

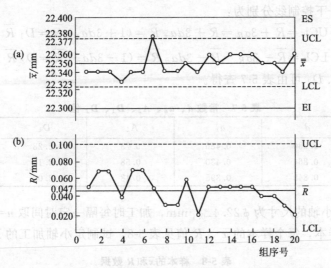

图 5-21　$\bar{x}$-R 点图

②$\bar{x}$-R 点图上、下控制线的确定　要确定上、下控制限，首先就需要知道样本均值 $\bar{x}$ 和样本极差 R 的分布。

由数理统计学的中心极限定理可以推论，即使总体不是正态分布，若总体均值为 μ，方差为 σ^2，则样本平均值 $\bar{x}$ 也是近似服从于均值为 μ、方差为 σ^2/n 的正态分布的（n 为样本的个体数）。根据上述的推论，不管机械加工中总体是否是正态分布，只要从总体中抽取数量比较多的小样本，则有：

$$\bar{x} \sim N\left(\mu, \frac{\sigma^2}{n}\right) \tag{5-35}$$

也就是说，样本均值 $\bar{x}$ 的分散范围为（$\mu \pm 3\sigma/\sqrt{n}$）

数理统计学已经证明，样本极差 R，近似服从正态分布，即有：

$$R \sim N(\bar{R}, \sigma_R^2) \tag{5-36}$$

这就是说，样本极差 R 的分散范围为（$\bar{R} \pm 3\sigma_R$）。到此，$\bar{x}$-R 点图上的上、下控制限的位置就可以确定了。

图 5-21(a) 表示的是一个稳定的工艺过程，总体分布若为 $N(\mu, \sigma^2)$，样本的分布就为 $N(\bar{x}, \hat{\sigma}^2)$，那么，只要在样本均值 $\bar{x}$ 的分布曲线的 6σ 范围的两端点，画出两条平行于组序号坐标轴的线 UCL、LCL，就是 $\bar{x}$ 点图上的上、下控制限。同理，也可直接在 R 点图的正态分布曲线的 $6\sigma_R$ 范围的两端点，画两条平行于组序号坐标轴的线 UCL、LCL，就是 R 点图上的上、下控制限，如图 5-21(b) 所示。

由数理统计学可知，σ 的估计值 $\hat{\sigma} = a_n \bar{R}$，$\sigma_R = d\hat{\sigma}$（$a_n$、$d$ 为常数），其值参见表 5-7。因此，可以得出以下公式。

$\overline{x}$ 点图的上、下控制线分别为：

$$\text{UCL} = \overline{\overline{X}} + 3\frac{\hat{\sigma}}{\sqrt{n}} = \overline{\overline{x}} + 3\frac{a_n \overline{R}}{\sqrt{n}} = \overline{\overline{x}} + A_2 \overline{R} \tag{5-37}$$

$$\text{LCL} = \overline{\overline{X}} - 3\frac{\hat{\sigma}}{\sqrt{n}} = \overline{\overline{x}} - 3\frac{a_n \overline{R}}{\sqrt{n}} = \overline{\overline{x}} - A_2 \overline{R} \tag{5-38}$$

R 点图的上、下控制线分别为：

$$\text{UCL} = \overline{R} + 3\sigma_R = \overline{R} + 3da_n \overline{R} = (1 + 3da_n)\overline{R} = D_1 \overline{R} \tag{5-39}$$

$$\text{LCL} = \overline{R} - 3\sigma_R = \overline{R} - 3da_n \overline{R} = (1 - 3da_n)\overline{R} = D_2 \overline{R} \tag{5-40}$$

常数 A_2、D_1、D_2 可由表 5-7 查得。

表 5-7　常数 d、a_n、A_2、D_1、D_2 值

n	d	a_n	A_2	D_1	D_2
4	0.880	0.486	0.73	2.28	0
5	0.864	0.430	0.58	2.11	0
6	0.848	0.395	0.48	2.00	0

【例 5-3】　某小轴的尺寸为 $\phi 22.4_{-0.1}^{0}$ mm，加工时每隔一定时间取 $n=5$ 的一个小样本，共抽取 $k=20$ 个样本，每个样本的 $\overline{x}$、R 值见表 5-8，试制定小轴加工的 $\overline{x}$-R。

表 5-8　样本的 $\overline{x}$ 和 R 数据

序号	$\overline{x}$	R	序号	$\overline{x}$	R	序号	$\overline{x}$	R	序号	$\overline{x}$	R
1	22.36	0.05	6	22.34	0.07	11	22.34	0.02	16	22.36	0.05
2	22.34	0.07	7	22.38	0.05	12	22.36	0.05	17	22.33	0.04
3	22.34	0.07	8	22.34	0.03	13	22.35	0.05	18	22.35	0.04
4	22.35	0.04	9	22.34	0.03	14	22.36	0.05	19	22.34	0.03
5	22.34	0.07	10	22.35	0.06	15	22.33	0.05	20	22.36	0.02

解　样本均值 $\overline{\overline{x}}$ 为：

$$\overline{\overline{x}} = \frac{1}{k}\sum_{i=1}^{k} \overline{x}_i = \frac{446.97}{20} = 22.35\text{mm}$$

样本极差的均值为：

$$\overline{R} = \frac{1}{k}\sum_{i=1}^{k} R_i = \frac{0.94}{20} = 0.047\text{mm}$$

$\overline{x}$ 点图上的上、下控制限分别为：

$$\text{UCL} = \overline{\overline{x}} + A_2 \overline{R} = 22.35 + 0.58 \times 0.047 = 22.377\text{mm}$$
$$\text{LCL} = \overline{\overline{x}} - A_2 \overline{R} = 22.35 - 0.58 \times 0.047 = 22.323\text{mm}$$

R 点图上的上、下控制限分别为：

$$\text{UCL} = D_1 \overline{R} = 2.11 \times 0.047 = 0.099\text{mm}$$
$$\text{UCL} = D_2 \overline{R} = 0$$

按上述计算结果作出 $\overline{x}$-R 点图，并将本例表 5-8 中的 $\overline{x}$、R 值逐点标在 $\overline{x}$-R 点图上，如图 5-21 所示。

③ 点图的正常变动与异常波动　任何一批产品的质量指标数据都是参差不齐的，也就

是说，点图上的点子总是有波动的。但是要区别两种不同的情况：第一种情况时只有随机的波动，属正常波动，这表明工艺过程是稳定的；第二种情况为异常波动，这表明工艺过程是不稳定的。一旦出现异常波动，就要及时查找原因，使这种不稳定的趋势得到消除。表 5-9 是根据数理统计学原理确定的正常波动与异常波动的标志。

表 5-9 正常波动与异常波动的标志

正 常 波 动	异 常 波 动
①没有点子超出控制线	①有点子超出控制线
②大部分点子在中线上下波动,小部分在控制线附近	②点子密集在中线上下附近
③点子没有明显的规律性	③点子密集在控制线附近
	④连续 7 点以上出现在中线一侧
	⑤连续 11 点中有 10 点以上出现在中线一侧
	⑥连续 14 点中有 12 点以上出现在中线一侧
	⑦连续 17 点中有 14 点以上出现在中线一侧
	⑧连续 20 点中有 16 点以上出现在中线一侧
	⑨点子有上升或下降倾向
	⑩点子有周期性波动

三、 加工误差的综合分析实例

在实际生产中，加工误差的分析是一个综合性问题，其关键在于找出在具体条件下影响加工精度的主要误差。通常需要综合运用统计分析法和因素分析法，并按下列步骤进行分析：调查误差产生的情况，获取原始资料；对调查结果进行初步分析；采用统计分析和现场测试的方法，从定性、定量方面作出判断；采取相应措施，并验证实际效果。

下面以实例具体介绍分析误差的方法和步骤。例如，连杆小头孔（衬套孔）金刚镗后位置精度超差的分析及采取的措施。

某厂生产汽车连杆，小头孔轴线对大头孔轴线在垂直两孔轴线所在平面方向的平行度要求，100mm 长度内为 0.03mm；在两孔轴线所在平面方向的平行度，100mm 长度内为 0.06mm。这两项精度要求历来不能稳定地达到。因此，在工艺上放宽到垂直两孔轴线所在平面方向的平行度，100mm 长度内为 0.08mm；两孔轴线所在平面方向的平行度，100mm 长度内为 0.2mm。同时还允许人工校直。公差带放宽后，生产基本上能正常进行。但生产一段时间后，加工情况逐渐恶化，校直率猛增，甚至出现垂直两孔轴线所在平面方向平行度超差。为此，有时将铜套压出重新另压铜套进行加工，这成为当时生产中亟待解决的质量问题。

1. 调查

工件以大头孔和端面为精基准，用液压塑料心轴定位，如图 5-22(a)、(b) 所示，限制工件五个自由度，用可移式菱形销插入小头孔内限制工件的转动，以保证孔的位置精度。连杆小头孔用双轴金刚镗进行精镗，如图 5-22(c) 所示。为了提高工件刚度，在接近小头孔的杆身处加上两个辅助支承，如图 5-22(a) 所示。

经调查广泛了解情况之后，可将各方面的意见反映在一张因果图上，如图 5-23 所示，此图又称树枝图或鱼刺图。在分析探讨一个质量问题的产生原因时，离不开工艺系统和与加工有关的几个主要方面，如机床、夹具、刀具、工件（或毛坯）、操作、测量、作业环境等。

2. 初步分析

从图 5-23 中看出，所有可能的影响因素都提到了，图中画方框的可能是主要的影响因

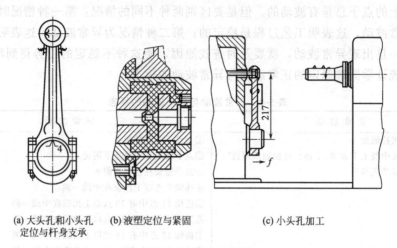

(a) 大头孔和小头孔　　(b) 液塑定位与紧固　　(c) 小头孔加工
　　定位与杆身支承

图 5-22　连杆加工图

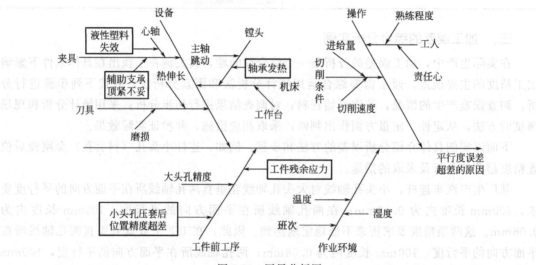

图 5-23　因果分析图

素。经过深入细致的分析，认为其中几项可能影响不大，如镗头的热变形，一般是使镗头轴线向上平移或倾斜，加工时工件是由工作台送进，这样只会引起大孔和小孔的中心距误差、小孔的圆度误差，不会影响其平行度；另外，小头孔压套后位置度超差所产生的误差复映程度估计不大，因为本工序是精镗孔，加工余量很小，其次精镗杆上装有两个刀头，其间距大于工件的厚度，因此当第二个对头切削时，其背吃刀量基本没有什么变化；加上切削速度高，背吃刀量和进给量小，切削力很小，因此误差复映的程度很小；关于辅助支承顶紧不妥，这个问题以前一直是这样使用，估计不会出现什么问题。前面预测的五项主要因素中，只剩下两项：液性塑料因老化而失效，影响定位精度；工件的残余应力引起的变形。为了明确上述的可靠性，对本工序进行深入分析。

3. 采用统计分析和现场测试的方法作出判断

为了保证上述分析的正确性，故有意识地采取下列各项措施。

① 对两个镗头分别投料 100 件，以便对比两个镗头和夹具的不同情况。

② 为了反映机床热变形的影响，在加工前先开空车让镗床运转 15min，然后再正式加

工。两镗头的各 100 件，要等间隔地穿插在半个班（4h）内加工。

按试加工零件所测数据画出直方图和点图，如图 5-24～图 5-26 所示。由图 5-24 可以看出，镗头发热对中心距有影响，热变形在开始切削加工大约 2h 以后才达到热平衡。由于 2 号镗头的轴承间隙调整得比较小，发热多，其误差比 1 号镗头大。这说明有占优势的热变形误差存在，直方图也不对称（尤其 2 号镗头严重些），但全部中心距合格，没有废品。

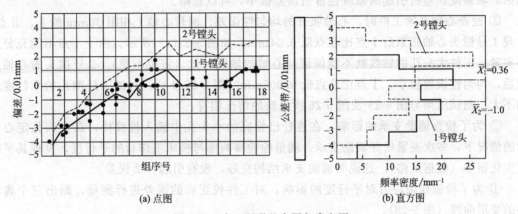

(a) 点图　　　　　　　　　　　　　　(b) 直方图

图 5-24　中心距误差点图与直方图

检验心棒长 85mm，图中数据按 85mm 进行了换算

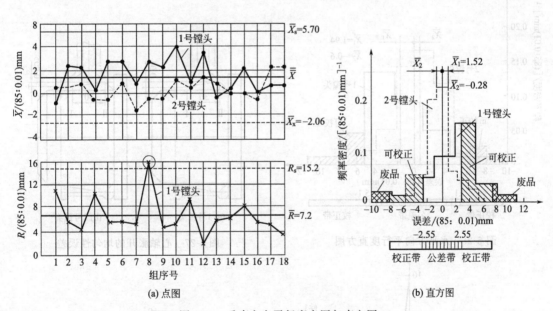

(a) 点图　　　　　　　　　　　　　　(b) 直方图

图 5-25　垂直方向平行度点图与直方图

图 5-25 所示是垂直两孔轴线所在平面方向平行度的 X-R 点图和直方图。看来 X 是稳定的，说明热变形对它没有影响（两孔轴线所在平面方向的平行度的误差与此相似，从略）。这与前面的分析是一致的。至于 1 号镗头的 R 点图中有一个点超出 R 线，只能说明其极差突然扩大（有随机性因素影响），不能说明是热变形的影响（2 号镗头 R 点图从略）。

图 5-26 所示为水平方向平行度直方图（点图与图 5-25 相似，从略）。从图 5-25 与图 5-26 的直方图看出，1 号镗头与 2 号镗头的分布情况及其废品率是不同的，图中斜线表示可

校正的不合格品，交叉线表示不可校正的废品，1号镗头无论是系统性误差还是随机性误差都比2号镗头大，2号镗头没有废品，校正品率也低得多。这些现象都说明问题出在1号镗头上，而且是出在1号镗头的夹具上。

测试时应注意以下几个方面。

① 检查液性塑料心轴母线对镗床工作台的平行度误差。所测误差很小（数据从略），说明因心轴装配误差所引起的系统性常值误差很小，可以忽略。

② 检查心轴夹紧工件时，心轴胀开的均匀性误差。测量心轴上相距30mm的 I 、II 点，发现1号镗头心轴胀紧后 I 点比 II 点低0.04mm，如图5-27(a) 所示。由于 I 点不能充分定心夹紧，工件大头孔的轴线就不能保证与心轴的轴线一致（定位不稳）。2号镗头的心轴胀紧后，均匀性误差较小，I 点比 II 点低0.005mm ［图5-27(b)］，对加工后两孔的平行度影响不大。测试结果与图5-25及图5-26所反映的情况相符。

③ 为了检查辅助支承的影响，在连杆已镗完的小头孔中插入检验棒，在大头孔定心夹紧的情况下，多次夹紧松开辅助支承，测量检验棒两端与机床工作台的平行度，发现其平行度变化很小（数据从略）。这说明辅助支承结构良好，没有引起什么误差。

④ 为了检验残余应力对平行度的影响，对工件校正后的误差进行测量，画出三个典型件的变形曲线（图5-28）。

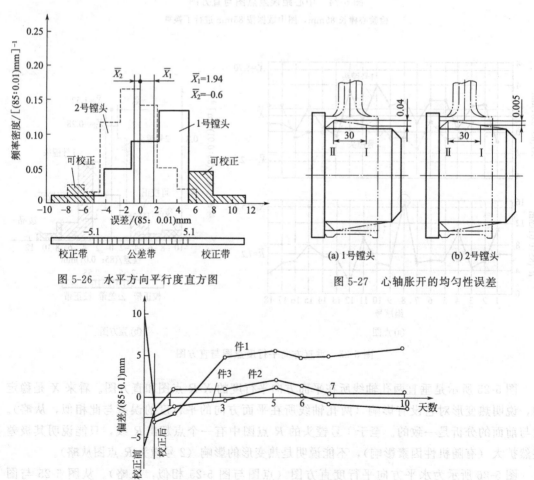

图 5-26 水平方向平行度直方图

图 5-27 心轴胀开的均匀性误差

图 5-28 残余应力引起的变形曲线

件 1 精镗后平行度为 $10\mu m$（在 85mm 长度上为 0.01mm），校正后为 $-3\mu m$（单位同前），存放后向反向变形。件 2 精镗后平行度为 $-6\mu m$，校正后为 $-1.2\mu m$，存放后仍按校正变形方向继续变形，但数值不大。件 3 未经校正，但与件 2 有相似的变形过程。

由此可见，残余应力对平行度的影响不大。因此进一步肯定，主要影响因素是 1 号镗头液性塑料心轴因老化失效引起的。

4. 验证

将 1 号镗头心轴更换后加工一批工件，其平行度误差的直方图如图 5-29 中实线所示，从图中看出加工精度显著提高，可校正件也大为减少。为了便于比较，仍将心轴更换前的直方图用虚线画在同一图上。

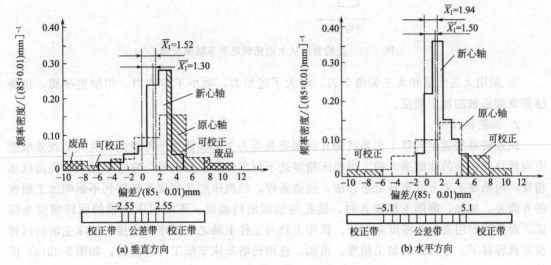

(a) 垂直方向　　　　　　(b) 水平方向

图 5-29　平行度误差直方图

四、提高加工精度的途径

1. 直接减少或消除误差法

这是在生产中应用较广的提高加工精度的一种基本方法，该方法是在查明产生加工误差的主要因素后，设法对其直接进行消除或减少。如细长轴是车削加工中较难加工的一种工件，普遍存在的问题是精度低、效率低。正向进给，一夹一顶装夹，高速切削细长轴时，由于其刚性特别差，在切削力、惯性力和切削热作用下易引起弯曲变形，如图 5-30 所示。为了减少加工误差，可采取以下措施。

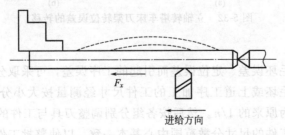

图 5-30　进给方向从尾架到主轴箱车削细长轴

① 采用中心架，可缩短支承点间距离的一半，提高工件刚度近八倍。

② 采用跟刀架，可进一步缩短切削力作用点与支承点的距离，工件刚度更大为提高。

③ 细长轴加工时还可以采用反向进给切削，一端用三爪卡盘夹持，另一端采用可伸缩的活顶尖装夹。此时工件受拉不受压，工件不会因偏心压缩而产生弯曲变形，尾部的可伸缩活顶尖使工件在热伸长下有伸缩的自由，避免了热弯曲，如图 5-31 所示。

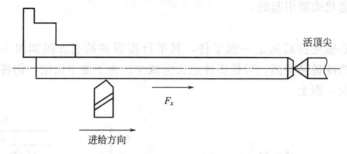

图 5-31 进给方向从主轴箱到尾架车削细长轴

④ 采用大进给量和大主偏角车刀，增大了进给力，减小了背向力，切削更平稳，也能够提高细长轴的加工精度。

2. 误差转移法

误差转移法就是转移工艺系统的几何误差及受力变形和热变形等误差，使其从误差敏感方向转移到误差的非敏感方向。当机床精度达不到零件加工要求时，常常不是一味提高机床精度，而是在工艺上或夹具上想办法，创造条件，使机床的几何误差转移到不影响加工精度的方面去。例如，磨削主轴锥孔时，锥孔与轴颈的同轴度，不靠机床主轴的回转精度来保证，而是靠专用夹具的精度来保证，机床主轴与工件主轴之间用浮动连接，机床主轴的回转误差就转移了，不再影响加工精度。再如，选用转塔车床车削工件外圆时，如图 5-32(a) 所示，转塔刀架的转位误差会引起刀具在误差敏感方向上的位移，将严重影响工件的加工精度。如果将转塔刀架的安装形式改为图 5-32(b) 所示情况，刀架转位误差所引起的刀具位移对工件加工精度的影响就小。

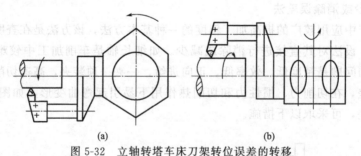

(a)   (b)

图 5-32 立轴转塔车床刀架转位误差的转移

3. 误差分组法

在加工中，对于毛坯误差、定位误差而引起的工序误差，可采取分组的方法来减少其影响。误差分组法是把毛坯或上道工序加工的工件尺寸经测量按大小分为 n 组，每组工件的尺寸误差范围就缩减为原来的 $1/n$。然后按各组分别调整刀具与工件的相对位置或选用合适的定位元件，使各组工件的尺寸分散范围中心基本一致，以使整批工件的尺寸分散范围大大缩小。该方法比起一味提高毛坯或定位基准的精度要经济得多。例如，某厂采用心轴装夹工件剃齿，由于配合间隙太大，剃齿后工件齿圈径向圆跳动超差。为了不用提高齿坯加工精度而减少配合间隙，采用误差分组法，将工件内孔尺寸按大小分成四组，分别与相应的四根心轴相配合，保证了剃齿的加工精度要求。

4. 就地加工法

在机械加工和装配中，有些精度问题牵涉到很多零部件的相互关系，如果单纯依靠提高零部件的精度来满足设计要求，有时不仅困难，甚至不可能达到。而采用就地加工法就可以解决这种难题。

例如，在转塔车床中，转塔上六个安装刀具的孔，其轴心线必须与机床主轴回转中心线重合，而六个端面又必须与回转中心垂直。实际生产中采用了就地加工法，转塔上的孔和端面经半精加工后装配到机床上，再在自身机床主轴上安装镗刀杆和径向小刀架对这些孔和端面进行精加工，便能方便地达到所需的精度，如图 5-33 所示。

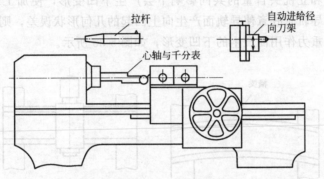

图 5-33 转塔车床转塔上六个孔和平面的加工与检验

图 5-34 所示的就地加工方法，在机床生产中应用很多。例如，为了使牛头刨床的工作台面对滑枕保持平行的位置关系，就在装配后的自身机床上进行"自刨自"的精加工。平面磨床的工作台面也是在装配后进行"自磨自"的精加工。在车床上，为了保证三爪卡盘卡爪的装夹面与主轴回转中心同心，也是在装配后对卡爪装夹面进行就地车削或磨削。加工精密丝杠时，为保证主轴前、后顶尖和跟刀架导套孔严格同轴，采用了自磨前顶尖孔，自磨跟刀架导套孔和刮研尾架垫板等措施来实现。

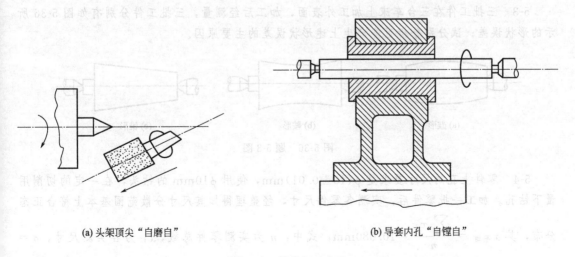

(a) 头架顶尖"自磨自"   (b) 导套内孔"自镗自"

图 5-34 就地加工方法

235

5. 误差平均法

误差平均法就是利用有密切联系的表面之间的相互比较和相互修正或者利用互为基准进行加工，以达到很高的加工精度。例如，对配合精度要求很高的轴和孔，常采用研磨的方法来加工。研具本身的精度并不高，分布在研具上的磨料粒度大小也可能不一样，但由于研磨时工件与研具间作复杂的相对运动，使工件上各点均有机会与研具的各点相互接触并受到均匀的微量切削。高低不平处逐渐接近，几何形状精度也逐步共同提高，并进一步使误差均化，因此就能获得精度高于研具原始精度的加工表面。

6. 误差补偿法

误差补偿法是人为地造出一种新的误差，去抵消或补偿原来工艺系统中存在的误差，尽量使两者大小相等、方向相反，从而达到减少加工误差、提高加工精度的目的。龙门铣床的横梁，在横梁自重和立铣头自重的共同影响下会产生下凹变形，使加工表面产生平面度误差。若在刮研横梁导轨时故意使导轨面产生向上凸起的几何形状误差，则在装配后就可补偿因横梁和立铣头的重力作用而产生的下凹变形，如图 5-35 所示。

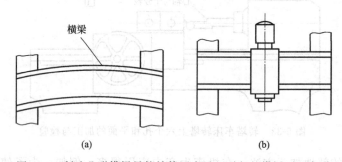

图 5-35　制造凸形横梁导轨补偿因自重而引起的横梁下凹变形

思考与练习

5-1　试分析在卧式车床上加工丝杠时，产生螺距（单头螺距）误差的因素。

5-2　在镗床上镗孔时（刀具作旋转运动，工件作进给运动），试分析镗出的孔产生椭圆形误差的原因。

5-3　三批工件在三台车床上加工外表面，加工后经测量，三批工件分别有如图 5-36 所示的形状误差；试分别分析可能产生上述形状误差的主要原因。

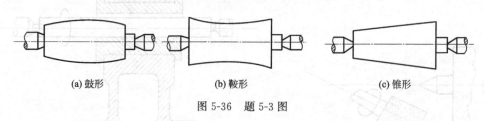

(a) 鼓形　　　　　　(b) 鞍形　　　　　　(c) 锥形

图 5-36　题 5-3 图

5-4　零件上孔的尺寸要求是 $\phi(10\pm0.01)\text{mm}$，使用 $\phi10\text{mm}$ 的钻头，在一定的切削用量下钻孔。加工一批零件后，实测各零件尺寸，经整理得知其尺寸分散范围基本上符合正态分布，其 $x_{平均}=\dfrac{\sum x_i}{n}=10.080\text{mm}$，式中，$n$ 为实测零件总数，x_i 为各实测尺寸，$\sigma=0.006\text{mm}$（方均根偏差）。

试问：① 使用这种加工方法，采用什么措施可减少其常值系统性误差？

② 在采取减少常值系统性误差的措施后，估算采用这种加工方法造成零件的废品率是多少？

③ 仍采用这种加工方法，如何防止不可修复废品产生？

④ 若想基本上不产生废品，应选用 σ 值等于多少的高精度加工方式？

5-5　夏季（室内无空调设备）在长 8m 的导轨磨床上磨车床床身的导轨面，如图 5-37 所示。采用碗形砂轮的端面磨削，不加切削液，定位夹紧情况如图 5-37 所示。磨后检测发现导轨面的直线度误差超差（呈中凹形），试分析可能是哪些因素造成的，并叙述如何来试验和确定其中主要因素。

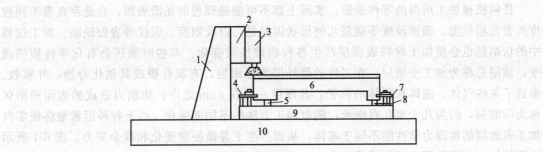

图 5-37　题 5-5 图

1—立柱；2—横梁；3—磨头；4,7—压板；5,8—垫铁；

6—导轨；9—机床工作台；10—机床床身

5-6　在内圆磨床上磨削内孔，出现了如图 5-38（a）、（b）所示两种情况，试分析其原因。

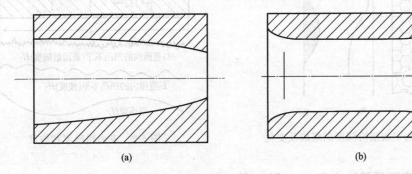

(a)　　　　　　　　　　　　(b)

图 5-38　题 5-6 图

第六章　机械加工表面质量

第一节　概　述

零件机械加工的质量除取决于加工精度外，还取决于表面层的质量。机械零件的破坏一般总是从表面层开始的。产品的工作性能的好坏，尤其是它的可靠性、耐久性，在很大程度上取决于其主要零件的表面质量。

任何机械加工所得的零件表面，实际上都不可能是理想的光滑表面，总是存在着不同程度的表面粗糙度、表面波度等微观几何形状误差是，以及划痕、裂纹等表面缺陷。加工过程中的切削热也会使加工材料表面层产生各种物理性质变化，有些时候还会有化学性质的改变，该层总称为加工变质层。在工件的最外层为吸附层，有氧化膜或其他化合物，并吸收、渗进了某些气体、液体和固体的粒子，其厚度一般在 8nm 之内；切削力造成的表面塑形区称为压缩层，约为几十至几百微米，随着加工方法的不同而变化。以上种种因素最终使零件加工表面层的物理力学性能不同于基体，从而产生了显微硬度变化和残余应力。图 6-1 所示为零件加工表层沿深度的组成及变化。

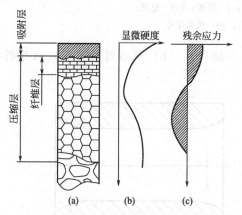

图 6-1　零件加工表层沿深度的组成及变化

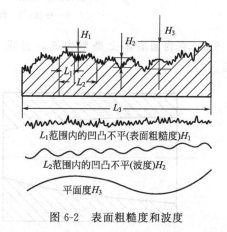

图 6-2　表面粗糙度和波度

一、　加工表面质量的内容

1. 表面层的几何形状特征

如图 6-2 所示，主要由以下两部分组成。

① 表面粗糙度　指已加工表面波距在 1mm 以下的微观几何形状误差，其大小以表面轮廓算术平均偏差、微观不平度十点高度或轮廓最大高度表示。

② 表面波度　指已加工表面波距为 1～10mm 的几何形状误差，介于宏观几何形状误差和表面粗糙度之间的周期性几何形状误差。它主要是由加工过程中工艺系统的低频振动所引起的。

2. 表面层物理力学性能的变化

主要有以下三个方面的内容。

① 加工表面层因塑性变形引起的加工硬化。

② 加工表面层因切削热引起的金相组织的变化。

③ 加工表面层因切削力或切削热的作用产生的残余应力。

二、机械加工表面质量对机械产品使用性能的影响

1. 表面质量对耐磨性的影响

零件的磨损，一般分为初期磨损、正常磨损和急剧磨损三个阶段。一般情况下，工件表面在初期磨损阶段磨损得很快。随着磨损的发展，实际接触面积逐渐增大，单位面积压力也逐渐降低，从而磨损将以较慢的速度进行，进入正常磨损阶段。此时如使用润滑油，就能起到很好的润滑作用。过了此阶段又将出现急剧的磨损，这是因为磨损不断发展，实际接触面积愈来愈大，产生了金属分子间的亲和力，使表面易于咬焊。此时即使有润滑油也会被挤出而产生急剧的磨损。

当摩擦副的材料和润滑条件确定的情况下，零件的表面质量无疑是决定零件的耐磨性的关键因素。摩擦副的两个接触表面总是存在着一定程度的粗糙不平，实际上当两个表面相接触时，并不是全部表面接触，而只是一些凸峰接触，一个表面的凸峰可能伸入另一表面的凹谷中，形成犬牙交错。由试验得知，两个车或铣加工后的表面实际接触面积为 $15\% \sim 20\%$；细磨过的两表面实际接触面积为 $30\% \sim 50\%$；超精加工后的两表面实际接触面积为 $90\% \sim 97\%$。

当零件受到正压力时，两表面的实际接触面积部分产生很大压强，两表面相对运动时，实际接触的凸峰处产生弹性变形、塑性变形、剪切等现象，产生较大的摩擦阻力，引起表面的磨损，从而在一定程度上使零件丧失原有精度。

实践表明，表面粗糙度对磨损的影响极大，适当的表面粗糙度可以有效地减轻零件的磨损，但表面粗糙度值过低，也会导致磨损加剧。因为表面特别光滑，存储润滑油的能力变得很差，金属分子的吸附力增大，难以获得良好的润滑条件，紧密接触的两表面便会发生分子粘合现象而咬合起来，金属表面发热而产生胶合，导致磨损加剧。因此，接触面的表面粗糙度有一个最佳值，通常最佳表面粗糙度 Ra 值约在 $0.32 \sim 1.25 \mu m$ 之间。如图 6-3 所示，表面粗糙度的最佳值与零件的工作情况有关，工作载荷加大时，初期磨损量增大，表面粗糙度最佳值也加大。

当然，对于完全液体润滑，表面粗糙度值越小越好。

表面加工纹理方向对摩擦也有很大影响，当表面纹理与相对运动方向相同时，摩擦阻力最大，当两者间呈一定角度或表面纹理方向无规则时，摩擦阻力相应减小。

零件加工表面层的冷作硬化减少了摩擦副接触表面的弹性变形和塑性变形，从而提高了耐磨性。但也不是冷作硬化程度越高耐磨性就越高，加工表面过度硬化会使金属表层组织脆硬，从而产生微观裂纹甚至剥落，使耐磨性下降。所以，对于任何一种金属材料也都有一个表面加工硬化程度的最佳值，低于或高于这个数值时磨损量都会增加。

此外，加工表面产生金相组织的变化，也会改变表面层的原有硬度，影响表面的耐磨性，例如，淬火钢工件在磨削时产生的回火软化，将降低其表面的硬度，而

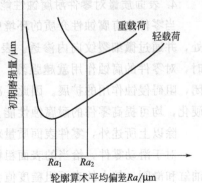

图 6-3　表面粗糙度与初期磨损量的关系

239

使耐磨性明显下降。

2. 表面质量对零件疲劳性能的影响

在交变载荷作用下，零件表面的微观不平、划痕和裂纹等缺陷会引起应力集中现象，零件表面的微观低凹处的应力容易超过材料的疲劳强度而出现疲劳裂纹，造成疲劳损坏。

试验表明，表面粗糙度值越高，其疲劳强度越低，并且，越是优质钢材，晶粒越细，组织越致密，表面粗糙度对疲劳强度的影响就越大。对于承受交变载荷的零件，减小表面粗糙度值，可使疲劳强度提高 $30\% \sim 40\%$。

表面加工的纹理方向对疲劳强度也有较大影响，当加工纹理的方向与受力方向垂直时，疲劳强度将明显下降。不同的材料对应力集中的敏感程度反应不同。一般来说，钢的极限强度越高，应力集中的敏感程度就越大。

表面层一定程度的冷作硬化能阻碍疲劳裂纹的产生和已有裂纹的扩散，提高零件的疲劳强度，但冷作硬化程度过高时，常产生大量显微裂纹而降低疲劳强度。

表面层的残余应力对疲劳强度也有很大影响。若表面层的残余应力为压应力，则可部分抵消交变载荷引起的拉应力，延缓疲劳裂纹的产生和扩展，从而提高零件的疲劳强度；若表面层的残余应力为拉应力，则易使零件在交变载荷作用下产生裂纹而降低零件的疲劳强度。试验表明，零件表面层的残余应力不相同时，其疲劳强度可能相差数倍至数十倍。

3. 表面质量对零件配合性质的影响

对于间隙配合的表面，如果粗糙度值过大，相对运动时摩擦磨损就大，经初期磨损后配合间隙就会增大很多，从而改变了应有的配合性质，甚至机器出现漏气、漏油或晃动而不能正常工作。

对于相互配合零件，无论是间隙配合、过渡配合还是过盈配合，如果配合表面的粗糙度值过大，必然会影响它们的实际配合性质。

对于过盈配合的表面，在将轴压入孔时，配合表面的部分凸峰会被挤平，使实际过盈量减小，若表面粗糙度值过大，即使设计时对过盈量进行一定补偿，并按此加工，取得有效过盈量，但其配合的强度与具有同样有效过盈量的低粗糙度配合表面的过盈配合相比，仍要低得多。

因此，有配合要求的表面一般都要求有适当小的表面粗糙度，配合精度越高，要求配合表面的粗糙度越小。

4. 表面质量对零件耐腐蚀性能的影响

当零件在有腐蚀性介质的环境中工作时，腐蚀性介质容易吸附和聚集在粗糙表面的凹谷处，并通过微细裂纹向内渗透。表面粗糙度值越高，凹谷越深、越尖锐，尤其是当有裂纹时，对零件的腐蚀作用就越强烈。当表面层存在残余压应力时，有助于表面微细裂纹的封闭，阻碍侵蚀作用的扩展。因此，减小零件表面粗糙度，使表面具有适当的残余应力和加工硬化，均可提高零件的耐腐蚀性能。

除以上所述外，零件表面质量对零件的使用性能还有其他方面的影响。

对于滑动零件，恰当的表面粗糙度能提高运动灵活性，减少发热和功率损失；对于液压油缸和滑阀，较大的表面粗糙度值会影响其密封性；残余应力可使加工好的零件因内应力重新分布而在使用过程中逐渐变形，从而影响尺寸和形状精度；对于两个相互接触的表面，表面质量对接触刚度也有影响，表面粗糙度值越大，接触刚度就越小。

第二节　影响表面质量的因素

一、 影响表面粗糙度的因素

1. 切削加工影响表面粗糙度的因素

机械加工中，产生表面粗糙度的主要原因可归纳为两方面：一是刀刃和工件相对运动轨迹所形成的表面粗糙度——几何因素；二是和被加工材料性质及切削机理有关的因素——物理因素。不同的加工方法，因切削机理不同，产生的表面粗糙度也不同，一般磨削加工表面的表面粗糙度值小于切削加工表面粗糙度值。

(1) 产生表面粗糙度的几何因素　是切削残留面积和刀刃刃磨质量。在理想切削条件下，由于切削刃的形状和进给量的影响，在加工表面上遗留下来的切削层残留面积就形成了理论表面粗糙度，如图 6-4 所示。

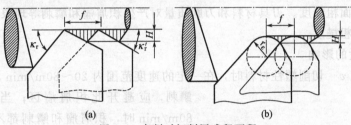

图 6-4　车削时切削层残留面积

对于车削而言，如果背吃刀量较大，主要是以刀刃的直线部分形成表面粗糙度，此时可不考虑刀尖圆弧半径 r_ε 的影响，由图 6-4(a) 中的几何关系可求得：

$$H = \frac{f}{\cot\kappa_r + \cot\kappa_r'} \tag{6-1}$$

如果背吃刀量较小，工件表面粗糙度则主要由刀刃的圆弧部分形成，由图 6-4(b) 的几何关系可求得：

$$H = r_\varepsilon(1 - \cos\alpha) = 2r_\varepsilon \sin^2 \frac{\alpha}{2} \approx \frac{f^2}{8r_\varepsilon} \tag{6-2}$$

式中　H——残留面积高度，mm；

$\quad f$——进给量，mm/r；

$\quad \kappa_r$——主偏角，(°)；

$\quad \kappa_r'$——副偏角，(°)；

$\quad r_\varepsilon$——刀尖圆弧半径，mm。

由上述公式可知，减小 f、κ_r、κ_r' 及加大 r_ε，可减小残留面积的高度。

(2) 产生表面粗糙度的物理因素　是切削过程中的塑性变形、摩擦、积屑瘤、鳞刺以及工艺系统中的高频振动等，如图 6-5 所示。在切削过程中，刀具刃口圆角及后刀面对工件的挤压与摩擦，使工件已加工表面发生弹性、塑性变形，促使表面粗糙度增大。

为了降低因物理因素引起的粗糙度过大主要应采取措施减少加工时的塑性变形，避免产生积屑瘤和鳞刺，故应采用如下合理的工艺参数。

① 工件材料性能的影响　通常，冲击韧度较大的塑性材料加工后的表面粗糙度较大，

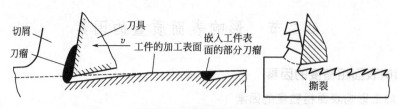

图 6-5　积屑瘤和鳞刺对表面粗糙度的影响

而脆性材料的加工表面粗糙度比较接近理论表面粗糙度值。对于同样的材料，晶粒组织愈粗大，加工后的表面粗糙度也愈大。因此，为了减小加工后的表面粗糙度值，常在切削加工前进行调质或正火处理，以得到均匀细密的晶粒组织和较高的硬度，改善切削性能。

②　刀具切削角度、材料和刃磨质量的影响　刀具前角 γ_o 对切削过程的塑性变形影响很大。γ_o 增大则塑性变形减小，表面粗糙度也能减小。γ_o 为负值时，塑性变形增大，表面粗糙度也将增大。过小的后角 α_o 将增大摩擦，刃倾角 λ_o 又将改变刀具的实际前角，故都会影响加工表面的表面粗糙度。刀具材料和刀磨质量对产生积屑瘤和鳞刺等现象影响很大，故也将影响加工表面粗糙度。

③　切削用量的影响

a. 切削速度 v　切削塑性材料时，在一定的速度范围内 $20\sim80\mathrm{m/min}$ 易产生积屑瘤和鳞刺，应避开此积屑瘤区；当切削速度超过 $80\mathrm{m/min}$ 时，积屑瘤和鳞刺都不易产生，因此工件表面粗糙度值较小。加工硬脆材料时，切削速度对表面粗糙度影响甚微，因为在此种情况下不产生积屑瘤。图 6-6 所示为加工塑性材料时切削速度对表面粗糙度的影响。

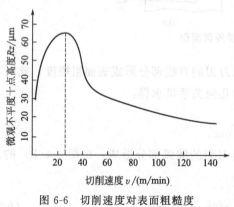

图 6-6　切削速度对表面粗糙度
的影响（加工塑性材料）

b. 进给量 f　从几何因素看，减小进给量 f 可减小粗糙度值，并且还可减小切削时的塑性变形，但有时 f 过小会增加刀具与工件表面的挤压次数，使塑性变形增大，反而加大表面粗糙度值。

c. 背吃刀量 a_p　一般来说，a_p 对表面粗糙度影响不大，但在精密加工中却对表面粗糙度有影响。过小的 a_p 将使切削刃圆弧对加工表面产生强烈的挤压和摩擦，引起附加的塑性变形，增大了表面粗糙度值。这种情况在韧性大的工件材料加工中更为严重。

此外，合理选择切削液，提高冷却润滑效果，常能抑制积屑瘤、鳞刺的生成。减小切削时的塑性变形，有利于减小表面粗糙度值。

2. 磨削加工中影响表面粗糙度的因素

磨削加工与切削加工有许多不同之处。如图 6-7 所示，磨削加工表面是由分布在砂轮表面上的磨粒与被磨工件作相对运动产生的刻痕所形成的表面。若单位面积上的刻痕越多（即通过单位面积的磨粒越多），且刻痕细密均匀，则表面粗糙度值就越小。实际上磨削过程不仅有几何因素，而且还有塑性变形等物理因素的影响。

影响磨削表面粗糙度的工艺因素如下。

（1）磨削用量　包括砂轮速度、工件速度、进给量和磨削深度等。

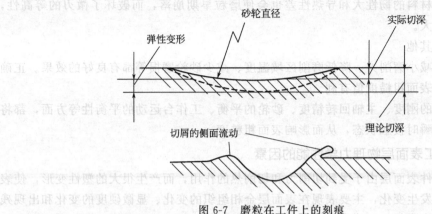

图 6-7　磨粒在工件上的刻痕

① 砂轮速度　提高砂轮速度不仅能提高生产率，而且可以增加刻痕数，同时因速度高，表面塑性变形来不及传播，使犁沟两侧的隆起减小，故减小了表面粗糙度值。

② 工件速度和纵向进给量　工件速度低，则砂轮上每一磨粒刃口的平均切削厚度小，塑性变形小；纵向进给小，则工件表面上同一点的磨削次数多，这都有利于减小表面粗糙度值。

③ 磨削深度和光磨次数　磨削深度小，工件塑性变形就小，因而表面粗糙度值也小。通常在磨削过程中开始采用较大磨削深度以提高生产率，而后采用小磨削深度或无进给磨削（光磨）以减小粗糙度值。光磨次数越多，则实际磨削深度越来越小，可以获得极小的表面粗糙度值。

（2）砂轮

① 砂轮的粒度　砂轮粒度越细，单位面积上的磨粒就越多，磨削的刻痕就越密、越细，加工表面粗糙度值就越小。但磨粒过细容易堵塞砂轮，使砂粒失去切削能力，增加了摩擦热，反而造成工件表面塑性变形增大，增大了表面粗糙度值。粗粒度砂轮如果经过精细修整，使磨粒得到等高性很好的微刃，也能加工出表面粗糙度值很小的工件。

② 砂轮的硬度　砂轮太软，磨削时磨粒易脱落，加工表面粗糙度值大；砂轮太硬，磨钝的磨粒不易脱落，加剧摩擦和挤压，塑性变形加大，也增大表面粗糙度值。因此，应选择硬度合适的砂轮，保证具有良好的自锐性，这样既能磨出表面粗糙度值很小的工件表面，又能防止烧伤工件。

③ 砂轮的组织　组织紧密的砂轮用于成形磨削和精密磨削，可获得高精度和小的表面粗糙度值；组织疏松的砂轮不易堵塞，适用于磨削韧性大而硬度不高的材料或热敏性材料（如磁钢、不锈钢等）。一般用途的砂轮为中等组织。

④ 砂轮的修整　修整的目的是使砂轮具有正确的几何形状和锐利的微刃。修整质量对磨削表面粗糙度影响甚大，它与所用的修整工具、修整砂轮的纵向进给量密切相关。

修整工具金刚石笔越锋利，修整的纵向进给量和深度越小，在磨粒上修出的微刃就越多，刃口的等高性也越好，砂轮磨出的工件表面就越光滑。

（3）工件材料

工件材料的硬度、塑性、韧性和导热性能等对表面粗糙度有显著影响。工件材料太硬时，磨粒易钝化，钝化的磨粒不能及时脱落，工件表面受到强烈的摩擦和挤压作用，塑性变形加剧，使表面粗糙度值增大；工件材料太软时，砂粒脱落过快，砂轮易堵塞，表面粗糙度值也会增大；工件材料的韧性大和导热性差也会使磨粒早期崩落，而破坏了微刃的等高性，使表面粗糙度值增大。

（4）切削液和其他

磨削切削液对减小磨削力、降低磨削区域温度、减少砂轮磨损等都有良好的效果。正确选用切削液对减小表面粗糙度值有利。

磨削工艺系统的刚度、主轴回转精度、砂轮的平衡、工作台运动的平衡性等方面，都将影响砂轮与工件的瞬时接触状态，从而影响表面粗糙度。

二、 影响加工表面层物理力学性能的因素

机械加工中工件表面层由于受到切削力和切削热的作用，而产生很大的塑性变形，使表面的物理力学性能发生变化，主要表现在表面层金相组织的变化、显微硬度的变化和出现残余应力。其中，因为磨削加工时产生的塑性变形和切削热比切削加工时更严重，所以磨削加工后加工表面的上述三项物理力学性能的变化比切削加工更大。

1. 表面层的加工硬化

切削过程中，工件表面层由于受力的作用而产生塑性变形，使晶格严重扭曲、拉长、纤维化及破碎，使已加工表面层的硬度高于基体材料的硬度，即加工硬化，又称冷作硬化。

加工硬化的程度取决于产生塑性变形的力、变形速度以及变形时的切削温度。被硬化的金属处于高能位的不稳定状态，只要一有可能，金属的不稳定状态就要向比较稳定的状态转化，这种现象称为弱化。弱化作用的大小取决于温度的高低、温度持续时间的长短和强化程度的大小。机械加工时表面层的冷作硬化，就是强化作用和弱化作用的综合结果。

评定冷作硬化的指标有三项，即表层金属的显微硬度 H 、硬化层深度 h 和硬化程度 N ，$N=[(H-H_0)/H_0]\times100\%$ ，式中 H_0 为工件内部金属的显微硬度，如图 6-8 所示。

影响冷作硬化的主要因素如下。

（1）刀具的影响 切削刃钝圆半径增大，对表层金属的挤压作用增强，塑性变形加剧，导致冷作硬化增强；刀具后刀面磨损增大，与被加工工件的摩擦加剧，塑性变形增大，导致冷作硬化增强。

（2）切削用量的影响 切削速度和进给量对冷作硬化影响较大，如图 6-9 所示。随着切削速度的提高，刀具与工件的接触时间减少，塑性变形不充分，故强化作用小，同时因切削速度的提高使切削温度增加，弱化作用就大，故表面冷硬程度也随之减少；增加进给量 f ，切削力增大，使塑性变形加大，因而冷硬程度也随之增加。但 f 太小时，由于刀具刃口圆角对工件的挤压次数增多，硬化程度反而增大。

（3）加工材料的影响 工件材料的塑性越大，加工表面层的冷作硬化越严重。碳钢中含碳量越大，强度越高，塑性越小，冷作硬化程度越小。有色金属的熔点低，容易弱化，冷作硬化现象就比碳钢轻得多。

2. 表面层的金相组织变化

机械加工过程中，在加工区由于加工时所消耗的能量大部分转化为热能而使加工表面温度升高，当温度升高到金相组织变化的临界点时，就会产生金相组织的变化。切削加工时，切削热大部分被切屑带走，因此影响较小，多数情况下，表层金属的金相组织没有质的变化。但磨削加工时，磨削速度高，切除金属所消耗的功率远大于切削加工，磨削加工所消耗的能量大部分要转化为热能，传给被磨工件表面，使工件温度升高，引起加工表面金属金相组织的显著变化。

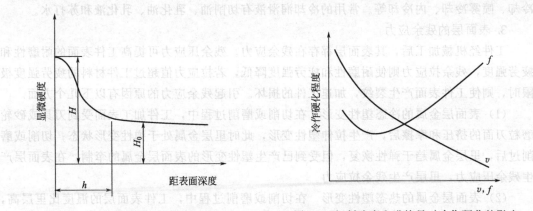

图 6-8　表面层的冷作硬化指标　　　　　图 6-9　切削速度和进给量对冷作硬化的影响

当被磨工件表面层温度达到相变温度以上时，表层金属发生金相组织的变化，使表层金属强度、硬度降低，并伴随着产生残余应力，甚至出现微观裂纹，这种现象称为磨削烧伤。如图 6-10、图 6-11 所示砂轮磨削区温度与磨粒磨削点温度及工件表面层温度分布，磨削热是造成磨削烧伤的根源。改善磨削烧伤有两个途径：一是尽可能地减少磨削热的产生；二是改善冷却条件，尽量使产生的热量少传入工件。

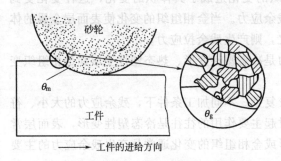

图 6-10　砂轮磨削区温度与磨粒磨削点温度

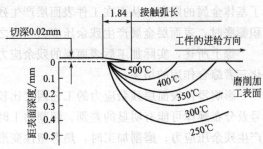

图 6-11　工件表面层温度分布

（1）磨削用量　当磨削深度增大时，工件表面一定深度的金属层的温度将显著增加，容易造成烧伤或使烧伤加剧，故磨削深度不能太大。

当工件速度增大时，工件磨削区表面温度将升高，但此时热源作用时间减少，因而可减轻烧伤，但提高工件速度会导致表面粗糙度值增大，此时，可提高砂轮转速。实践证明，同时提高工件速度和砂轮转速可减轻工件表面烧伤。

当工件纵向进给量增加时，工件表层和表层以下各深度层温度均下降，可减轻烧伤，但进给量增大，会导致表面粗糙度值增大，因而可采用较宽的砂轮来弥补。

（2）砂轮参数　砂轮磨料的种类、砂轮的粒度、黏合剂种类、硬度以及组织等均对烧伤有影响。硬度高而锋利的磨料，如立方氮化硼、人造金刚石等，不易产生烧伤；磨粒太细易堵塞砂轮产生烧伤；硬度高的砂轮，磨钝的磨粒不易脱落下来，易产生烧伤，采用较软的砂轮可避免烧伤。

（3）冷却方法　采用适当的冷却润滑方法，可有效避免或减小烧伤，降低表面粗糙度值。由于砂轮的高速回转，表面产生强大的气流，使冷却润滑液很难进入磨削区。如何将冷却润滑液送到磨削区内，是提高其磨削冷却润滑能力的关键。常用的冷却方法有高压大流量冷却、喷雾冷却、内冷却等。常用的冷却润滑液有切削油、乳化油、乳化液和苏打水。

3. 表面层的残余应力

工件经机械加工后，其表面层都存在残余应力。残余压应力可提高工件表面的耐磨性和疲劳强度，残余拉应力则使耐磨性和疲劳强度降低，若拉应力值超过工件材料的疲劳强度极限时，则使工件表面产生裂纹，加速工件的损坏。引起残余应力的原因有以下几个方面。

(1) 表面层金属的冷态塑性变形　在切削或磨削过程中，工件加工表面受到刀具或砂轮磨粒刀面的挤压和摩擦后，产生拉伸塑性变形，此时里层金属处于弹性变形状态；切削或磨削过后，里层金属趋于弹性恢复，但受到已产生塑性变形的表面层金属的牵制，在表面层产生残余压应力，里层产生残余拉应力。

(2) 表面层金属的热态塑性变形　在切削或磨削过程中，工件表面层的温度比里层高，表面层的热膨胀大，但受到里层金属的阻碍，使表面层金属产生塑性变形。加工后零件冷却至室温时，表面层金属的收缩又受到里层金属的牵制，因而使表面层产生残余拉应力，里层产生残余压应力。

(3) 表面层金属金相组织的变化　在切削或磨削过程中，若工件表面层金属温度高于材料的相变温度，将引起金相组织的变化。由于不同的金相组织具有不同的密度，如马氏体密度 $\rho_马 = 7.75 \text{g/cm}^3$，奥氏体密度 $\rho_奥 = 7.96 \text{g/cm}^3$，珠光体密度 $\rho_珠 = 7.78 \text{g/cm}^3$，铁素体密度 $\rho_铁 = 7.88 \text{g/cm}^3$，因此表面层金属金相组织的变化造成了其体积的变化，这种变化受到了基体金属的限制，从而在工件表面层产生残余应力。当金相组织的变化使表面层金属的体积膨胀时，表面层金属产生残余压应力，反之，则产生残余拉应力。

综上所述，实际加工后表面层的残余应力是冷态塑性变形、热态塑性变形和金相组织变化三者综合作用的结果。

影响零件表面层残余应力的工艺因素比较复杂。不同加工条件下，残余应力的大小、符号及分布规律可能有明显的差别。切削加工时起主要作用的往往是冷态塑性变形，表面层常产生残余压应力；磨削加工时，热态塑性变形或金相组织的变化通常是产生残余应力的主要因素，表层常存有残余拉应力。

各种加工方法在加工表面残留的残余应力情况参见表 6-1。

表 6-1　各种加工方法在加工表面上残留的残余应力

加工方法	残余应力符号	残余应力值 σ/MPa	残余应力层深度 h/mm
车削	一般情况下，表面受拉，里层受压；$v \geqslant 500\text{m/min}$ 时，表面受压，里层受拉	$200 \sim 800$，刀具磨损后达 1000	一般情况下，$0.05 \sim 0.10$；当用大负前角$(\gamma = -30°)$车刀，v 很大时，h 可达 0.65
磨削	一般情况下，表面受压，里层受拉	$200 \sim 1000$	$0.05 \sim 0.30$
铣削	同车削	$600 \sim 1500$	
碳钢淬硬	表面受压，里层受拉	$400 \sim 750$	
钢珠滚压钢件	表面受压，里层受拉	$700 \sim 800$	
喷丸强化钢件	表面受压，里层受拉	$1000 \sim 1200$	
渗碳淬火	表面受压，里层受拉	$1000 \sim 1100$	
镀铬	表面受压，里层受拉	400	
镀铜	表面受压，里层受拉	200	

总体来讲，凡能减小塑性变形和降低切削或磨削温度的因素都可使零件表层残余应力减小。零件主要工作表面留下的残余应力将直接影响机器的使用性能，因此零件主要工作表面的最终加工工序的选择是至关重要的。选择零件主要工作表面最终工序的加工方法，必须考虑零件主要工作表面的具体工作条件和可能的破坏形式。在交变载荷的作用下，机器零件表面上的局部微观裂纹，会因拉应力的作用使原生裂纹扩大，最后导致零件断裂。从提高零件抵抗疲劳破坏的角度考虑，该表面最终工序应选择能在该表面产生残余压应力的加工方法。

三、 影响表面波度的因素

表面波度是间距大于表面粗糙度但小于表面几何形状误差的表面几何不平度，属于微观和宏观之间的几何误差。它直接影响零件表面的力学性能，如零件的接触刚度、疲劳强度、结合强度、耐磨性、抗振性和密封性等。

机械振动是引发表面波度的关键因素。例如，在磨削加工过程中主要由于机床-工件-砂轮系统的振动而在零件表面上形成的具有一定周期性的高低起伏。机械加工中的振动会使刀具与工件产生相对位移，严重破坏工件与刀具之间的正常运动轨迹。不仅恶化了加工的表面质量，缩短了机床与刀具的使用寿命，严重时更使加工无法进行。根据其产生的原因可分为自由振动、强迫振动和自激振动三大类。在机械加工中应根据其特点尽量避免或减少相应的机械振动。

第三节　提高加工表面质量的途径

在加工过程中影响表面质量的因素非常复杂，为了获得要求的表面质量就必须对加工方法和工艺参数进行适当的控制，前面已经讲过工艺参数的影响，在此将重点介绍两大类提高表面质量的加工方法：一种为以提高表面粗糙度为主要目的的精密加工与光整加工；另一种为以提高表面物理质量为目的的表面强化工艺。

一、 精密加工与光整加工

采用精密加工和光整加工，能获得 IT5～IT7 级的经济加工精度，表面粗糙度小于 Ra 1.25μm，并能同时获得较高的表面质量。

1. 精密加工

精密加工需具备一定的条件。它要求机床运动精度高、刚度好，有精确的微量进给装置；工作台有很好的低速稳定性；能有效消除各种振动对工艺系统的干扰；同时还要求稳定的环境温度等。常见的精密加工方法如下。

(1) 精密车削　切削速度 v 在 160m/min 以上，背吃刀量 $a_p = 0.02\sim0.2$mm，进给量 $f = 0.03\sim0.05$mm/r。由于切削速度高，切削层截面小，故切削力和热变形的影响很小。加工精度可达 IT5～IT6 级；表面粗糙度值为 $Ra0.8\sim0.2\mu m$。

精密车削要求机床主轴回转精度很高，还要有较高的动刚度。刀具一般采用细颗粒硬质合金材料，切削部分的表面粗糙度值要高于对工件的要求。当加工精度要求更高时，若为有色金属材料则可采用金刚石刀具，若为黑色金属则可采用 CBN 刀具或陶瓷刀具。

(2) 高速精镗（金刚镗）　广泛用于不适宜用内圆磨削加工的各种结构零件的精密孔，如活塞销孔、连杆孔和箱体孔等。切削速度 $v = 150\sim500$m/min。为保证加工质量，一般分为粗镗和精镗两步进行：粗镗 $a_p = 0.12 \sim 0.3$mm，$f = 0.04 \sim 0.12$mm/r；精镗 $a_p = 0.075$mm，$f = 0.02 \sim 0.08$mm/r。高速精镗的切削力小，切削温度低，加工表面质量好，加工精度可达到 IT6～IT7，表面粗糙度为 $Ra0.80 \sim 0.1\mu$m。高速精镗要求机床精度高、刚性好、传动平稳、能实现微量进给，一般采用硬质合金刀具且主偏角较大（43°～90°），刀尖圆弧半径较小，故径向切削力小，有利于减小变形和振动。当要求表面粗糙度小于 $Ra0.08\mu$m 时，需使用金刚石刀具。金刚石刀具主要适用于铜、铝等有色金属及其合金的精密加工。

（3）宽刃精刨　刃宽为 60～200mm，适用于在龙门刨床上加工铸铁和钢件。切削速度低（$v = 5 \sim 10$m/min），背吃刀量小（$a_p = 0.005 \sim 0.1$mm），如刃宽大于工件加工面宽度时，无需横向进给。加工直线度可达 1000：0.005，平面度不大于 1000：0.02，表面粗糙度在 $Ra0.8\mu$m 以下。

宽刃精刨要求机床有足够的刚度和很高的运动精度，刀具材料常用 G8、VT5 或 W18Cr4V。加工铸铁时前角 $\gamma_o = -10° \sim -15°$，加工钢件时 $\gamma_o = 25° \sim 30°$，为使刀具平稳切入，一般采用斜角切削。加工中最好能在刀具的前刀面和后刀面同时浇注切削液。

（4）高精度磨削　可使加工表面获得很高的尺寸精度、位置精度和几何形状精度以及较小的表面粗糙度值。通常，表面粗糙度为 $Ra0.1 \sim 0.05\mu$m 时称为精密磨削，为 $Ra0.025 \sim 0.012\mu$m 时称为超精密磨削，小于 $Ra0.008\mu$m 时称为镜面磨削。

2. 光整加工

光整加工是用粒度很细的磨料（自由磨粒或烧结成的磨条）对工件表面进行微量切削、挤压和刮擦的一种加工方法。其目的主要是减小表面粗糙度值并切除表面变质层。加工特点是余量极小，磨具与工件定位基准间的相对位置不固定，不能修正表面的位置误差，其位置精度只能靠前道工序来保证。

光整加工中，磨具与工件之间压力很小，切削轨迹复杂，相互修整均化了误差，从而获得小的表面粗糙度值和高于磨具原始精度的加工精度，但切削效率很低。

下面介绍几种光整加工方法。

（1）研磨　是出现最早、最为常用的一种光整加工方法。

① 研磨原理　在研具与工件加工表面之间加入研磨剂，在一定压力下两表面作复杂的相对运动，使磨粒在工件表面上滚动或滑动，起切削、刮擦和挤压作用，从加工表面上切下极薄的金属层（图 6-12、图 6-13）。

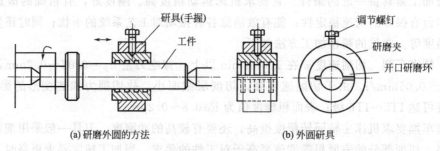

(a) 研磨外圆的方法　　　　　　　(b) 外圆研具

图 6-12　研磨外圆

② 研磨方法　按研磨方式可分为手工研磨和机械研磨两种。

手工研磨外圆时，工件装在卡盘或顶尖上作低速转动，将内径比工件大 0.02～0.04mm

的研具套在工件上，研具工作长度为加工面的 25%～50%，调整螺钉使研具与工件表面均匀接触，然后手推研具沿轴向往复运动。粗研研具内表面上开有沟槽以存储研磨剂和排屑，精研研具内表面是光滑的。

图 6-14 所示为研磨机示意图。研磨工具由两块铸铁研磨盘 1、4 组成，下研磨盘 4 与机床主轴刚性连接，上研磨盘 1 浮动连接，以便按下盘调位，从而获得所要求的研磨压力。工件 2 置于研磨盘 1、4 之间，用隔板将工件隔开，隔板中心与研磨盘主轴轴线有一偏心距，工件安装在隔板沟槽内，槽的方向与圆盘半径成 5°～15°。两研磨盘反向旋转，工件除在两研磨盘间运动外，还沿槽滑动，从而获得复杂的运动轨迹，产生了均匀的研磨作用。

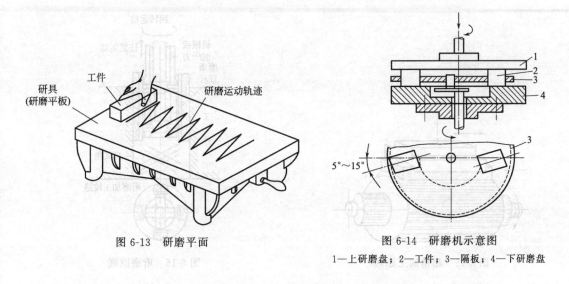

图 6-13　研磨平面

图 6-14　研磨机示意图
1—上研磨盘；2—工件；3—隔板；4—下研磨盘

研磨还可分为无嵌砂研磨和嵌砂研磨，嵌砂研磨又分为自由嵌砂和强制嵌砂。

③ 研磨参数　手工研磨时，研磨压力主要由操作者凭感觉确定；机械研磨时，粗研为 100～300kPa，精研为 10～100kPa。磨料粒度粗研为 W28～W40，精研为 W5～W28。粗研速度为 40～50m/min，精研速度为 6～12m/min。手工研磨时，研磨余量不大于 10μm；机械研磨小于 15μm。

④ 研磨特点　因在低速低压下进行，故工件表面的形状精度和尺寸精度高（IT6 以上）；表面粗糙度小于 $Ra0.16\mu m$，且具有残余压应力及轻微的加工硬化；手工研磨工作量大，生产率低；对机床设备的精度条件要求不高；金属材料和非金属材料都可加工，如半导体、陶瓷、光学玻璃等。

（2）超精加工

① 工作原理　图 6-15 所示为超精加工原理，研具为细粒度磨条，对工件施加很小的压力，并沿工件轴向振动和低速进给，工件同时作慢速旋转，采用油作切削液。

② 加工过程　大致可分为如下几个阶段：强烈切削阶段，开始加工时工件表面粗糙，与磨条接触面小，实际比压大，磨削作用大；正常切削阶段，表面逐渐磨平，接触面积增大，比压逐渐减小，但仍有磨削作用；微弱切削阶段，磨粒变钝，切削作用微弱，切下来的细屑逐渐堵塞油石气孔；停止切削阶段，工件表面很光滑，接触面积大为增加，比压变小，磨粒已不能穿破油膜，故切削作用停止。

③ 加工特点　磨粒运动轨迹复杂，研磨至最后呈挤压和抛光作用，表面粗糙度可达

$Ra0.01\sim0.08\mu m$，加工余量小，只有 $0.008\sim0.010mm$，切削力小，切削温度低，表面硬化程度低，不会烧伤工件，不产生残余拉应力。

（3）珩磨　是低速大面积接触的磨削加工，与磨削原理基本相同，所用磨具是由几根粒度很细的油石所组成的珩磨头。

① 珩磨原理　图 6-16 所示为内孔珩磨，油石被胀开机构沿切向胀开，紧压在工件上，珩磨头同时作回转运动和直线往复运动，以实现对孔进行低速磨削、挤压和抛光。油石在工件表面上刻划的轨迹为不重合的交叉网纹，有利于获得小表面粗糙度值的加工表面和存储润滑油。

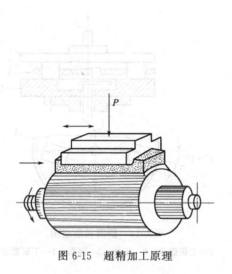

图 6-15　超精加工原理

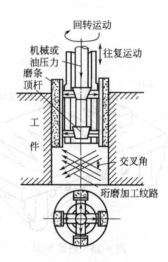

图 6-16　珩磨原理

② 珩磨参数　珩磨直线往复速度 v_f 一般不大于 20m/min，加工淬火钢时 $v_f=8\sim10m/min$，加工未淬火钢时 $v_f=12m/min$，加工铸铁和青铜时 $v_f=12\sim18m/min$。油石的扩张进给压力在粗珩时为 $0.5\sim2MPa$，精珩时为 $0.2\sim0.8MPa$；珩磨头圆周速度 $v=(2\sim3)v_f$，材料硬取高值。

③ 加工特点　尺寸精度可达 IT6～IT7，表面粗糙度可达 $Ra0.20\sim0.025\mu m$，表面层的变质层极薄；珩磨头与机床主轴浮动连接，故不能纠正位置误差；生产率比研磨高；加工余量小，加工铸铁为 $0.02\sim0.05mm$，加工钢为 $0.005\sim0.08mm$；适于大批大量生产中精密孔的终加工，不适宜加工较大韧性的有色金属及合金以及断续表面如带槽的孔等。

二、表面强化工艺

采用表面强化工艺能改善工件表面的硬度、组织和残余应力状况，提高零件的物理力学性能，从而获得良好的表面质量。表面强化工艺包括化学热处理、电镀和机械表面强化。机械表面强化是指在常温下通过冷压加工方法，使表面层产生冷塑变形，增大表面硬度，在表面层形成残余压应力，提高它的抗疲劳性能，同时将微观不平的顶峰压平，减小表面粗糙度值，使加工精度有所提高。图 6-17 所示为常用的冷压强化工艺方法。

1. 滚压加工

利用经过淬硬和精细抛光过的、可自由旋转的滚柱或滚珠，对零件表面进行挤压，以提高加工表面质量的一种机械强化的加工方法。

滚压加工可减小表面粗糙度值 2～3 级，提高硬度 10%～40%，表面层耐疲劳强度一般

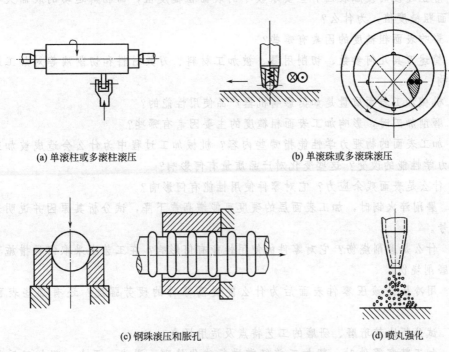

(a) 单滚柱或多滚柱滚压　　　　　　　　(b) 单滚珠或多滚珠滚压

(c) 钢珠滚压和胀孔　　　　　　　　(d) 喷丸强化

图 6-17　常用的冷压强化工艺方法

提高 30%～50%。滚柱或滚珠材质通常采用高速钢或硬质合金。

（1）滚柱滚压　是最简单最常用的冷压强化方法。单滚柱滚压压力大且不平衡，这就要求工艺系统有足够的刚度；多滚柱滚压可对称布置滚柱以滚压内孔或外圆，减小工艺系统的变形。这种方法也可滚压成形表面或锥面。

（2）滚珠滚压　这种方法接触面积小，压强大，滚压力均匀，用于对刚度差的工件进行滚压，也可做成多滚珠滚压。

（3）离心转子滚压　是利用离心力进行滚压的方法。滚珠或滚柱的重量、转子直径及转速决定了滚压力的大小，一般成正比关系。

2．挤压加工

利用截面形状与工件孔形相同的挤压工具（胀头），在两者之间保持一定过盈量的条件下，推孔或拉孔使其表面强化。这种方法效率高，加工质量高，常用于小直径孔的最终工序。

3．喷丸强化

用压缩空气或机械离心力将小珠丸高速喷出，打击零件表面，使工件表面层产生冷硬层或残余压应力，可显著提高零件的疲劳强度和使用寿命。

珠丸可由铸铁、砂石、钢、铝、玻璃等材质制成，依据被加工工件的材质而定。这种工艺可广泛用于对有强化要求的、形状比较复杂的零件表面进行处理。

思考与练习

6-1　机械零件的表面质量都包括哪些内容？为什么它与加工精度具有同等重要的意义？

6-2　加工表面粗糙度的含义是什么？

6-3　静止连接的接触表面有些要求较小的表面粗糙度值，而相对运动的表面又不能任意减小表面粗糙度值，为什么？

6-4　影响表面粗糙度的因素有哪些？

6-5　简述刀具几何参数、切削用量、被加工材料、刀具材料和切削液等对加工表面粗糙度的影响。

6-6　机械加工表面质量是如何影响机器产品使用性能的？

6-7　磨削加工时，影响加工表面粗糙度的主要因素有哪些？

6-8　加工表面的物理力学性能指哪些内容？机械加工过程中为什么会造成被加工工件表面物理力学性能的改变？这些变化对产品质量有何影响？

6-9　什么是表面残余应力？它对零件使用性能有何影响？

6-10　磨削淬火钢时，加工表面层的硬度可能增高或下降，试分析其原因并说明表面层的应力符号。

6-11　什么是磨削烧伤？它对零件的使用性能有何影响？在工艺上采取何种措施可以减轻或避免磨削烧伤？

6-12　用冷压法滚压零件表面后为什么能提高零件的疲劳强度？还有哪些表面强化工艺？

6-13　试分析比较珩磨、研磨的工艺特点及适用场合。

6-14　加工精密零件时，粗加工前经常进行球化处理、退火、正火；粗加工后常有调质、回火；精加工前常有渗碳、渗氮及淬火工序。试分析这些热处理工序对保证加工零件的表面质量有何作用？

6-15　车削一铸铁外圆表面，进给量为 0.4mm/r，车刀刀尖圆弧半径为 4mm，问表面粗糙度为几级？

6-16　在外圆磨床上磨削一根刚度较大的 20 钢光轴。磨削中工件表面温度曾升高到 850℃，磨削时使用了切削液，问工件冷却到室温（20℃）时，表面上会产生多大的残余应力？是压应力还是拉应力？

第七章 机械产品装配工艺规程设计

第一节 概　述

机器的装配是整个机器制造过程中的最后一个阶段，它包括装配、调整、检验和试验等工作。机器或产品的质量，是以机器或产品的工作性能、使用效果和寿命等综合指标来评定的。

一、装配的概念

任何机器都是由许多零件和部件组成的。按照规定的程序和技术要求，将零件进行组合，使之成为机器或部件的工艺过程称为装配。

为了保证有效地进行装配，通常将机器划分为若干个能进行独立装配的装配单元。

① 零件　是组成机器的最小单元。

② 套件　是在一个基准件上，装上一个或若干个零件构成的。

③ 组件　是在一个基准件上，装上若干个零件和套件构成的。车床主轴箱中的主轴就是在主轴件上装上若干齿轮、套、垫、轴承等零件的组件，为此而进行的装配工作称为组装。

④ 部件　是在一个基准件上，装上若干个组件、套件和零件构成的，为此而进行的装配工作称为部装。车床主轴箱装配就是部装，主轴箱箱体是进行主轴箱部件装配的基准零件。

⑤ 机器　是在一个基准件上，装上若干部件、组件、套件和零件构成的，为此而进行的装配工作称为总装。

常见的装配工作内容如下。

① 清洗　是用清洗剂清除产品或工件在制造、储藏、运输等环节出现的油污及机器杂质的过程。在装配过程中，清洗工作对保证产品质量和延长产品使用寿命均有重要意义，特别是对像轴承、密封件、精密机件及有特殊清洗要求的工件更为重要。

② 连接　装配过程中有大量的连接工作。通常连接的方式有两种：一种为可拆卸连接，如螺纹连接、键连接和销连接等，其中螺纹连接应用最广；另一种为不可拆卸连接，如焊接、铆接和过盈连接等。过盈连接多用于轴、孔的配合，通常有压入配合法、热胀配合法和冷缩配合法。一般的机械用压入配合法，重要和精密机械常用热胀和冷缩配合法。

③ 校正　是指在装配过程中对相关零、部件的相互位置进行找正、找平和相应的调整工作，如普通车床总装时，床身安装水平和导轨扭曲的校正等。

④ 调整　是指在装配过程中对相关零、部件的相互位置进行具体的调整工作。除了配合校正工作来调整零、部件的位置精度外，还需要调整运动副之间的间隙，以保证其运动精度。

⑤ 配作　是以加工件为基准，加工与其相配的另一工件，或将两个（或两个以上）工件组合在一起进行加工的方法，如配钻、配铰、配刮、配磨等。一般与校正、调整工作结合进行。

⑥ 平衡　对于转速高、运转平稳性要求高的机器，为防止振动和噪声，对旋转的零、部件要进行平衡。其方法有静平衡和动平衡两种。一般直径大、长度小的零件（如飞轮、带轮等），只需进行静平衡；对于长度较大、转速较高的零件（如曲轴、电机转子等）需要进行动平衡。

⑦ 验收与试验　产品装配完成后，需根据有关技术标准和规定对产品进行较全面的检验和必要的试验工作，合格后才允许出厂。

二、装配的组织形式

产品装配的生产形式，对于大量生产，通常采用流水线装配，力求高的自动化程度，工序划分得很详细，并按一定节拍进行装配，零、部件的互换性很高，对工人的技术水平要求不高；对于单件生产，通常为固定式装配，自动化程度低，工序划分很粗，零、部件的互换性很低，对工人的技术水平要求很高；成批生产介于大量与单件之间，大多数采用流水线装配。

装配的组织形式与产品的生产类型和结构特点密切相关。通常可分为以下两种。

① 固定装配　是将产品或部件的全部装配工作安排在一个固定的工作场地上进行，产品的位置不变，所需的零、部件（含外购件等）均向它集中，由一组装配工人完成装配过程。其特点是工人按工艺顺序轮流到各工作地巡回作业，避免了产品移动时所造成的精度损失，可节省工序之间的运输等费用，但所占生产面积较大，零、部件的运送、保管等工作复杂，对工人的技术水平要求很高，工作效率和劳动生产率很低，故这种装配形式多用于单件或小批生产。

② 移动装配　是将产品或部件置于装配线上，通过连续或间歇的移动使其顺序经过各装配工作地，直至最后装配完成为止。每一个工作地只重复着一定数量的装配工序，而各有关的零、部件则分别送到各个工序所在地参与装配。其特点是单位生产面积上的产量较大，生产周期相对缩短，劳动生产率较高，对工人的技术水平要求较低，但一次性投资费用较大，故移动装配形式多用于大批或大量生产类型。移动装配又分为连续式和间歇式，前者的装配精度和操作准确性稍差，应用较广泛的是后者。

三、装配工艺系统图

在装配工艺规程中，常用装配工艺系统图表示零、部件的装配流程和零、部件间相互装配关系。在装配工艺系统图上，每一个单元用一个长方形框表示，表明零件、套件、组件和部件名称、编号及数量，图7-1～图7-3分别给出了组装、部装和总装的装配工艺系统图。在装配工艺系统图上，装配工作由基准件开始沿水平线自左向右进行，一般将零件画在上方，套件、组件、部件画在下方，其排列次序就是装配工作的先后顺序。

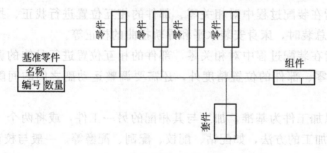

图 7-1　组件装配工艺系统图

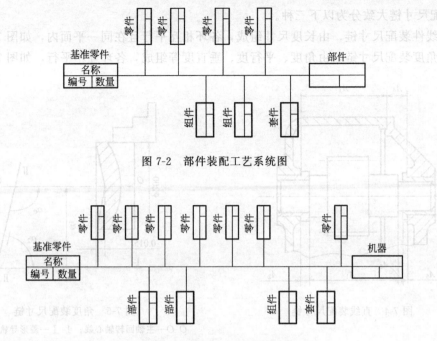

图 7-2　部件装配工艺系统图

图 7-3　机器装配工艺系统图

四、 装配精度的概念

机械产品的装配精度指装配后实际达到的精度。为了确保产品的可靠性和精度保持性，一般装配精度要稍高于精度标准的规定。

各类通用的机械产品的精度标准已有国家标准、部颁标准。对于无标准可循的产品，可根据用户的使用要求，参照经过实践考验的类似产品的已有数据，采用类比法确定。

产品的装配精度一般包括零、部件间的距离精度，相互位置精度，相对运动精度和相互配合精度等。各装配精度之间有密切的联系，相互位置精度是相对运动精度的基础，相互配合精度对距离精度和相互位置精度及相互运动精度的实现有一定的影响。

五、 装配精度与零件精度的关系

零件的精度是保证装配精度的基础，尤其是关键零件的精度，它直接影响相应的装配精度。因此，必须合理地规定和控制相关零件的制造精度，使它们在装配时产生误差累计不超过装配精度的要求。

对于某些装配精度项目来说，如果完全由相关零件的制造精度来直接保证，则制造精度将规定得很高，很不经济，甚至会因制造公差太小而无法加工制造。遇到这种情况，通常按经济加工精度来确定零件的精度要求，使之易于加工，而在装配时采用一定的工艺措施来保证装配精度。这样虽然增加了装配劳动量和装配成本，但就整个产品的制造来说确实是经济可行的。

六、 装配尺寸链

装配尺寸链是各有关装配尺寸所组成的尺寸链。装配尺寸链的封闭环是装配以后形成的，通常就是部件或产品的装配精度要求。各组成环是那些对装配精度有直接影响的有关尺寸或相互位置关系。

装配尺寸链大致分为以下三种。

① 线性装配尺寸链，由长度尺寸组成，各环相互平行且在同一平面内，如图 7-4 所示。

② 角度装配尺寸链，由角度、平行度、垂直度等组成，各环互不平行，如图 7-5 所示。

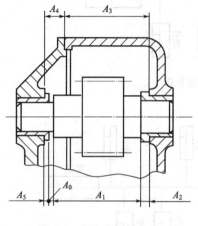 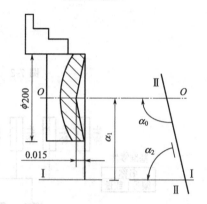

图 7-4　直线装配尺寸链

图 7-5　角度装配尺寸链

O-O—主轴回转轴心线；Ⅰ-Ⅰ—菱形导轨中心线；

Ⅱ-Ⅱ—下滑板移动轨迹

③ 平面装配尺寸链，由成角度关系布置的长度尺寸构成，且处于同一或彼此平行的平面内，如图 7-6 所示。

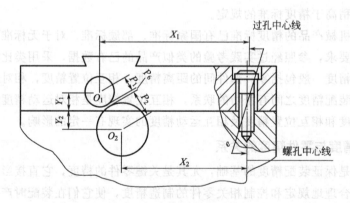

图 7-6　平面装配尺寸链

尺寸链的计算方法有两种：极值法和概率法。解算装配尺寸链所采用的计算方法必须与机器装配中所采用的装配工艺密切配合，才能得到满意的装配效果。装配工艺方法与计算方法常用的匹配方式如下。

① 采用完全互换法时，应用极值法计算。完全互换又属于大批量生产或环数较多时，可改用概率法计算。

② 采用不完全互换法时，可用概率法计算。

③ 采用选配法时，一般按极值法计算。

④ 采用修配法时，一般批量较小，应按极值法计算。

⑤ 采用调整法时，一般用极值法计算。大批量生产时，可用概率法计算。

第二节　保证装配精度的工艺方法

在长期生产实践中，为了保证装配精度，人们创造了许多巧妙的装配工艺方法。这些方法经过人们长期以来的丰富、发展和完善，成为了有理论指导、有实践基础的科学方法。具体可归纳为互换法、选配法、修配法和调整法四大类。

一、互换法

用控制零件的加工误差来保证装配精度的方法称为互换法。按其程度不同，又分为完全互换法与部分互换法两种。

1. 完全互换法

完全互换法就是机器在装配过程中每个待装配零件不需挑选、修配和调整，装配后就能达到装配精度要求的一种装配方法。该方法装配工作较简单，生产率高，有利于组织生产协作和流水作业，对工人技术要求较低，也有利于机器的维修。

为了确保装配精度，要求各相关零件公差之和小于或等于装配允许公差。这样，装配后各相关零件的累积误差变化范围就不会超出装配允许公差范围。这一原则用公式表示为：

$$T_0 \geqslant \sum_{i=1}^{n} T_i \tag{7-1}$$

式中　T_0——装配允许公差；

　　　T_i——各相关零件的制造公差；

　　　n——组成环数。

因此，只要制造公差能满足机械加工的经济精度要求时，不论何种生产类型，均应优先采用完全互换法。

完全互换法装配的优点是：装配质量稳定；装配过程简单，装配效率高；易于实现自动装配；产品维修方便。不足之处是：当装配精度要求较高，尤其是在组成环数较多时，组成环的制造公差规定得严，零件制造困难，加工成本高。

当装配精度较高，零件加工困难而又不经济时，在大批量生产中，就可考虑采用部分互换法装配工艺。

2. 部分互换法

部分互换法又称不完全互换法（或大数互换法）。它是将各相关零件的制造公差适当放大，使加工容易而经济，又能保证绝大多数产品达到装配精度要求的一种方法。

部分互换法是以概率论原理为基础的。当零件的生产数量足够大时，加工后的零件尺寸一般在公差带上呈正态分布，而且平均尺寸在公差带中点附近出现的概率最大，在接近上、下极限尺寸处，零件尺寸出现的概率很小。在一个产品的装配中，各相关零件的尺寸恰巧都是极限尺寸的概率就更小。当然，出现这种情况，累积误差就会超出装配允许公差。因此，可以利用这个规律，将装配中可能出现的废品控制在一个极小的比例之内。对于这一小部分不能满足要求的产品，也需进行经济核算或采取补救措施。

根据概率论原理，装配允许公差必须大于或等于各相关零件公差值平方和的开方值。用公式可以表示为：

$$T_0 \geqslant \sqrt{\sum_{i=1}^{n} T_i^2} \tag{7-2}$$

显然，当装配公差 T_0 一定时，将式(7-2) 与式(7-1) 比较，各相关零件的制造公差 T_i 增大了许多，零件的加工也就容易了许多。

部分互换法装配的优点是：扩大了组成环的制造公差，零件制造成本低；装配过程简单，生产效率高。不足之处是：装配后有极少数产品达不到规定的装配精度，需采取另外的返修措施。

二、 选配法

选配法就是当装配精度要求极高，零件制造公差限制很严，致使几乎无法加工或加工成本太高时，可将制造公差放大到经济可行的程度，然后选择合适的零件进行装配来保证装配精度的一种装配方法。按其选配方式不同，又分为直接选配法、分组装配法和复合选配法。

1. 直接选配法

零件按经济精度制造，凭工人经验直接从待装零件中选择合适的零件进行装配。这种方法简单，装配质量与装配工时在很大程度上取决于工人的技术水平，不稳定。一般用于装配精度要求相对不高，装配节奏要求不严的小批量生产的装配中，如发动机生产中的活塞环的装配。

2. 分组装配法

对于制造公差要求很严的互配零件，将其制造公差按整数倍放大到经济精度加工，然后进行测量并按原公差分组，按对应组分别进行装配。这样，既扩大了零件的制造公差，又能达到很高的装配精度。这种分组装配法在内燃机、轴承等制造中应用较多。

例如，图 7-7 所示活塞与活塞销的连接情况，根据装配技术要求，活塞销孔与活塞销外径在冷状态装配时应有 0.0025～0.0075mm 的过盈量，但与此相应的配合公差仅为 0.005mm，若活塞与活塞销采用完全互换法装配，且按"等公差"的原则分配孔与销的直径公差时，各自的公差只有 0.0025mm，如果配合采用基轴制的原则，活塞销外径尺寸 $d = \phi 28_{-0.0025}^{0}$ mm，相应的销孔的直径 $D = \phi 28_{-0.0075}^{-0.0050}$ mm，加工这样高精度的销孔和活塞销是相当困难的，也是不经济的。生产中将上述零件的公差放大四倍（$d = \phi 28_{-0.010}^{0}$ mm，$D = \phi 28_{-0.015}^{-0.005}$ mm），用高效率的无心磨和金刚镗加工，然后用精密量具测量，并按尺寸大小分成四组，涂上不同的颜色，以便进行分组装配。具体的分组情况见表 7-1。

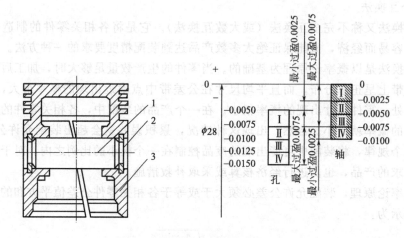

图 7-7　活塞与活塞销的装配关系

1—活塞销；2—挡圈；3—活塞

表 7-1　销孔和活塞销尺寸分组情况

组　别	标志颜色	活塞销直径 $d=\phi\,28_{-0.010}^{\;\;\;0}$	活塞销孔直径 $D=\phi\,28_{-0.015}^{-0.005}$	配合情况	
				最小过盈	最大过盈
Ⅰ	红	$\phi\,28_{-0.0025}^{\;\;\;0}$	$\phi\,28_{-0.0075}^{-0.0050}$	0.0025	0.0075
Ⅱ	白	$\phi\,28_{-0.0050}^{-0.0025}$	$\phi\,28_{-0.0100}^{-0.0075}$	0.0025	0.0075
Ⅲ	黄	$\phi\,28_{-0.0075}^{-0.0050}$	$\phi\,28_{-0.0125}^{-0.0100}$	0.0025	0.0075
Ⅳ	绿	$\phi\,28_{-0.0100}^{-0.0075}$	$\phi\,28_{-0.0150}^{-0.0125}$	0.0025	0.0075

从表 7-1 可以看出，各组公差和配合性质与原来的要求相同。

采用分组选配法应注意以下几点。

① 为了保证分组后各组的配合精度符合原设计要求，配合公差应当相等，配合件公差增大的方向应当相同，增大的倍数要等于以后分组数。

② 分组不宜过多，不使零件的储存、运输及装配工作复杂化。

③ 分组后零件表面粗糙度及形位公差不能扩大，仍按原设计要求制造。

④ 分组后应尽量使组内相配零件数相等，如不相等，可专门加工一些零件与其相配。

如果互配零件的尺寸在加工中服从正态分布规律，那么零件分组后是可以互相配套的。如果由于某种因素造成不是正态分布，而是如图 7-8 所示的偏态分布，就会产生各组零件数量不等，不能配套。这种情况生产上往往是难以避免的。只能在聚集了相当数量的不配套件后，专门加工一批零件来配套。

分组装配法对配合精度要求很高，在互配的相关零件只有两三个的大批大量生产中十分适用。

3. 复合选配法

此法是上述两种方法的复合。先将零件测量分组，装配时再在各对应组内凭工人的经验直接选择装配。这

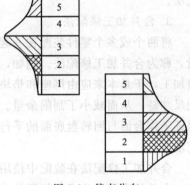

图 7-8　偏态分布

种装配方法的特点是配合公差可以不等，其装配质量高、速度较快，能满足一定生产节拍的要求。在发动机的汽缸与活塞的装配中，多选用这种方法。

三、修配法

预先选定参与装配的某个零件作为修配对象，并预留修配量。在装配过程中，根据实际测量结果，用锉、刮、研等方法，修去多余的金属层，使装配精度达到要求，这种方法称为修配法。修配法的优点是能利用较低的零件制造精度来获得很高的装配精度，其缺点是修配工作量大，且多为手工劳动，要求较高的操作技术。此方法只适用于单件小批量生产类型。

实际生产中，利用修配法原理来达到装配精度的具体方法很多。现将常用的几种方法介绍如下。

1. 按件修配法

在进行装配时，对预定的修配零件，采用去除金属材料的办法改变其尺寸，以达到装配精度要求的方法称为按件修配法。例如，车床主轴顶尖与尾架顶尖的等高性要求是一项装配精度要求，预先选定尾架垫板为修配对象，并预留修配量，装配时，通过刮研尾架垫板平面，改变其尺寸来达到等高性要求。

采用按件修配法，首先要正确选择修配对象。要选择只与本项装配要求有关而与其他装配要求无关（尺寸链中的非公共环），且易于拆装以及修配面积不太大的零件作修配对象。其次要运用尺寸链原理合理确定修配的尺寸与公差，使修配量既足够又不过大。最后，还要考虑到有利于减少手工操作，尽可能采用电动或自动修配工具，以精刨代刮、精磨代刮等。

2. 就地加工修配法

这种装配方法主要用于机床制造业中。在机床装配初步完成后，运用机床自身具有的加工手段，对该机床上预定的修配对象进行自我加工，以达到某一项或几项装配精度要求，称为就地加工修配法。

机床制造中，不仅有些装配精度项目要求很高，而且影响这些精度的项目的零件数量又往往较多。零件的制造公差受到经济精度的制约，装配时由于误差的累积，某些装配精度就极难保证。因此，在零件装配结束后，运用自我加工的方法，综合消除装配累积误差，达到装配精度要求，就有十分重要的意义。例如，牛头刨床要求滑枕运动方向与工作台面平行，影响这一精度要求的零件很多，可以通过机床装配后自刨工作台来达到要求。其他如平面磨床自磨工作台面，龙门刨床自刨工作台面及立式车床自车盘平面、外圆等均是就地加工修配法。

3. 合并加工修配法

将两个或多个零件装配在一起后，进行合并加工修配，以减少累积误差，减少修配工作量，称为合并加工修配法。例如，车床尾架与垫板，先进行组装，再对尾架套筒孔进行最后镗加工，于是本来应由尾座和垫块两个高度尺寸进入装配尺寸链变成合件的一个尺寸进入装配尺寸链，从而减小了刮削余量。其他如车床溜板箱中开合螺母部分的装配；万能铣床上为保证工作台面与回转盘底面的平行度而采用工作台和回转盘的组装加工等，均是合并加工修配法。

合并加工修配法在装配中使用时，要求零件对号入座，给组织生产带来一定的麻烦。因此，在单件小批量生产中使用较为合适。

四、调整法

用一个可调整零件，装配时或者调整它在机器中的位置，或者增加一个定尺寸零件如垫片、套筒等，以达到装配精度要求的方法，称为调整法。用来起调整作用的这两种零件，都起补偿装配累积误差的作用，称为补偿件。

调整法应用很广。在实际生产中，常用的具体调整法有以下三种。

1. 可动调整法

采用移动调整件位置来保证装配精度。调整过程中不需拆卸调整件，比较方便。实际应用例子很多。图 7-9 所示是常见的轴承间隙的调整；图 7-10（a）所示的机床封闭式导轨的间隙调整装置，压板 1 用螺钉拧紧在运动部件 2 上，平镶条 4 装在压板 1 与支承导轨 3 之间，用带有锁紧螺母的螺钉 5 来调整平镶条的上下位置，使导轨与平镶条结合面之间的间隙控制在适当的范围内，以保证运动部分能够沿

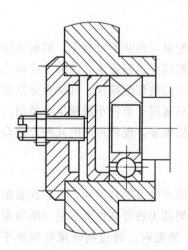

图 7-9　轴承间隙的调整

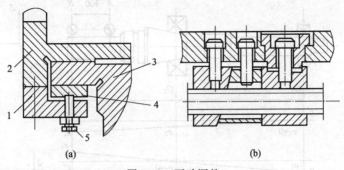

图 7-10　可动调整

1—压板；2—运动部件；3—支承导轨；4—平镶条；5—螺钉

着导轨面平稳、轻快而又精确地移动；图 7-10（b）为滑动丝杠螺母副的间隙调整装置，该装置利用调整螺钉使楔块上下移动来调整丝杠与螺母之间的轴向间隙。以上各调整装置分别采用螺钉、楔块作为调整件，生产中根据具体要求和机构的具体情况，也可采用其他零件作为调整件。

2. 固定调整法

选定某一零件作为调整件，根据装配精度要求来确定该调整件尺寸，以达到装配精度要求。由于调整件尺寸是固定的，所以这种方法称为固定调整法。

图 7-11 所示为固定调整法的实例。箱体孔中轴上装有齿轮，齿轮的轴向窜动量 A_0 是装配要求。可以在结构中专门加入一个厚度尺寸为 A_2 的垫圈作调整件。装配时，根据间隙要求，选择不同厚度的垫圈垫入。垫圈预先按一定尺寸间隔做若干种，如 4.1mm，4.2mm，…，5.0mm 等，供装配时选用。

调整件尺寸的分级数和各级尺寸的大小，应按装配尺寸链原理进行计算确定。

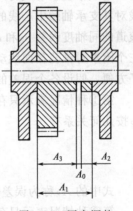

3. 误差抵消调整法

通过调整某些相关零件误差的大小、方向，使误差互相抵消的方法，称为误差抵消调整法。采用这种方法，各相关零件的公

图 7-11　固定调整

差可以扩大，同时又能保证装配精度。下面以机床主轴装配时用误差抵消调整法为例来说明其原理。

图 7-12 是当机床主轴装配时，通过箱体上前后两支承与主轴误差的抵消调整，减少主轴锥孔轴心线径向圆跳动的实例。检验这项精度指标的方法，是用百分表测量插入主轴锥孔中的检验心棒的径向跳动量。图 7-12 中 A 测点靠近主轴端，B 测点距 A 测点 300mm。

设前后两个轴承外环内滚道的中心分别为 O_2 和 O_1，则其连线 O_2-O_1 就是主轴回转中心线。由于两个轴承的外环一经装入主轴箱后，其位置即已固定，所以 O_2 及 O_1 也已固定，主轴的回转中心线跟着也就确定了。当主轴旋转时，在 A、B 两测点上反映的跳动量，反映了 O_2-O_1 的相对位置。因为 O_2-O_1 的位置已经固定，只能改变锥孔轴心线的空间位置，从而改变 A、B 两测点的跳动量。这样就能选择一个最佳的装配位置，达到满意的装配精度。

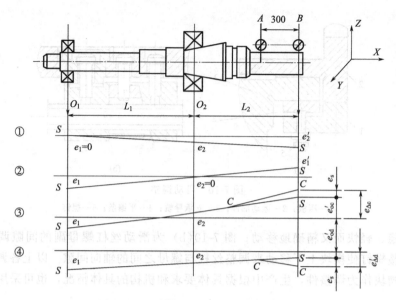

图 7-12　主轴装配中的误差抵消调整法

这个最佳装配位置就要用误差抵消法进行调整才能得到。

造成锥孔轴心线与 O_2-O_1 同轴度误差 e_Δ 的因素有三个：主轴本身的误差，即锥孔轴心线对其支承轴颈中心线的同轴度误差 e_s；前后两个轴承的误差，即轴承内环的内孔对其外滚道的同轴度误差 e_2 和 e_1。e_1、e_2 和 e_s 综合起来形成 e_Δ，在 A、B 两测点上反映出来。这三个因素对锥孔径向跳动的影响，分别用图 7-12 中的①、②、③、④四种情况来说明。为了方便，假设各个误差的方向在同一个面上。

第①种情况表示只存在 e_2 时，锥孔轴心线 S-S 的位置变化情况。所出现的同轴度误差 e_2 按几何关系有：

$$e'_2 = \frac{L_1 + L_2}{L_1} e_2 = A_2 e_2 \tag{7-3}$$

式中的 A_2 称为误差传递比，显然 $A_2 > 1$，误差扩大了。

第②种情况表示只存在 e_1 时，引起的不同轴误差 e'_1。同样按几何关系可得到：

$$e'_1 = \frac{L_2}{L_1} e_1 = A_1 e_1 \tag{7-4}$$

式中 A_1 为误差传递比。一般情况下，$L_1 > L_2$，$A_1 < 1$，误差缩小了。

第③种情况表示 e_1 与 e_2 同时存在，但方向相反时，主轴的同轴度误差为 $e'_{oc} = e'_1 + e'_2$。若再计及 e_s，当 e_s 与 e'_{oc} 同向时，合成误差为 $e_{\Delta c} = e'_{oc} + e_s$，反向则有 $e'_{\Delta c} = e'_{oc} - e_s$。

第④种情况表示 e_1 与 e_2 同时存在，而方向相同时，主轴的同轴度误差为 $e'_{od} = e'_2 - e'_1$。若再计及 e_s，当 e_s 与 e'_{od} 同向时，合成误差为 $e_{\Delta d} = e'_{od} - e_s$，反向则有 $e'_{\Delta d} = e'_{od} + e_s$。

对比图 7-12 中①和②，可知 $A_2 > A_1$，即对主轴径向圆跳动的影响前轴承比后轴承大。因此，主轴后轴承的精度可比前轴承低，通常可低 1~2 级。

对比图 7-12 中③和④，显然有 $e_{\Delta c} > e'_{\Delta c} > e'_{\Delta d} > e_{\Delta d}$，如果能按 $e_{\Delta d}$ 的情况进行调整，可以使综合误差大为减少，从而提高了装配精度。而且由第④种情况可以看出，提高轴承精度，即减少 e_1 时，对装配精度反而不利。

在实际装配中，可事先测量出前后两轴承的偏心大小和方向，主轴锥孔对其支承轴颈中心线的偏心大小和方向，然后利用三个矢量的合矢量有可能为零，对照矢量合成图安装前后两轴承和主轴，可使测量点的径向跳动为零。

本节讲述了四种保证装配精度的装配方法。在选择装配方法时，先要了解各种装配方法的特点及应用范围。一般地说，应优先选用完全互换法；在生产批量较大、组成环又较多时，应考虑采用不完全互换法；在封闭环的精度较高，组成环的环数较少时，可以采用选配法；只有在应用上述方法使零件加工很困难或不经济时，特别是在中小批量生产时，尤其是单件生产时才宜采用修配法或调整法。

在确定部件或产品的具体装配方法时，要认真地研究产品的结构和精度要求，深入分析产品及其相关零、部件之间的尺寸联系，建立整个产品及各级部件的装配尺寸链。尺寸链建立后，可根据各级尺寸链的特点，结合产品的生产纲领和生产条件来确定产品的具体装配方法。

第三节　装配工艺规程设计

装配工艺规程是指导装配工艺的主要技术文件之一。其主要内容包括产品及其部件的装配顺序、装配方法、装配的技术要求和检验方法、装配时所需要的设备和工具以及装配时间定额等。它的制定是生产技术准备工作中的一项主要工作。

一、 制定装配工艺规程应遵循的基本原则

① 保证产品装配质量，并力求提高其质量，以延长产品的使用寿命，提高精度储备。

② 合理安排装配工序，尽量减少钳工装配工作量，以提高装配效率，缩短装配周期。

③ 尽可能减少车间的生产面积，以提高单位面积的装配率。

二、 制定装配工艺规程所需的原始资料

① 产品的总装配图和部件装配图，有时还需要有关零件图，以便装配时进行补充的机械加工和核算装配尺寸链。

② 产品验收的技术条件。

③ 产品的生产纲领。

④ 现有的生产条件，包括现有的装配装备、车间面积、工人的技术水平、时间定额标准等。

三、 制定装配工艺规程的步骤

1. 研究产品装配图和验收技术条件

制定装配工艺时，首先要仔细分析研究产品的装配图及验收技术条件，然后审核产品的完整性和正确性；明确产品的性能、部件的作用、工作原理和具体结构；对产品进行结构工艺性分析，明确各零、部件之间的装配关系；审查产品装配技术要求和验收技术条件，正确掌握装配中的技术关键问题并制定相应的技术措施；必要时应用装配尺寸链进行分析和计算，对于特别问题应及时提出，与技术人员研究后予以解决。

2. 确定装配的组织形式

产品装配工艺方案的制定与装配组织形式有密切关系。例如：总装、部装的具体划分；装配工序划分时的集中分散程度；产品装配的运输方式及工作地的组织等都与组织形式

有关。

3. 划分装配单元、确定装配顺序

装配单元的划分就是从工艺角度出发，将产品分解成可以独立进行装配的组件及部件。它是制定装配工艺规程中最重要的一个步骤，特别是在大量生产中装配复杂的产品，只有在此基础上才便于拟定装配顺序，划分装配工序，组织装配工作的作业形式。

装配单元划分后，可确定各级组件、部件和产品的装配顺序。确定装配顺序时，首先要选择一个零件或低一级的基准单元作为装配的基准件，其余零件或组件、部件按一定顺序装配到基准件上，成为下一级的装配单元。装配基准件一般选择产品的基体或主干零、部件。因为它的体积和重量较大，有足够的支承面，可以满足陆续装入其他零、部件作业的需要和稳定性的要求，应尽量避免此件在后续工序中还有机械加工工序。

确定装配基准件后，就可按照先下后上、先内后外、先难后易、先精密后一般、先重大后轻小的规律来确定其他零件或装配单元的装配顺序，最后把装配系统图规划出来。

例如，图7-13所示为车床车身部件图，图7-14是其装配工艺系统图。

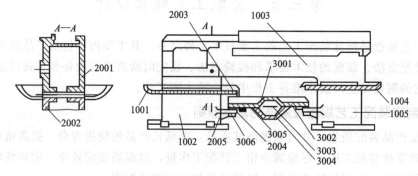

图 7-13　车床床身部件图

4. 划分装配工序

将装配过程划分为若干个工序，确定工序的工作内容和所需的设备、工装和工时定额等。装配工序还应包括检验和试验工序。

装配工序的划分，通常首先安排预处理工序，如零件清洗、去毛刺、防锈处理等。工序划分也应遵循装配的规律，同时要注意，后续工序不应损坏先行工序的装配质量，故有些工序就应尽可能安排在前，如冲击装配作业、变温装配作业等。处于与基准件同一方位的装配工序尽可能集中连续安排，使装配过程中翻转位的次数尽量少些；使用统一装配工艺设备或装配环境有同样特殊要求的工序尽可能集中安排，以减少装配时在车间内的迂回和设备重复设置；要及时安排检验工序，特别是在对产品质量和性质有重大影响的工序之后必须安排检验工序，检验合格后，才允许进入下一道工序。易燃、易爆、易碎、有毒物质等零部件的装配，尽可能集中在专门的装配工作地进行，并安排在最后装配，以减少污染，减少安全防护的工作量和设备数量。

装配工序的划分是根据装配系统图进行的，按照低级分组件到高级分组件的次序，直至产品总装配。

5. 制定装配工艺卡片

在单件小批生产时，通常不制定装配工艺卡片，而按装配图和装配工艺系统图进行。

成批生产时，通常根据装配工艺系统图分别制定部件装配工艺卡片和产品总装配工艺卡

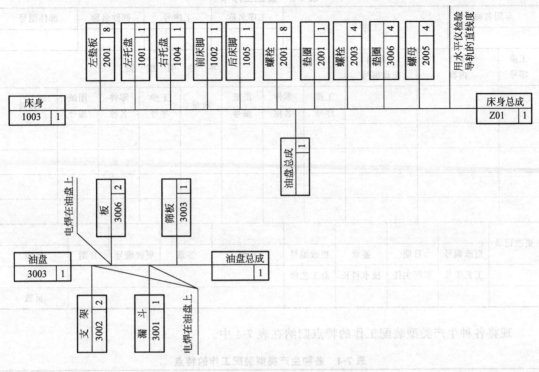

图 7-14　车床床身部件装配工艺系统图

片。对卡片上的每一道工序，应简要说明工序的内容、所需设备和工夹具名称及编号、工人技术等级和时间定额等。

大批大量生产时，应为每一道工序单独制定工序卡片，详细说明该工序的工艺内容。装配工序卡直接指导工人进行装配。

在小批生产时，装配工艺规程可参考表 7-2 所示的装配过程卡，大批生产时可参考表 7-3 所示的装配工序卡。

表 7-2　装配过程卡

部　件　简　图					装配的技术条件			
厂名		装配工艺过程卡			产品型号		部件名称	装配图号
车间名称		工段	工序数量		产品中部件数	部件重量 /kg		
工序号	工步号	工序、工步内容	零件或部件、组件名称			预备	夹　具		工　具		时间 /min
			名称	组号	数量		名称	编号	名称	编号	
						编制者		总工艺师			页次
编号	日期	签单	编号	日期	签章	技术科长		车间主任			页数
页　记　录											

表 7-3 装配工序卡

车间名称				工序名称	工序号	部件名称	部件图号
		工序卡					
工步序号	工具内容	工具箱夹具编号		零 件 明 细 表			
			工步序号	零件名称	图纸编号	数量	工步序号	零件名称	图纸编号	数量

车间名称				工序名称	工序号	部件名称	部件图号

表 7-3 装配工序卡（续）

更改记录	更改编号	日期	签章	更改编号	日期	签章	更改编号	日期	签章
	工艺组长	车间主任	技术科长	总工艺师					页次
									页数

现将各种生产类型装配工作的特点归纳在表 7-4 中。

表 7-4 各种生产类型装配工作的特点

类　型	大批量生产	成批生产	单件小批生产
装配工作特点	产品固定,生产活动长期重复,生产周期一般较长	产品在系列化范围内变动,分批交替投产或多品种同时投产,生产活动在一定时期内重复	产品经常变化,不定期重复生产,生产周期一般较短
组织形式	多采用流水装配线,有连续移动、间歇移动及可变节奏等方式,还可采用自动装配机或自动装配线	笨重、批量不大的产品多用固定式流水装配,批量较大时采用流水装配,多品种平行投产时采用多品种可变节奏流水装配	多采用固定装配或固定式流水装配进行总装,对批量较大部件也可采用流水装配
装配方法	按互换法装配,允许有少量简单的调整,精密偶件成对供应或分组供应装配,无任何修配工作	主要采用互换法,但灵活运用其他保证装配精度的装配工艺方法,如调整法、修配法及合并法,以节约加工费用	以修配法和调整法为主,互换件比例较少
工艺过程	工艺过程划分很细,力求达到高度的均衡性	工艺过程划分适合于批量的大小,尽量使生产均衡	一般不详细制定工艺文件,工序可适当调度,工艺也可灵活掌握
工艺装备	专业化程度高,宜采用高效工艺装备,易于实现机械化和自动化	通用设备较多,但也采用一定数量的专用工、夹、量具,以保证装配质量和提高效率	一般为通用设备及通用工、夹、量具
手工操作要求	手工操作比例小,熟练程度容易提高,便于培养新工人	手工操作比例小,技术水平要求较高	手工操作比例大,要求工人有比较高的技术水平和多方面的工艺知识
应用实例	汽车、拖拉机、内燃机、滚动轴承、手表、缝纫机、电气开关	机床、机车车辆、中小型锅炉、矿山采掘机械	重型机床、大型内燃机、大型锅炉、汽轮机

第四节　机械产品设计的装配工艺性评价

机器的装配工艺性是指机器结构符合装配工艺要求的程度。

一台装配工艺性好的机器，在装配过程中不用或少用手工刮研、攻螺纹等补充加工；在通常情况下，不用复杂而特殊的工艺装备；不必采用专门的工艺措施。花费很少的工作量，就能顺利地装配成机器。

为了使机器有良好的装配工艺性，在设计时，不但要保证机器能划分成装配单元，而且应尽量使装配、调整、运输都很方便。机器的装配工艺性在整个生产过程中占有很重要的地位。机械产品设计的装配工艺性可以从以下几个方面加以分析评价。

一、便于装配与调整

1. 零、部件上应有稳固的导向基准面

零、部件在装配时，只要对准基准面，就能使待装配的零、部件方便地装到正确的位置上。如图 7-15 所示活塞杆在汽缸盖上的安装情况。图 7-15(a) 由于螺纹连接面之间有间隙，就难以保证汽缸盖上的孔与缸体孔的同轴度；而图 7-15(b) 由于设置了装配基准面，装配时就容易得到所需的同轴度。

2. 配合件间不能同时有两个结合面

零件间的相互结合必须是静定的，若一个方向上有两个结合面，那么就过定位了，零件的相互位置就不容易确定，如要求两个面同时结合，对精度要求极严，装配工作量也会大大增加。图 7-16(b) 结构上留有间隙，减少一个配合面，故比图 7-16(a) 合理。

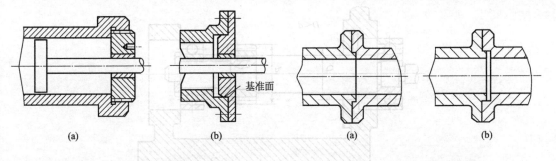

(a)　　　　　　　　(b)　　　　　　　　　　(a)　　　　　　　　(b)

基准面

图 7-15　基准面的合理设置　　　　　　图 7-16　结合面的合理设置

3. 零件间的配合面不宜过大及过长

配合面过大、过长既不利于加工也不便于装配。图 7-17、图 7-18 为衬套与机座配合面修改前后的结构示意图。修改后的结构既保证了装配定位面的要求，也减少了精密加工面的长度。

4. 避免零、部件在机器内部装配和紧固

图 7-19(a) 为传动轴原设计的结构。装配时必须先将传动轴插入箱体左端孔内，才能装上齿轮、隔套以及右端轴承，当装好以后，又必须使两个轴承同时进入箱体左右两端孔内，这样就使装配工作发生困难。后来设计者将左端阶梯轴承孔的非配合部分直径略微放大些，能够使齿轮与右端轴承通过 [图 7-19(b)]，另外再将轴的中间最大直径圆柱部分加长 3～5mm，这样就消除了旧结构的缺点，带来的优点是，传动轴上的全部零、部件均能预先装在

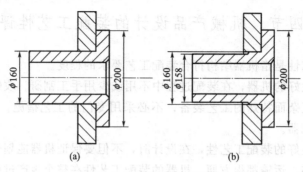

图 7-17　衬套与基座的配合

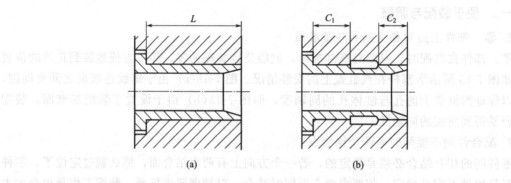

图 7-18　减少衬套与基座的配合面积

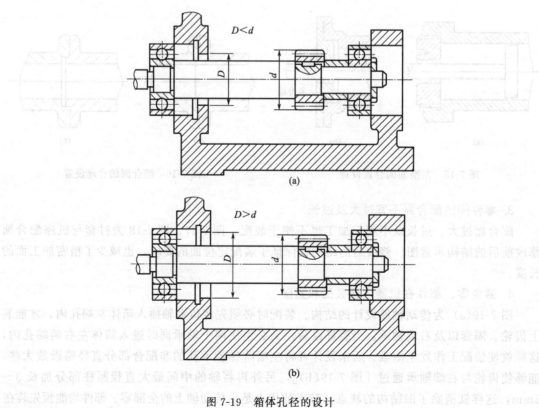

图 7-19　箱体孔径的设计

轴上，形成一个完整的装配单元，总装时，右端和左端轴承依次地进入轴承孔内。

二、 应有足够的装卸空间

机器在装卸过程中，为了便于搬动机件，拆装连接件及使用工具等，必须留出足够的空间，如果在结构设计时忽略了这一点，就可能在装卸时发生装不进、拆不出或装得进而拆不出的现象。图7-20 所示的螺纹连接结构中，图（a）有足够的空间容纳螺钉，而图（b）没有足够的操作空间，无法放入螺钉。

图 7-21 滚动轴承及销钉的连接结构中，若选用图中不正确的结构，那么它们在装入后，就难以拆换了，所以一般采用图中正确的结构。

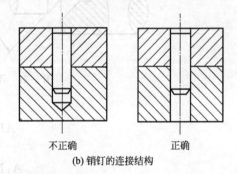

图 7-20　螺纹连接的空间布置

三、 减少装配时的机械加工量

装配时的机械加工不但会延长装配的周期，而且在装配车间中需要添加机械加工设备。加工后残留在机器中的切屑若清除不净，不但降低清洁度，还可能加速零件的磨损，降低机器的使用寿命。所以应该尽量避免或减少装配时的机械加工。

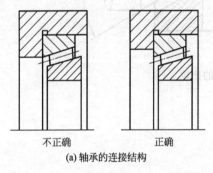

不正确　　　　正确
(a) 轴承的连接结构

不正确　　　　正确
(b) 销钉的连接结构

图 7-21　轴承和螺钉的连接结构

图 7-22 所示的连接结构中，只要将图 7-22(a) 改成图 7-22(b)，稍增加一些零件的机械加工量，就能大大地减少装配时的劳动量，提高装配效率。

图 7-23 所示为尾座结构示意图，如将尾座体与底板之间的接触平面由整体接触 [图 7-23(a)]，改成部分接触 [图 7-23(b)]，不但减少了装配时的刮研量和机械加工的工作量，还能提高结构的接触质量。

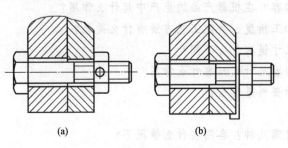

(a)　　　　　　(b)

图 7-22　螺钉连接结构的改进

四、 减少机构的零件种类

在设计机器时，应尽量做到：减少不必要的零件种类；利用在生产中已经掌握的其他类似机器的零件结构；将规格和尺寸相近的零件统一；采用标准件。

这样做不但使尺寸链环数变少，还减少了机械加工和装配工作的劳动量，并使结构、性能及动作的可靠性增强。

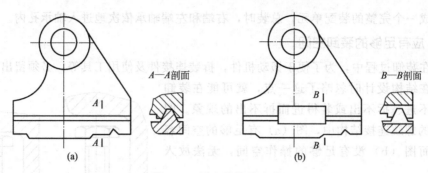

图 7-23　尾座结构的改进

五、选择合适的装配角度

图 7-24 所示为机器上顶尖的结构，其作用是用来调整顶尖孔与顶尖的间隙，使轴在顶尖上转动灵活，并且调整方便。由图可知：

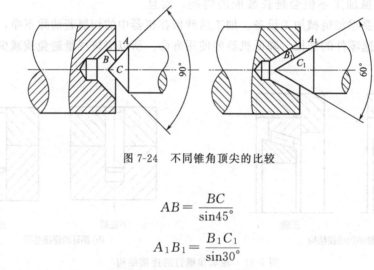

图 7-24　不同锥角顶尖的比较

$$AB = \frac{BC}{\sin 45°}$$

$$A_1 B_1 = \frac{B_1 C_1}{\sin 30°}$$

如果两个顶尖间隙相等，也就是 $BC = B_1 C_1$，则：

$$A_1 B_1 = \sqrt{2}\, AB$$

这说明，当顶尖孔与顶尖间隙相同时，锥角为 90°的顶尖移动量小于锥角为 60°的顶尖，因此，用 60°锥角顶尖作机器支承时，容易调整到装配精度要求。

思考与练习

7-1　什么是机器装配？它包含哪些内容？在机器产品的生产中起什么作用？

7-2　机器产品的装配精度与零件的加工精度、装配工艺方法有什么关系？

7-3　什么是装配尺寸链？它与工艺尺寸链有什么不同？

7-4　什么是装配工艺规程？包括的内容是什么？有什么作用？

7-5　制定装配工艺规程的原则及原始资料是什么？

7-6　制定装配工艺的步骤什么？

7-7　保证产品精度的装配工艺方法有哪几种？各用在什么情况下？

7-8　简述应从哪些方面评价机器产品设计的装配工艺性。

7-9　如图 7-25 所示，在溜板与床身装配前有关组成零件的尺寸分别为 $A_1 = 46_{-0.04}^{0}$ mm，$A_2 = 30_{0}^{+0.03}$ mm，$A_3 = 16_{+0.03}^{+0.06}$ mm。试计算装配后，溜板压板与床身下平面之间的间隙 A_0；试分析当间隙在使用过程中因导轨磨损而增大后如何解决。

7-10　如图 7-26 所示的主轴部件，为保证弹性挡圈能顺利装入，要求保持轴向间隙为 $A_0 = 0_{+0.05}^{+0.42}$ mm。已知 $A_1 = 32.5$ mm，$A_2 = 35$ mm，$A_3 = 2.5$ mm。试求各组成零件尺寸的上、下偏差。

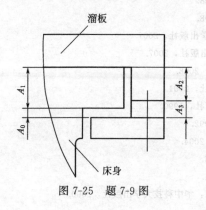

图 7-25　题 7-9 图

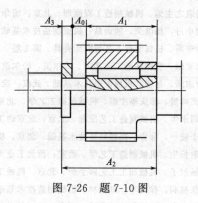

图 7-26　题 7-10 图

7-11　图 7-27 所示为键槽与键的装配尺寸结构。其尺寸是 $A_1 = 20$ mm，$A_2 = 20$ mm，$A_0 = 0_{+0.05}^{+0.15}$ mm。试求键槽与键的尺寸的上、下偏差。

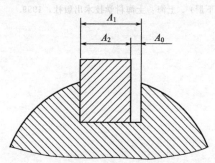

图 7-27　题 7-11 图

7-12　图 7-28 所示为滑动轴承、轴承套零件图及其装配图。组装后滑动轴承外端面与轴承套内端面间要保证尺寸 $87_{-0.3}^{-0.1}$ mm。但按两零件图上标出的尺寸加工（尺寸 $5.5_{-0.16}^{0}$ mm 及 $81.5_{-0.35}^{-0.20}$ mm 为该尺寸链的组成环），装配后此尺寸变为 $87_{-0.51}^{+0.20}$ mm，不能满足装配要求。该组件属成批生产。试确定满足装配技术要求的合理装配工艺方法。

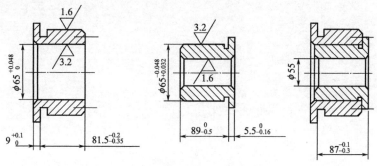

图 7-28　题 7-12 图

参 考 文 献

[1] 李伟，谭豫之. 机械制造工程学. 北京：机械工业出版社，2009.

[2] 卢秉恒等. 机械制造技术基础. 北京：机械工业出版社，2007.

[3] 王先逵. 机械制造工艺学. 第2版. 北京：机械工业出版社，2007.

[4] 范孝良主编. 机械制造技术基础. 北京：电子工业出版社，2008.

[5] 冯敬之主编. 机械制造工程原理. 北京：清华大学出版社，1998.

[6] 倪小丹，杨继荣，熊运昌. 机械制造技术基础. 北京：清华大学出版社，2007.

[7] 刘守勇. 机械制造工艺与机床夹具. 第2版. 北京：机械工业出版社，2007.

[8] 祁家骥. 机械制造工艺基础. 哈尔滨：哈尔滨工程大学出版社，2008.

[9] 曾志新，吕明. 机械制造技术基础. 武汉：武汉理工大学出版社，2001.

[10] 宾鸿赞，曾庆福主编. 机械制造工艺学. 北京：机械工业出版社，1990.

[11] 胡永生. 机械制造工艺原理. 北京：北京理工大学出版社，1992.

[12] 于骏一，邹青. 机械制造技术基础. 北京：机械工业出版社，2004.

[13] 荆长生. 机械制造工艺学. 西安：西北工业大学出版社，1996.

[14] 杨叔子. 机械加工工艺师手册. 北京：机械工业出版社，2001.

[15] 张福润，徐鸿本，刘延林. 机械制造技术基础. 第2版. 武汉：华中科技大学出版社，2000.

[16] 顾崇衔. 机械制造工艺学. 西安：陕西科学技术出版社，1989.

[17] 郑修本. 机械制造工艺学. 北京：机械工业出版社，1993.

[18] 唐宗军. 机械制造基础. 北京：机械工业出版社，2000.

[19] 顾熙棠. 金属切削机床（上、下册）. 上海：上海科学技术出版社，1999.

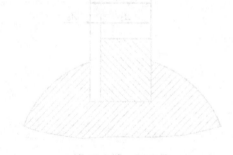

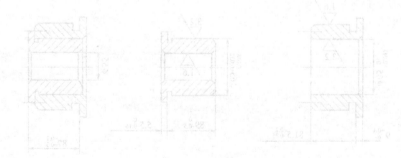